別冊 問題編

大学入試 全レベル問題集

数学 I+A+II+B
+ベクトル

3 私大標準・
国公立大レベル

改訂版

JN036253

Obunsha

問 題 編

目 次

第1章　数と式 ………………………… 2

第2章　論証・整数 ……………… 6

第3章　種々の関数 …………… 10

第4章　微分・積分 …………… 15

第5章　幾 何 ……………… 19

第6章　図形と方程式 ………… 22

第7章　数 列 ………………… 26

第8章　場合の数・確率 ……… 31

第9章　データの分析 ………… 39

第10章　統計的な推測 ………… 41

第11章　ベクトル ……………… 45

第1章 数と式

1

解答は別冊 p.10

[A] $x=\dfrac{\sqrt{3}+\sqrt{2}}{\sqrt{3}-\sqrt{2}}$, $y=\dfrac{\sqrt{3}-\sqrt{2}}{\sqrt{3}+\sqrt{2}}$ のとき, $x^3+y^3=\boxed{}$ である.

(摂南大)

[B] $\dfrac{3}{3-\sqrt{3}}$ の整数部分を a, 小数部分を b とするとき, a^2-b^2-a-b の値を求めよ.

(茨城大)

2

解答は別冊 p.12

a, b, c が次の3次方程式の解であるとする.
$$x^3-2x^2+x+5=0$$

(1) このとき, $a^3+b^3+c^3$ の値は $\boxed{}$ である.
(2) このとき, $a^4+b^4+c^4$ の値は $\boxed{}$ である.

(東京理科大)

3

解答は別冊 p.14

[A] 多項式 $P(x)$ を x^3+1 で割ったときの余りが $2x^2+13x$ であった. このとき, $P(x)$ を $x+1$ で割ったときの余りは $\boxed{}$ である.
また, $P(x)$ を x^2-x+1 で割ったときの余りは $\boxed{}$ である.

(慶應義塾大)

[B] 整式 $P(x)$ を x^2+2x+1 で割った余りが $2x-4$ で, x^2-3x+2 で割った余りが $2x+2$ であるとする. 以下の問いに答えよ.
(1) $P(x)$ を x^2-1 で割ると, 余りは $\boxed{}$ となる.
(2) $P(x)$ を x^3+x^2-x-1 で割ると, 余りは $\boxed{}$ となる.

(西南学院大)

解答は別冊 p.16

4 ✓ Check Box ▢▢▢

$\left(\dfrac{1+\sqrt{5}}{2}\right)^3$ からその整数部分を引いた値を a とするとき，$a^4+5a^3+4a^2+4a$ の値を求めよ．

（愛媛大）

5 ✓ Check Box ▢▢▢ 解答は別冊 p.18

a，b は実数であり，方程式
$$x^4+(a+2)x^3-(2a+2)x^2+(b+1)x+a^3=0$$
が解 $x=1+i$ をもつとする．ただし，$i=\sqrt{-1}$ とする．

このとき，a，b を求めよ．また，このときの方程式の他の解も求めよ．

（東北大）

6 ✓ Check Box ▢▢▢ 解答は別冊 p.20

複素数 $\omega=\dfrac{-1+\sqrt{3}\,i}{2}$ について，以下の問いに答えよ．

(1) $\omega^2+\omega^4$，$\omega^5+\omega^{10}$ の値を求めよ．

(2) n を正の整数とするとき，$\omega^n+\omega^{2n}$ の値を求めよ．

(3) n を正の整数とするとき，$(\omega+2)^n+(\omega^2+2)^n$ が整数であることを証明せよ．

（岡山大）

7 ✓ Check Box ▢▢▢ 解答は別冊 p.22

k を実数の定数とする．2次方程式 $kx^2+3x+2=0$ と $2x^2+3x+k=0$ が共通の解をもつような k の値を求めよ．

（東京薬科大・改題）

a, b, c, x, y, z はすべて正の実数である．次の問いに答えよ．

(1) 不等式 $(a^2+b^2+c^2)(x^2+y^2+z^2) \geqq (ax+by+cz)^2$ が成り立つことを証明せよ．

(2) (1)において，等号が成り立つのはどのようなときかを示せ．

(3) $a^2+b^2+c^2=25$, $x^2+y^2+z^2=36$, $ax+by+cz=30$ のとき，$\dfrac{a+b+c}{x+y+z}$ の値を求めよ．

（秋田大）

[A]　以下の問いに答えよ．

　(1)　次の式を展開せよ．
$$(x+y+z)(x^2+y^2+z^2-xy-yz-zx)$$

　(2)　a, b, c を 0 以上の実数とする．次の不等式が成り立つことを示せ．また，等号が成り立つのはどのようなときか答えよ．
$$\frac{a+b+c}{3} \geqq \sqrt[3]{abc}$$

（首都大東京）

[B]　正の実数 x に対して，次の不等式が成り立つことを示せ．
$$\frac{x}{2+x} \leqq \sqrt{1+x}-1 \leqq \frac{x}{2}$$

（東北大）

10 ✓ Check Box ☐☐ 解答は別冊 p.28

[A] $x>0$ において，$\left(x-\dfrac{1}{2}\right)\left(2-\dfrac{9}{x}\right)$ は $x=\boxed{}$ のとき，最小値 $\boxed{}$ をとる．

(千葉工業大)

[B] 実数 x について，$A=x^4+4x^3+4x^2+5$，$B=x^2+2x+2$ とおくとき，次の問いに答えよ．

(1) 整式 A を整式 B で割った商と余りを求めよ．

(2) A を B の2次式で表せ．

(3) 設問(2)で求めた式を用いて，$\dfrac{A}{B}$ の最小値と，そのときの x の値を求めよ．

(岩手大)

11 ✓ Check Box ☐☐ 解答は別冊 p.30

[A] 不等式 $|x+3|<2x-6$ を解け．

(筑波技術大)

[B] $|x-2|+|x+3|<6$ を満たす実数 x の値の範囲を求めよ．

(山梨大)

[C] 実数 k に対し，方程式 $x|1-|x||=k$ の異なる実数解の個数を求めよ．

(山形大)

12 ✓ Check Box ☐☐ 解答は別冊 p.32

a を実数とする．x に関する方程式
$$|x^2-6x-|x-6||+x=a$$
の異なる実数解の個数を求めよ．

(千葉大・改題)

第2章 論証・整数

13 ✓Check Box ☐☐ 　解答は別冊 p.34

☐ に入る適切なものを下の(a)〜(d)から選べ.

$x(x-1)+y(y-1)=0$ は「($x=0$ または $x=1$) かつ ($y=0$ または $y=1$)」であるための ☐.

(a) 必要十分条件である

(b) 十分条件だが必要条件ではない

(c) 必要条件だが十分条件ではない

(d) 必要条件でも十分条件でもない

(北見工業大)

14 ✓Check Box ☐☐ 　解答は別冊 p.36

q は正の有理数とし,$f(x)=x^2-qx-q^2$ とする.

2次方程式 $f(x)=0$ の2つの実数解を α, β $(\alpha<\beta)$ とする.以下の問いに答えよ.

(1) γ が無理数であるとき,有理数 s, t に対して $s\gamma+t=0$ が成り立つならば $s=t=0$ であることを証明せよ.

(2) $\sqrt{5}$ は無理数であることを証明せよ.さらに α, β はともに無理数であることを証明せよ.

(3) 有理数 a, b, c に対して $g(x)=x^3+ax^2+bx+c$ を考える.このとき,$g(\alpha)=0$ であるための必要十分条件は $g(\beta)=0$ であることを証明せよ.

(大阪教育大)

15 ✓Check Box ☐☐ 　解答は別冊 p.38

すべての自然数 n に対して,$\dfrac{n^3}{6}-\dfrac{n^2}{2}+\dfrac{4n}{3}$ は整数であることを証明せよ.

(学習院大)

16 ✓ Check Box ☐☐　解答は別冊 p.40

次の問いに答えよ.

(1) 方程式 $25x+9y=1$ の整数解をすべて求めよ.

(2) 方程式 $25x+9y=33$ の整数解をすべて求めよ. さらに, これらの整数解の うち, $|x+y|$ の値が最小となるものを求めよ.

(3) 2つの方程式 $25x+9y=33$, $xy=-570$ を同時に満たす整数解をすべて求 めよ.

（金沢大）

17 ✓ Check Box ☐☐　解答は別冊 p.42

[A] $2m^2-n^2-mn-m+n=18$ を満たす自然数 m, n を求めよ.

（愛媛大）

[B] k を自然数とする. 次の問いに答えよ.

(1) $\sqrt{n^2+7^2}$ が自然数となるような自然数 n をすべて求めよ.

(2) $\sqrt{n^2+7^k}$ が自然数となるような自然数 n をすべて求めよ.

（島根大・略題）

18 ✓Check Box ☐☐　解答は別冊 p.44

　自然数 x, y, z は，条件 $x \leqq y \leqq z$ および $xy + yz + zx = xyz$ を満たすとする．次の問いに答えよ．

(1) 不等式 $x \leqq 3$ を示せ．

(2) 与えられた条件を満たす x, y, z の組をすべて求めよ．

（名古屋市立大）

19 ✓Check Box ☐☐　解答は別冊 p.46

　$n^2 + mn - 2m^2 - 7n - 2m + 25 = 0$ について，次の問いに答えよ．

(1) n を m を用いて表せ．

(2) m, n は自然数とする．m, n を求めよ．

（旭川医科大）

20 ✓Check Box ☐☐　解答は別冊 p.48

　m を整数とする．3次方程式 $x^3 + mx^2 + (m+8)x + 1 = 0$ は有理数の解 α をもつ．

(1) α は整数であることを示せ．

(2) m を求めよ．

（一橋大）

実数 x に対して，x 以下の最大の整数を $[x]$ で表す．例えば $[3]=3$，$[3.14]=3$，$[-3.14]=-4$ である．実数 x について，方程式 $4x-3[x]=0$ の解の個数は □ 個である．

（産業医科大・略題）

次の問いに答えよ．

(1) a，b，c をそれぞれ 1 桁の数として，3 桁の数を abc と表記するとき，7 進法で表すと 3 桁の数 $abc_{(7)}$ になり，5 進法で表すと 3 桁の数 $bca_{(5)}$ になる数を 10 進法で表すと □ である．

(2) $\dfrac{123}{343}$ を 7 進法の小数で表すと □ である．

（星薬科大）

第3章 種々の関数

23 ✓Check Box ☐☐ 　解答は別冊 p.54 ▶

$0 \leqq x \leqq 2$ の範囲において，つねに $x^2 - 2ax + a > 0$ が成り立つような定数 a の値の範囲を求めよ．

（獨協大）

24 ✓Check Box ☐☐ 　解答は別冊 p.56 ▶

a を実数とする．関数 $f(x) = x^2 - a|x - 2| + \dfrac{a^2}{4}$ の最小値を a を用いて表せ．

（千葉大）

25 ✓Check Box ☐☐ 　解答は別冊 p.58 ▶

次の問いに答えよ．

(1) 実数 x, y について
$$4x^2 + 12y^2 - 12xy + 4x - 18y + 7$$
の最小値，およびそのときの x, y の値を求めよ．

(2) a を負の実数とする．
$$4x^2 + 12y^2 - 12xy + 4x - 18y + 7 = a$$
を満たす x, y が隣り合う整数のとき，a の最大値，およびそのときの x, y の値を求めよ．

（秋田大）

26 ✓ Check Box □□　解答は別冊 p.60

放物線 $y=x^2+ax+2$ が，2点 A$(0, 1)$，B$(2, 3)$ を結ぶ線分と異なる2点で交わるという．この条件を満たす a の値の範囲を求めよ．

（群馬大）

27 ✓ Check Box □□　解答は別冊 p.62

xy 平面上に，x の2次関数
$$y=-x^2+ax+2a-3$$
のグラフがある．このグラフが $0 \leqq x \leqq 2$ において x 軸と少なくとも1つの共有点を持つとき，a の値の範囲は □ である．

（慶應義塾大）

28 ✓ Check Box □□　解答は別冊 p.64

$0 \leqq x \leqq \pi$ のとき，次の不等式を解け．
$$\sin 2x + \sqrt{3}\sin x - \sqrt{3}\cos x > \frac{3}{2}$$

（弘前大）

$f(x)=\sqrt{2}\sin x\cos x+\sin x+\cos x\ (0\leqq x\leqq 2\pi)$ とする.

(1) $t=\sin x+\cos x$ とおき,$f(x)$ を t の関数で表せ.

(2) t の取り得る値の範囲を求めよ.

(3) $f(x)$ の最大値と最小値,およびそのときの x の値を求めよ.

(北海道大)

点 P$(x,\ y)$ が原点Oを中心とする半径 $\sqrt{2}$ の円周上を動くとき,$\sqrt{3}\,x+y$ の最小値は □ であり,$x^2+2xy+3y^2$ の最大値は □ である.

(名城大)

関数 $f(x)=2\sin^2 x+4\sin x+3\cos 2x$ について,以下の問いに答えよ.ただし $0\leqq x<2\pi$ である.

(1) $t=\sin x$ とするとき,$f(x)$ を t の式で表せ.

(2) $f(x)$ の最大値と最小値を求めよ.また,そのときの x の値をすべて求めよ.

(3) 方程式 $f(x)=a$ の相異なる解が4個であるような実数 a の値の範囲を求めよ.

(岩手大)

32 ✓ Check Box ☐☐ 解答は別冊 p.72

次の問いに答えよ.

(1) 次の等式が成り立つことを示せ.
$$\cos 3\theta = 4\cos^3\theta - 3\cos\theta$$

(2) $\cos 54°$ の値を求めよ.

(3) 頂点と重心との距離が r の正五角形の面積を求めよ.

(福島大)

33 ✓ Check Box ☐☐ 解答は別冊 p.74

座標平面上の 3 点 A$(0,\ 3)$, B$(0,\ 2)$ と x 軸上の点 P$(x,\ 0)$ を考える.
∠APB (ただし, $0 \leqq ∠APB \leqq \pi$) が最大になるときの x の値をすべて求めよ.

(山梨大・略題)

34 ✓ Check Box ☐☐ 解答は別冊 p.76

すべての実数 x に対して不等式
$$2^{2x+2} + 2^x a + 1 - a > 0$$
が成り立つような実数 a の範囲を求めよ.

(東北大)

35 ✓ Check Box ☐☐ 解答は別冊 p.78

関数 $f(x) = 8^x + 4^x + 4^{-x} + 8^{-x}$ について,次の問に答えよ.

(1) $t = 2^x + 2^{-x}$ とおくとき,$4^x + 4^{-x}$ および $8^x + 8^{-x}$ を t を用いて表せ.

(2) t のとりうる値の範囲を求めよ.

(3) $f(x)$ の最小値と,そのときの x の値を求めよ.

(香川大)

36 ✓Check Box □□ 解答は別冊 p.80

次の 6 つの数

$$(\sqrt{10}-\sqrt{3}\,)^{\frac{1}{3}}, \quad \log_{\sqrt{3}}\frac{7}{4}, \quad \frac{7}{9}, \quad \log_7 5, \quad \frac{1}{\log_6 12}, \quad \log_{(\sqrt{15}-\sqrt{10})}12$$

について答えよ.

(1)　6 つの数のうち負の数はどれか, すべて答えよ.

(2)　6 つの数のうち 1 以上の数はどれか, すべて答えよ.

(3)　6 つの数のうち, (1)と(2)以外の数を左から小さい順に並べよ.

(群馬大)

37 ✓Check Box □□ 解答は別冊 p.82

次の問いに答えよ. ただし, $\log_{10}2=0.3010$, $\log_{10}3=0.4771$, $\log_{10}7=0.8451$ とする.

(1)　2013^{25} の一の位の数字を求めよ.

(2)　13^{2013} を 5 で割ったときの余りを求めよ.

(3)　3^{2013} は何桁の数か.

(4)　3^{2013} の最高位の数を求めよ.

(名古屋市立大)

38 ✓Check Box □□ 解答は別冊 p.84

以下の問いに答えよ.

(1)　方程式 $\log_4(x+3)=\log_2 x-1$ を解け.

(2)　方程式 $\log_4(x+k)=\log_2 x-1$ が解を持つような実数 k の範囲を求めよ.

(三重大)

39 ✓Check Box □□ 解答は別冊 p.86

x と y は不等式

$$\log_x 2-(\log_2 y)(\log_x y)<4(\log_2 x-\log_2 y)$$

を満たすとする. このとき, x, y の組 $(x,\ y)$ の範囲を座標平面上に図示せよ.

(岩手大)

第4章 | 微分・積分

40 ✓Check Box ☐☐　解答は別冊 p.88

関数 $f(x)=x^3+(a-2)x^2+3x$ について，次の問いに答えよ．ただし，a は定数とする．

(1) $f(x)$ の導関数 $f'(x)$ を求めよ．

(2) $f(x)$ が極値をもつとき，a の値の範囲を求めよ．

(3) $f(x)$ が $x=-a$ で極値をもつとき，a の値を求めよ．さらに，このときの極大値を求めよ．

(広島工業大)

41 ✓Check Box ☐☐　解答は別冊 p.90

$s<1$ のとき，関数 $y=2x^3-3(s+1)x^2+6sx+1$ の増減を調べ，極値を求めよ．さらに $0<s<1$ として，この関数の区間 $0\leqq x\leqq 2s$ における最大値を求めよ．

(三重大)

42 ✓Check Box ☐☐　解答は別冊 p.92

k は定数とする．関数
$$f(x)=-x^3-3x^2+3kx+3k+2$$
の $-1\leqq x\leqq 1$ の範囲における最大値を求めよ．

(大阪教育大)

43 ✓Check Box ☐☐　解答は別冊 p.94

a を実数とし，関数
$$f(x)=x^3-3ax+a$$
を考える．$0\leqq x\leqq 1$ において，$f(x)\geqq 0$ となるような a の範囲を求めよ．

(大阪大)

44

✓ Check Box ☐☐ 解答は別冊 p.96

k を定数として，3次方程式

$$x^3 - \frac{3}{2}x^2 - 6x - k = 0 \quad \cdots\cdots(*)$$

を考える．

(1) この方程式が，異なる3つの実数解をもつような k の値の範囲を求めよ．

(2) k が(1)で求めた範囲にあるとき，方程式($*$)の3つの解を α, β, γ （ただし $\alpha < \beta < \gamma$）とおく．

  (a) k が(1)で求めた範囲を動くとき，α, β, γ の取りうる値の範囲をそれぞれ求めよ．

  (b) k が(1)で求めた範囲を動くとき，α と γ の積 $\alpha\gamma$ が最小となる k の値と，$\alpha\gamma$ の最小値を求めよ．

（東京理科大）

45

✓ Check Box ☐☐ 解答は別冊 p.98

関数 $y = x^3 - x$ のグラフを C とする．

(1) C 上の点 $(t,\ t^3 - t)$ における C の接線の方程式を求めよ．

(2) C 上の2点 $(t,\ t^3 - t)$ および $(s,\ s^3 - s)$ における C の接線が一致するのは $t = s$ に限ることを示せ．

(3) C 上にない点 $A(a,\ b)$ から C へ引ける接線の数がちょうど2本となるとき，a, b が満たす条件を求めよ．

（福島大・略題）

次の問いに答えよ.

(1) 関数 $f(x)$ は
$$f(x)=3x^2+x\int_0^1 f(t)\,dt+1$$
を満たしている. このとき $f(x)$ を求めよ.

(2) 関数 $g(x)$ は, ある定数 k に対して
$$\int_1^x (3t+1)g(t)\,dt=4\int_k^x g(t)\,dt+5x^3-3x^2-9x-17$$
を満たし, $g(1)=8$ である. このとき $g(x)$ と k の値を求めよ.

(群馬大)

関数 $f(x)$ を
$$f(x)=\int_{-1}^1 |t^2-x^2|\,dt$$
で定義する. 次の各問いに答えよ.

(1) $0\leqq x\leqq 1$ における $f(x)$ の最大値と最小値を求めよ.

(2) $x\geqq 0$ の範囲で $y=f(x)$ のグラフをかけ.

(名城大)

関数 $f(x)$ を
$$f(x)=\begin{cases} -x^2+4x & (x\leqq 0,\ x\geqq 2\ \text{のとき}) \\ x^2 & (0<x<2\ \text{のとき}) \end{cases}$$
とする. 座標平面上の曲線 $C:y=f(x)$ と直線 $l:y=x$ で囲まれる部分の面積を S とする. このとき, 次の各問いに答えよ.

(1) 曲線 C の概形をかけ.

(2) S の値を求めよ.

(宮崎大)

49

✓ Check Box ☐☐　解答は別冊 p.106

曲線 $C : y = x^2$ 上の点 $P(a, a^2)$ における接線を l_1, 点 $Q(b, b^2)$ における接線を l_2 とする. ただし, $a < b$ とする. l_1 と l_2 の交点を R とし, 線分 PR, 線分 QR および曲線 C で囲まれる図形の面積を S とする.

(1) R の座標を a と b を用いて表せ.

(2) S を a と b を用いて表せ.

(3) l_1 と l_2 が垂直であるときの S の最小値を求めよ.

（東北大）

50

✓ Check Box ☐☐　解答は別冊 p.108

a を正の実数とする. 2 つの放物線

$$y = \frac{1}{2}x^2 - 3a, \quad y = -\frac{1}{2}x^2 + 2ax - a^3 - a^2$$

が異なる 2 点で交わるとし, 2 つの放物線によって囲まれる部分の面積を $S(a)$ とする. 以下の問いに答えよ.

(1) a の値の範囲を求めよ.

(2) $S(a)$ を a を用いて表せ.

(3) $S(a)$ の最大値とそのときの a の値を求めよ.

（神戸大）

51 ✓Check Box ⬜⬜ 解答は別冊 p.110

次の条件を満たす三角形 ABC はどのような三角形か．ただし，三角形 ABC において，頂点 A，B，C に向かい合う辺 BC，CA，AB の長さをそれぞれ a，b，c で表す．また，∠A，∠B，∠C の大きさをそれぞれ A，B，C で表す．

(1) $\dfrac{b}{\sin A} = \dfrac{a}{\sin B}$

(2) $\dfrac{a}{\cos A} = \dfrac{b}{\cos B}$

(3) $\dfrac{b}{\cos A} = \dfrac{a}{\cos B}$

（愛媛大）

52 ✓Check Box ⬜⬜ 解答は別冊 p.112

AB＝6，BC＝3，CD＝x，DA＝5－x $(0 < x < 5)$ を満たす四角形 ABCD が円に内接している．四角形 ABCD の面積を $S(x)$ とするとき，次の問いに答えよ．

(1) $\cos \angle \text{BAD} = \dfrac{26 - 5x}{3(10 - x)}$ を示せ．

(2) $S(x)$ の最大値を求めよ．また，そのときの x の値を求めよ．

（山形大・略題）

53 ✓Check Box ☐☐ 解答は別冊 p.114

△ABC の辺 BC 上に点 D, 辺 AC 上に点 E があり, 四角形 ABDE が円 O に内接している. AE＝DE, AB＝$\dfrac{42}{5}$, AC＝14, BD＝$\dfrac{6}{5}$ であるとき, 次の問いに答えよ.

⑴ 線分 AE と線分 CD の長さを求めよ.

⑵ 円 O の半径を求めよ.

（静岡大）

54 ✓Check Box ☐☐ 解答は別冊 p.116

右図の △ABC において, 辺 AB の延長上に AB＝BD となる点 D がある. 同様に, 辺 BC の延長上に BC＝CE となる点 E が, 辺 CA の延長上に CA＝AF となる点 F がそれぞれある. △ABC の重心を G とし, 直線 GE と線分 AC, AB, FD との交点をそれぞれ H, I, J とする. このとき, 次の比を求めよ.

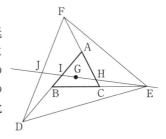

⑴ CH：HA

⑵ BI：IA

⑶ DJ：JF

（宮崎大）

55 ✓Check Box ☐☐ 解答は別冊 p.118

1 辺の長さが 3 の正四面体 OABC において, 辺 BC を 1：2 に内分する点を D とする. また, 辺 OC 上に点 E をとり, CE＝t とする.

⑴ AD の長さを求めよ.

⑵ cos∠DAE を t を用いて表せ.

⑶ △ADE の面積が最小になるときの t の値とそのときの面積を求めよ.

（千葉大）

56 ✓ Check Box ■■ 解答は別冊 p.120

[A] 四面体 ABCD において，AB＝3，BC＝$\sqrt{13}$，CA＝4，DA＝DB＝DC＝3 とし，頂点Dから△ABC に垂線 DH を下ろす．このとき，DH の長さは □，四面体 ABCD の体積は □ である．

(東京慈恵会医科大)

[B] 四面体 ABCD は，4つの面のどれも3辺の長さが7，8，9の三角形である．この四面体 ABCD の体積は □ である．

(早稲田大)

57 ✓ Check Box ■■ 解答は別冊 p.122

図は，ある三角錐 V の展開図である．

ここで，AB＝4，AC＝3，BC＝5，∠ACD＝90°で△ABE は正三角形である．

このとき，V の体積を求めよ．

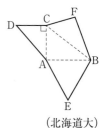

(北海道大)

58 ✓ Check Box ■■ 解答は別冊 p.124

一辺の長さが1の正八面体に内接する球の体積は □ であり，外接する球の表面積は □ である．

(産業医科大)

第6章 図形と方程式

59 ✓Check Box ☐☐ 解答は別冊 p.126

Oを原点とする座標平面上の2直線 $x-y+1=0$ と $x-2y-2=0$ をそれぞれ l_1, l_2 とし, 点A(5, 5) をとる. 点Bと点Cはそれぞれ l_1, l_2 上にあるとする. ただし, 右図のように, 線分 AB, BC と直線 l_1 とのなす角は等しく, 線分 BC, CO と直線 l_2 とのなす角は等しいとする.

このとき, 点Bと点Cの座標を求めよ.

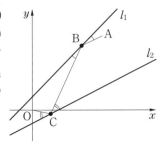

(佐賀大・改題)

60 ✓Check Box ☐☐ 解答は別冊 p.128

k を定数とし, 方程式
$$x^2+y^2+3kx-ky-10k-20=0$$
で表される座標平面内の円Cについて, 次の各問いに答えよ.

(1) 円Cの中心の座標を k を用いて表せ.

(2) 円Cは k の値によらず, ある2つの定点を通る. この2点の座標を求めよ.

(3) k が変化するとき, 円Cの面積Sの最小値とそのときの k の値を求めよ.

(4) 円Cと直線 $y=\dfrac{1}{2}x$ が接するように, k の値を定めよ.

(成蹊大)

61 ✓Check Box ⬜⬜ 解答は別冊 p.130

a を実数とする. 円 $x^2+y^2-4x-8y+15=0$ と直線 $y=ax+1$ が異なる2点 A, B で交わっている.

(1) a の値の範囲を求めよ.

(2) 弦 AB の長さが最大になるときの a の値を求めよ.

(3) 弦 AB の長さが2になるときの a の値を求めよ.

(大分大)

62 ✓Check Box ⬜⬜ 解答は別冊 p.132

2つの円 $C_1 : x^2+y^2=25$, $C_2 : (x-4)^2+(y-3)^2=2$ について.

(1) C_1, C_2 の2つの交点を通る直線の方程式は ☐ である.

(2) C_1, C_2 の2つの交点を通り, 点 $(3, 1)$ を通る円の方程式は ☐ である.

(西南学院大・略題)

63 ✓Check Box ⬜⬜ 解答は別冊 p.134

k を正の定数とする. 円 $C : x^2+y^2-4x-2y+1=0$ と共有点をもたない直線 $l : y=-\dfrac{1}{2}x+k$ について, 次の問いに答えよ.

(1) k のとりうる値の範囲を求めよ.

(2) l 上の2点 A, B の座標をそれぞれ $(2, k-1)$, $(2k-2, 1)$ とする. 点PがC上を動くとき, △PABの重心Qの軌跡を求めよ.

(3) (2)で求めたQの軌跡とCがただ1つの共有点をもつとき, k の値を求めよ.

(滋賀大)

64

✓ Check Box ☐☐   解答は別冊 p.136

座標平面上に，2つの放物線

$$C_1 : y=(x-t)^2+t \qquad C_2 : y=-x^2+4$$

がある．ただし，t は実数とする．このとき，次の各問いに答えよ．

(1) C_1，C_2 が異なる2点で交わるとき，t の値の範囲を求めよ．

(2) (1)のとき，C_1 と C_2 の2つの交点を結ぶ線分の中点の軌跡を図示せよ．

（宮崎大）

65

✓ Check Box ☐☐   解答は別冊 p.138

2直線 $x-ty=0$ と $tx+y=2$ の交点をPとする．ただし，t は実数とする．このとき，以下の設問に答えよ．

(1) 点Pの座標を t を用いて表せ．

(2) t がすべての実数値をとって変化するとき，点Pの軌跡を求めよ．

(3) (2)で求めた軌跡と放物線 $y=\sqrt{2}\,x^2+1$ で囲まれた図形の面積を求めよ．

（中央大）

66

✓ Check Box ☐☐   解答は別冊 p.140

次の問いに答えよ．

(1) 2次方程式 $t^2+5t+2=0$ の解を α，β とするとき，$\alpha^2+\beta^2$ の値を求めよ．

(2) u，v を実数とする．2次方程式 $t^2-ut+v=0$ が実数解をもつとき，点 $(u,\ v)$ の存在範囲を図示せよ．

(3) 平面上の点 $(a,\ b)$ が原点を中心とする半径1の円の内部を動くとき，点 $(a+b,\ ab)$ の動いてできる領域を図示せよ．

（島根大）

67

✓ Check Box □□　解答は別冊 p.142

連立不等式 $\begin{cases} x^2+y^2 \leqq 25 \\ (y-2x-10)(y+x+5) \leqq 0 \end{cases}$ の表す領域を D とする.

(1) 領域 D を図示せよ.

(2) 点 (x, y) がこの領域 D を動くとき, $x+2y$ の最大値 M と最小値 m を求めよ. また, M, m を与える D の点を求めよ.

(3) a を実数とする. 点 (x, y) が領域 D を動くとき, $ax+y$ が点 $(-3, 4)$ で最大値をとるような a の範囲を求めよ.

(北海道大)

68

✓ Check Box □□　解答は別冊 p.144

xy 平面上に円 $C : x^2+(y+2)^2=4$ がある. 中心 $(a, 0)$, 半径 1 の円を D とする. C と D が異なる 2 点で交わるとき, 次の問いに答えよ.

(1) a のとり得る値の範囲を求めよ.

(2) C と D の 2 つの交点を通る直線の方程式を求めよ.

(3) a が(1)の範囲を動くとき, (2)の直線が通過する領域を図示せよ.

(横浜国立大)

第7章 数 列

69 ✓ Check Box ☐☐ 解答は別冊 p.150

[A] ある等差数列の第 n 項を a_n とするとき

$$a_{15}+a_{16}+a_{17}=-2622, \quad a_{99}+a_{103}=-1238$$

が成立している. 次の各問いに答えよ.

(1) この等差数列の初項と公差を求めよ.

(2) この等差数列の初項から第 n 項までの和を S_n とするとき, S_n が最小となる n の値を求めよ.

(高崎経済大)

[B] 公比が実数である, 等比数列 $\{a_n\}$ は 2 つの等式 $a_5+a_6+a_7+a_8=64$ と $a_{10}+a_{11}+a_{12}+a_{13}=-2$ をみたす. このとき, 等比数列 $\{a_n\}$ の公比は ☐ であり, 第 9 項は ☐ である.

(国士舘大)

70 ✓ Check Box ☐☐ 解答は別冊 p.152

関数 $f(x)=\log_2(x+1)$ に対して, 次の問いに答えよ.

(1) 0 以上の整数 k に対して, $f(x)=\dfrac{k}{2}(f(1)-f(0))$ を満たす x を k を用いて表せ.

(2) (1)で求めた x を x_k とおく. $S_n=\displaystyle\sum_{k=1}^{n} k(x_k-x_{k-1})$ を n を用いて表せ.

(広島大)

数列 $\{a_n\}$ を

$$a_1 = 1, \quad (n+3)a_{n+1} - na_n = \frac{1}{n+1} - \frac{1}{n+2} \quad (n = 1, 2, 3, \cdots)$$

によって定める.

(1) $b_n = n(n+1)(n+2)a_n \quad (n = 1, 2, 3, \cdots)$ によって定まる数列 $\{b_n\}$ の一般項を求めよ.

(2) 等式

$$p(n+1)(n+2) + qn(n+2) + rn(n+1) = b_n \quad (n = 1, 2, 3, \cdots)$$

が成り立つように,定数 p, q, r の値を定めよ.

(3) $\displaystyle\sum_{k=1}^{n} a_k$ を n の式で表せ.

(筑波大)

右の表のように奇数が並んでいる.上から m 行,左から n 列にある数を $a_{m,n}$ と表す.例えば $a_{2,3} = 15$ である.このとき,次の問いに答えよ.

(1) $a_{1,n}$ を n を用いて表せ.

(2) 表の $a_{1,n}$ と $a_{n,1}$ を結ぶ直線上にあるすべての数の集合を第 n 群と呼ぶ.例えば第3群は $\{7, 9, 11\}$ である.このとき,第 n 群に含まれるすべての数の和を n を用いて表せ.

(3) 251 は(2)で定めた第何群にあるか.また,$a_{m,n} = 251$ とするとき,m と n を求めよ.

1	3	7	13	21
5	9	15	23	…
11	17	25	…	…
19	27	…	…	…
29	…	…	…	…

(宇都宮大)

n を正の整数とする. 座標平面上において, 連立不等式
$$\begin{cases} y \geqq x^2 \\ y \leqq x + n(n+1) \end{cases}$$
の表す領域を D とする. 次の各問いに答えよ.

(1) 領域 D 内の, x 座標と y 座標がともに整数である点のうち, x 座標が正であるものの個数 M を n を用いて表せ.

(2) 領域 D 内の, x 座標と y 座標がともに整数である点のうち, x 座標が負であるものの個数を N とする. (1)で求めた M に対して $M - N \geqq 1000$ となるような最小の n を求めよ.

(茨城大)

数列 $\{a_n\}$ が条件
$$a_1 = 3, \quad a_{n+1} = (n+2)a_n + n! \quad (n = 1, 2, 3, \cdots)$$
によって定められている. 次の問いに答えよ.

(1) $b_n = \dfrac{a_n}{(n+1)!}$ とおくとき, 数列 $\{b_n\}$ の漸化式を求めよ.

(2) $\{a_n\}$ の一般項を求めよ.

(3) 和 $\displaystyle\sum_{k=1}^{n} 2^{k-1} a_k$ を求めよ.

(関西大)

75

✓Check Box ☐☐ 解答は別冊 p.162

数列 $\{a_n\}$ が $a_1=1$, $a_{n+1}=4a_n+1$ で与えられているとき, $a_2=\boxed{\text{ア}}$ であり, その一般項は $a_n=\boxed{\text{イ}}$ となる. また, $a_{n+2}-a_n$ を 5 で割った余りは $\boxed{\text{ウ}}$ である. ここで, a_n を 5 で割った余りを b_n とする. このとき, $b_4=\boxed{\text{エ}}$, $b_5=\boxed{\text{オ}}$ であり, $\displaystyle\sum_{k=1}^{2n}a_kb_k=\boxed{\text{カ}}$ である.

(同志社大)

76

✓Check Box ☐☐ 解答は別冊 p.164

[A] $a_1=3$, $a_{n+1}=3a_n-2n+3$ $(n=1, 2, 3, \cdots)$ で定義される数列 $\{a_n\}$ の一般項 a_n を求めよ.

(西日本工業大)

[B] 次の関係式を満たす数列 $\{a_n\}$ の一般項をそれぞれ求めよ.

(1) $a_1=\dfrac{1}{4}$, $a_{n+1}=\dfrac{a_n}{3a_n+1}$ $(n=1, 2, 3, \cdots)$

(2) $a_1=1$, $a_{n+1}=2a_n+3^n$ $(n=1, 2, 3, \cdots)$

(大阪府立大)

77 ✓ Check Box ☐☐ 　解答は別冊 p.166

数列 $\{a_n\}$ の初項 a_1 から第 n 項 a_n までの和 S_n が次を満たす.

$$S_n = \frac{1}{3}(2a_n + 8a_{n-1}) \quad (n = 2, \ 3, \ 4, \ \cdots)$$

(1) $n \geqq 3$ のとき, a_n を a_{n-1} と a_{n-2} の式で表せ.

(2) $n \geqq 2$ のとき, $a_n - 2a_{n-1}$ を a_1 と a_2 の式で表せ.

(3) $a_1 = 1$ とする. 一般項 a_n を求めよ.

(徳島大・改題)

78 ✓ Check Box ☐☐ 　解答は別冊 p.168

[A] n は 3 以上の自然数とする. 数学的帰納法によって, 次の不等式を証明せよ.

$$2^n > \frac{1}{2}n^2 + n$$

(福岡教育大)

[B] 数列 $\{a_n\}$ は, すべての正の整数 n に対して $0 \leqq 3a_n \leqq \sum_{k=1}^{n} a_k$ を満たしているとする. このとき, すべての n に対して $a_n = 0$ であることを示せ.

(京都大)

第8章 | 場合の数・確率

79 ✓Check Box ☐☐ 解答は別冊 p.170

10 個の文字，N，A，G，A，R，A，G，A，W，A を左から右へ横 1 列に並べる．以下の問いに答えよ．

(1) この 10 個の文字の並べ方は全部で何通りあるか．

(2) 「NAGARA」という連続した 6 文字が現れるような並べ方は全部で何通りあるか．

(3) N，R，W の 3 文字が，この順に現れるような並べ方は全部で何通りあるか．ただし，N，R，W が連続しない場合も含める．

(4) 同じ文字が隣り合わないような並べ方は全部で何通りあるか．

(岐阜大)

80 ✓Check Box ☐☐ 解答は別冊 p.172

ある公園には右の図の線で示されるような歩道が造られている．また，この公園内には図の P，Q，R の 3 地点にだけ水飲み場が設置されている．このとき，次の問いに答えよ．

(1) A 地点から歩道を通って B 地点に至る最短の経路のうち，P 地点の水飲み場を通るものは何通りあるか．

(2) A 地点から歩道を通って B 地点に至る最短の経路のうち，水飲み場を 1 回以上通るものは何通りあるか．

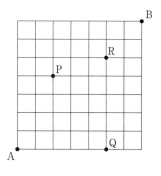

(岩手大)

81 ✓Check Box ☐☐ 解答は別冊 p.174

A，B，C，D，E，F，G の 7 種類の異なる玉を利用してネックレスを作るとすると，3 個の玉と 4 個の玉からなる異なる 2 つのネックレスの作り方は [(1)] 通りある．

F，G の玉の代わりに E を 2 個使うことになり，A，B，C，D，E，E，E となった場合は，3 個の玉と 4 個の玉からなる異なる 2 つのネックレスの作り方は [(2)] 通りある．ただし，回転したり裏返したりして一致するものは同じものと考えることとする．

(順天堂大・略題)

31

8人の生徒 a, b, c, d, e, f, g, h に対して3つの部屋 A, B, C がある. A, B, C の最大収容人数はAが3人, Bが4人, Cが5人である. このとき, 次の問いに答えよ.

(1) 生徒全員を3つの部屋に入れるとき, Aの人数が3人になるような入れ方は何通りあるか. ただし, 空き部屋があってもよいとする.

(2) 生徒全員を3つの部屋に入れるとき, c と d がAに入るような入れ方は何通りあるか. ただし, 空き部屋があってもよいとする.

(3) 生徒全員を3つの部屋に入れる入れ方は何通りあるか. ただし, 空き部屋があってもよいとする.

(宇都宮大・略題)

赤玉7個と白玉5個を A, B, C の3つの箱に入れる.

(1) 赤玉7個だけを3つの箱に入れるとき, 入れ方は ☐☐ 通りである. ただし, 玉が入らない箱があってもよいものとする.

(2) 赤玉7個と白玉5個を3つの箱に入れるとき, 入れ方は ☐☐ 通りである. ただし, 玉が入らない箱があってもよいものとする.

(3) どの箱にも1個以上の玉を入れるとき, 赤玉7個と白玉5個を3つの箱へ入れるような入れ方は ☐☐ 通りである.

(青山学院大)

1 から 13 までの数が 1 つ書かれているカードが 52 枚あり，各数について 4 枚ずつある．この 52 枚のカードから，戻さずに続けて 2 枚とりだし，そのカードに書かれた数を順に x, y とする．関数 $f(x, y) = \log_3(x+y) - \log_3 x - \log_3 y + 1$ を考える．

(1) カードに書かれた数 x, y で，$f(x, y) = 0$ となるものをすべて求めよ．

(2) $f(x, y) = 0$ となる確率を求めよ．

(名古屋大)

1 から 9 までの数を 1 つずつ書いた 9 枚の札の中から，同時に 3 枚を引く．その 3 枚の札の数の積が，偶数になる確率は ⑴ であり，6 の倍数になる確率は ⑵ である．

(名城大)

　袋の中に青玉が7個，赤玉が3個入っている．袋から1回につき1個ずつ玉を取り出す．一度取り出した玉は袋に戻さないとして，以下の問いに答えよ．

(1)　4回目に初めて赤玉が取り出される確率を求めよ．

(2)　8回目が終わった時点で赤玉がすべて取り出されている確率を求めよ．

(3)　赤玉がちょうど8回目ですべて取り出される確率を求めよ．

（東北大）

　袋の中に最初に赤玉2個と青玉1個が入っている．次の操作を考える．

　（操作）　袋から1個の玉を取り出し，それが赤玉ならば代わりに青玉1個を
　　　　　　袋に入れ，青玉ならば代わりに赤玉1個を袋に入れる．袋に入って
　　　　　　いる3個の玉がすべて青玉になるとき，硬貨を1枚もらう．

　この操作を4回繰り返す．もらう硬貨の総数が1枚である確率と，もらう硬貨の総数が2枚である確率をそれぞれ求めよ．

（九州大）

金貨と銀貨が1枚ずつある．これらを同時に1回投げる試行を行ったとき，金貨が裏ならば0点，金貨が表で銀貨が裏ならば1点，金貨が表で銀貨も表ならば2点が与えられるとする．この試行を5回繰り返した後に得られる点数をXとする．

(1) $X=1$ となる確率を求めよ．

(2) $X=3$ となる確率を求めよ．

(3) X が偶数となる確率を求めよ．ただし，0は偶数とする．

(慶應義塾大)

ある病気Xにかかっている人が4％いる集団Aがある．病気Xを診断する検査で，病気Xにかかっている人が正しく陽性と判定される確率は80％である．また，この検査で病気Xにかかっていない人が誤って陽性と判定される確率は10％である．次の問いに答えよ．

(1) 集団Aのある人がこの検査を受けたところ陽性と判定された．この人が病気Xにかかっている確率はいくらか．

(2) 集団Aのある人がこの検査を受けたところ陰性と判定された．この人が実際には病気Xにかかっている確率はいくらか．

(岐阜薬科大)

✓ Check Box ☐☐ 　解答は別冊 p.192

　n を 2 以上の自然数とし，1 から n までの自然数 k に対して，番号 k をつけた カードをそれぞれ k 枚用意する．これらすべてを箱に入れ，箱の中から 2 枚のカードを同時に引くとき，次の問いに答えよ.

(1) 用意したカードは全部で何枚か答えよ.

(2) 引いたカード 2 枚の番号が両方とも k である確率を n と k の式で表せ.

(3) 引いたカード 2 枚の番号が一致する確率を n の式で表せ.

（岡山大・略題）

✓ Check Box ☐☐ 　解答は別冊 p.194

　n を 9 以上の自然数とする．袋の中に n 個の球が入っている．このうち 6 個は赤球で残りは白球である．この袋から 6 個の球を同時に取り出すとき，3 個が赤球である確率を P_n とする.

(1) P_{10} を求めよ.

(2) $\dfrac{P_{n+1}}{P_n}$ を求めよ.

(3) P_n が最大となる n を求めよ.

（大分大）

1個のさいころをくり返し投げ，3の倍数の目が出る回数を数える．いま，さいころを n 回投げるとき，3の倍数の目が奇数回出る確率を P_n とする．このとき，以下の問いに答えよ．

(1) P_2 および P_3 を求めよ．

(2) P_{n+1} を P_n で表せ．

(3) P_n を n の式で表せ．

(中央大)

AとBの2人が，1個のサイコロを次の手順により投げ合う．

1回目はAが投げる．

1，2，3の目が出たら，次の回には同じ人が投げる．

4，5の目が出たら，次の回には別の人が投げる．

6の目が出たら，投げた人を勝ちとしそれ以降は投げない．

(1) n 回目にAがサイコロを投げる確率 a_n を求めよ．

(2) ちょうど n 回目のサイコロ投げでAが勝つ確率 p_n を求めよ．

(3) n 回以内のサイコロ投げでAが勝つ確率 q_n を求めよ．

(一橋大)

[A]　赤玉 4 個と白玉 5 個が入った袋がある．無作為に玉を 2 個同時に取り出したとき，赤玉の出る個数の期待値を求めよ．

（岩手大）

[B]　1 から 4 までの番号を書いた玉が 2 個ずつ，合計 8 個の玉が入った袋があり，この袋から玉を 1 個取り出すという操作を続けて行う．ただし，取り出した玉は袋に戻さず，また，すでに取り出した玉と同じ番号の玉が出てきた時点で一連の操作を終了するものとする．玉をちょうど n 個取り出した時点で操作が終わる確率を $P(n)$ とおく．次の問いに答えよ．

⑴　$P(2)$, $P(3)$ を求めよ．

⑵　6 以上の k に対し，$P(k)=0$ が成り立つことを示せ．

⑶　一連の操作が終了するまでに取り出された玉の個数の期待値を求めよ．

（金沢大）

95 ✓Check Box □□ 解答は別冊 p.202

平均値と中央値はともに代表値であり，求め方は全く異なるが比較的近い値であることが多い．

いま，偶数個の身長のデータがあり，その最小値は $m=140$ cm，最大値は $M=180$ cm である．このデータの中央値が $A=150$ cm のとき，半数のデータは m 以上 A 以下の値であり，残る半数のデータは A 以上 M 以下である．このことから平均値 $\bar{x}$ のとる値の範囲は □ である．

また，平均値と中央値の関係を用いると，最小値が $m=140$ cm，最大値が $M=180$ cm である偶数個のデータの平均値が $\bar{x}=170$ cm であるとき，中央値 A の取る値の範囲は □ である．

(福岡大)

96 ✓Check Box □□ 解答は別冊 p.204

初項 $a_1=3$，公差 4 の等差数列 $\{a_n\}$ の一般項を求めよ．

また，a_1，a_2，$\cdots$，a_n の n 個の値からなるデータの平均値 m および分散 s^2 を，n を用いた式で表せ．

(山梨大)

2つの変量 x, y のデータが，n 個の x, y の値の組として

$$(x_1,\ y_1),\ (x_2,\ y_2),\ \cdots\cdots,\ (x_n,\ y_n)$$

のように与えられているとする．このとき，以下の問いに答えよ．

(1) x, y の平均値をそれぞれ $\bar{x}$, $\bar{y}$ とするとき，変量 x と y の共分散 s_{xy} は

$$s_{xy}=\frac{1}{n}\sum_{k=1}^{n}x_k y_k-\bar{x}\cdot\bar{y}$$

であることを示せ．

(2) これらのデータの間には，$y_k=ax_k+b\ (k=1,\ 2,\ \cdots,\ n)$ という関係がある とする．ただし，a, b は実数で，$a\neq0$ である．変量 x の標準偏差 s_x は 0 でな いとする．このとき，x と y の相関係数を求めよ．

(信州大)

98 ✓ Check Box ☐☐　解答は別冊 p.208

袋の中に⑤，Ｕ，Ａ，Ｃと1文字ずつ記した4枚のカードが入っている．よく混ぜてから，4枚のカードを1枚ずつ袋に戻さずに取り出して並べていく．並べたカードの文字が「SUAC」の文字の並びと一致していたカードの枚数を確率変数 X，対応する確率を P とするとき，次の各問いに答えよ．

※SUAC：Shizuoka University of Art and Culture の略

(1) X の確率分布表を作成せよ．

(2) X の期待値と分散を求めよ．

（静岡文化芸術大）

99 ✓ Check Box ☐☐　解答は別冊 p.210

1，2，3，4，5，6 の数字が1つずつ記入された6枚のカードを袋の中に入れる．この袋の中から2枚のカードを同時に抜き出し，それらのカードの数の大きい方を X，小さい方を Y とする．

(1) 確率変数 X の期待値 $E(X)$ を求めよ．

(2) 確率変数 X と Y は互いに独立であるか，独立でないか，答えよ．

(3) 確率変数 XY の期待値 $E(XY)$ を求めよ．

（鹿児島大）

解答は別冊 p.212

100 ✓Check Box ☐☐

1個のさいころを10回投げるとき，1または2の目が出る回数 X の期待値 $E(X)$ と標準偏差 $\sigma(X)$ を求めよ。

（鹿児島大）

解答は別冊 p.214

101 ✓Check Box ☐☐

3点 A$(a, 0)$，C$(0, 1)$，B$(b, 0)$ をこの順に結んだ2つの線分のつくる折れ線がある．閉区間 $[a, b]$ のすべての値をとる確率変数 X の確率密度関数を $f(x)$ とする．ただし，$y=f(x)$ のグラフは上の折れ線で $a<0$，$b>0$ とする．

(1) a，b の間には，どのような関係があるか．

(2) 平均値 $E(X)=\displaystyle\int_a^b xf(x)dx$ を a の式で表せ．

(3) 分散 $V(X)=\displaystyle\int_a^b \{x-E(X)\}^2 f(x)dx$ を a の式で表せ．

(4) $\{E(X)-a\}^2=4V(X)$ となるように a の値を定めよ．

（山梨大）

[A] 　ある大学の入学試験は 1000 点満点で，全志願者 2000 名の得点の分布は，平均点 450 点，標準偏差 75 点の正規分布をしていることがわかった．また，入学定員は 320 名である．以上のことから，合格最低点は約 ▢▢▢ 点であると考えられる．なお，p.48 の正規分布表を利用してよい．

（小樽商科大・略題）

[B] 　原点を出発して x 軸上を動く点Pがある．さいころを 1 回振って，3 以上の目が出ると正の向きに 1 移動し，2 以下の目が出ると負の向きに 2 移動する．このとき，次の問いに答えよ．なお，p.48 の正規分布表を利用してよい．

(1) 　さいころを 1 回振った後の点Pの座標の期待値を求めよ．

(2) 　さいころを 1 回振った後の点Pの座標の分散を求めよ．

(3) 　さいころを n 回振った後の点Pの座標が $\dfrac{7n}{45}$ 以上となる確率を $p(n)$ とする．$p(162)$ を正規分布を用いて求めよ．ただし，小数第 4 位を四捨五入せよ．

（滋賀大）

　a を実数とする．連続型確率変数 X の取り得る範囲が $0 \leqq X \leqq 1$ であり，その確率密度関数が

　　　$f(x) = ax(1-x)$

と表されている．以下の各問いに答えよ．

(1) 　a の値を求めよ．

(2) 　確率変数 $Y = 10X - 25$ を考える．Y の期待値 $E(Y)$ の値と，分散 $V(Y)$ の値を求めよ．

(3) 　Y と同じ分散をもつ母集団から大きさ 25 の標本を無作為に抽出したところ，その標本平均 $\overline{Y}$ は $E(Y)$ に等しかった．このとき，母集団の平均 m に対する信頼度 95 % の信頼区間を求めよ．ただし，$\overline{Y}$ は正規分布に従うとみなし，p.48 の正規分布表を用いよ．

（横浜市立大・改題）

104 ✓Check Box ☐☐ 解答は別冊 p.223

　ある政党の支持率は約60％であると予想されている．この支持率を，信頼区間の幅が4％以下となるように推定したい．信頼度95％で推定するには，□□人以上を抽出して調べればよい．必要ならば，p.48の正規分布表を用いてもよい．

(青山学院大)

105 ✓Check Box ☐☐ 解答は別冊 p.225

［A］　袋のなかに4個の球が入っている．いま，よくかき混ぜて3個の球を同時に取り出し，球の色を調べてもとに戻すという実験を2回くり返したところ，取り出された球の色は2回とも全部赤であった．この袋の4個の球のなかに赤と異なる色の球が含まれるという仮説を有意水準(危険率)5％で検定せよ．

(弘前大)

［B］　3種類の品物 A，B，C がある．A を3個，B を2個，C を1個任意に選んで1つにまとめて1個の商品とする．次の問に答えよ．

(1)　「A には，A 全体の $\frac{1}{16}$ の不良品が含まれ，B には，B 全体の $\frac{1}{9}$，C には，C 全体の $\frac{1}{25}$ の不良品が含まれている．」という仮説のもとで，全商品の中から，無作為に1個の商品を取り出したとき，それが完全な商品である確率を求めよ．ここで，完全な商品とは不良品が含まれていない商品のことである．

(2)　商品960個を無作為に抽出したところ，完全な商品は640個であった．このことから，(1)の仮説は正しいと判断してよいかどうかを，有意水準(危険率)5％で検定(両側検定)せよ．必要ならば，p.48の正規分布表を用いてもよい．

(東北大)

106 ✓ Check Box ☐☐ 解答は別冊 p.227

平面上の $\triangle$ABC と点Pについて，$\overrightarrow{PA}+2\overrightarrow{PB}+3\overrightarrow{PC}=t\overrightarrow{AB}$ を満たすとき，次の問いに答えよ．ここで，t は実数とする．

(1) $t=0$ とするとき，$\triangle$ABC に対して，点Pはどのような位置にあるか，また，面積比 $\triangle$PBC : $\triangle$PCA : $\triangle$PAB を求めよ．

(2) t が実数全体を変化するとき，点Pはどのような図形を表すかを求めよ．さらに，点Pが $\triangle$ABC の内部にあるための t の範囲を求めよ．

（宮城大）

107 ✓ Check Box ☐☐ 解答は別冊 p.229

$\triangle$OAB の辺 OA を $1:2$ に内分する点をC，辺 OB を $3:2$ に内分する点をD とする．$\overrightarrow{AE}=\dfrac{5}{3}\overrightarrow{AD}$ をみたす点をEとし，直線 OE と直線 BC との交点をFとする．$\vec{a}=\overrightarrow{OA}$, $\vec{b}=\overrightarrow{OB}$ とおく．このとき，次の問いに答えよ．

(1) $\overrightarrow{OE}$ を $\vec{a}$, $\vec{b}$ で表せ．

(2) $\overrightarrow{OF}$ を $\vec{a}$, $\vec{b}$ で表せ．

(3) FC : CB を求めよ．

（香川大）

108 ✓ Check Box ☐☐ 　解答は別冊 p.231

点Oを中心とする円に四角形 ABCD が内接していて，次を満たす.

$$AB=1, \quad BC=CD=\sqrt{6}, \quad DA=2$$

(1) AC を求めよ.

(2) $\overrightarrow{AO}\cdot\overrightarrow{AD}$ および $\overrightarrow{AO}\cdot\overrightarrow{AC}$ を求めよ.

(3) $\overrightarrow{AO}=x\overrightarrow{AC}+y\overrightarrow{AD}$ となる x, y の値を求めよ.

（一橋大）

109 ✓ Check Box ☐☐ 　解答は別冊 p.233

四面体 OABC において，P を辺 OA の中点，Q を辺 OB を $2:1$ に内分する点，R を辺 BC の中点とする. P, Q, R を通る平面と辺 AC の交点を S とする.
$\overrightarrow{OA}=\vec{a}$, $\overrightarrow{OB}=\vec{b}$, $\overrightarrow{OC}=\vec{c}$ とおく. 以下の問いに答えよ.

(1) $\overrightarrow{PQ}$, $\overrightarrow{PR}$ をそれぞれ $\vec{a}$, $\vec{b}$, $\vec{c}$ を用いて表せ.

(2) 比 $|\overrightarrow{AS}|:|\overrightarrow{SC}|$ を求めよ.

(3) 四面体 OABC を 1 辺の長さが 1 の正四面体とするとき，$|\overrightarrow{QS}|$ を求めよ.

（神戸大）

✓Check Box ☐☐ 解答は別冊 p.235

　座標空間内の球面 $x^2+y^2+z^2=9$ 上に 3 点 A$(3, 0, 0)$, B$(2, 1, 2)$, C$(1, -2, 2)$ をとる. 次の問いに答えよ.

(1)　△ABC の面積を求めよ.

(2)　3 点 A, B, C を通る平面に, 原点 O から下ろした垂線の足 H の座標を求めよ.（ただし,「垂線の足」とは, 平面に下ろした垂線とその平面の交点のことである.）

(3)　球面上を動く点 P を頂点とする四面体 PABC を考え, その体積を V とする. V の最大値と, そのときの点 P の座標を求めよ.

（同志社大）

✓Check Box ☐☐ 解答は別冊 p.239

　空間において, 3 点 A$(1, 0, 3)$, B$(7, 9, 0)$, C$(0, 12, 9)$ を頂点とする △ABC がある. 頂点 C から直線 AB に垂線を下ろし, 直線 AB との交点を P とする. このとき, 以下の問いに答えよ.

(1)　ベクトル $\overrightarrow{AB}$ を成分で表せ. また, その大きさを求めよ.

(2)　ベクトル $\overrightarrow{CP}$ を成分で表せ.

(3)　点 P を中心とし, xz 平面に接する球面の方程式を求めよ.

（神奈川工科大・略題）

正規分布表

次の表は，標準正規分布の分布曲線における右図の斜線部分の面積の値をまとめたものである．

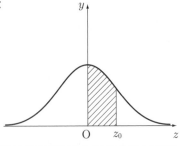

z_0	0.00	0.01	0.02	0.03	0.04	0.05	0.06	0.07	0.08	0.09
0.0	0.0000	0.0040	0.0080	0.0120	0.0160	0.0199	0.0239	0.0279	0.0319	0.0359
0.1	0.0398	0.0438	0.0478	0.0517	0.0557	0.0596	0.0636	0.0675	0.0714	0.0753
0.2	0.0793	0.0832	0.0871	0.0910	0.0948	0.0987	0.1026	0.1064	0.1103	0.1141
0.3	0.1179	0.1217	0.1255	0.1293	0.1331	0.1368	0.1406	0.1443	0.1480	0.1517
0.4	0.1554	0.1591	0.1628	0.1664	0.1700	0.1736	0.1772	0.1808	0.1844	0.1879
0.5	0.1915	0.1950	0.1985	0.2019	0.2054	0.2088	0.2123	0.2157	0.2190	0.2224
0.6	0.2257	0.2291	0.2324	0.2357	0.2389	0.2422	0.2454	0.2486	0.2517	0.2549
0.7	0.2580	0.2611	0.2642	0.2673	0.2704	0.2734	0.2764	0.2794	0.2823	0.2852
0.8	0.2881	0.2910	0.2939	0.2967	0.2995	0.3023	0.3051	0.3078	0.3106	0.3133
0.9	0.3159	0.3186	0.3212	0.3238	0.3264	0.3289	0.3315	0.3340	0.3365	0.3389
1.0	0.3413	0.3438	0.3461	0.3485	0.3508	0.3531	0.3554	0.3577	0.3599	0.3621
1.1	0.3643	0.3665	0.3686	0.3708	0.3729	0.3749	0.3770	0.3790	0.3810	0.3830
1.2	0.3849	0.3869	0.3888	0.3907	0.3925	0.3944	0.3962	0.3980	0.3997	0.4015
1.3	0.4032	0.4049	0.4066	0.4082	0.4099	0.4115	0.4131	0.4147	0.4162	0.4177
1.4	0.4192	0.4207	0.4222	0.4236	0.4251	0.4265	0.4279	0.4292	0.4306	0.4319
1.5	0.4332	0.4345	0.4357	0.4370	0.4382	0.4394	0.4406	0.4418	0.4429	0.4441
1.6	0.4452	0.4463	0.4474	0.4484	0.4495	0.4505	0.4515	0.4525	0.4535	0.4545
1.7	0.4554	0.4564	0.4573	0.4582	0.4591	0.4599	0.4608	0.4616	0.4625	0.4633
1.8	0.4641	0.4649	0.4656	0.4664	0.4671	0.4678	0.4686	0.4693	0.4699	0.4706
1.9	0.4713	0.4719	0.4726	0.4732	0.4738	0.4744	0.4750	0.4756	0.4761	0.4767
2.0	0.4772	0.4778	0.4783	0.4788	0.4793	0.4798	0.4803	0.4808	0.4812	0.4817
2.1	0.4821	0.4826	0.4830	0.4834	0.4838	0.4842	0.4846	0.4850	0.4854	0.4857
2.2	0.4861	0.4864	0.4868	0.4871	0.4875	0.4878	0.4881	0.4884	0.4887	0.4890
2.3	0.4893	0.4896	0.4898	0.4901	0.4904	0.4906	0.4909	0.4911	0.4913	0.4916
2.4	0.4918	0.4920	0.4922	0.4925	0.4927	0.4929	0.4931	0.4932	0.4934	0.4936
2.5	0.4938	0.4940	0.4941	0.4943	0.4945	0.4946	0.4948	0.4949	0.4951	0.4952
2.6	0.4953	0.4955	0.4956	0.4957	0.4959	0.4960	0.4961	0.4962	0.4963	0.4964
2.7	0.4965	0.4966	0.4967	0.4968	0.4969	0.4970	0.4971	0.4972	0.4973	0.4974
2.8	0.4974	0.4975	0.4976	0.4977	0.4977	0.4978	0.4979	0.4979	0.4980	0.4981
2.9	0.4981	0.4982	0.4982	0.4983	0.4984	0.4984	0.4985	0.4985	0.4986	0.4986
3.0	0.4987	0.4987	0.4987	0.4988	0.4988	0.4989	0.4989	0.4989	0.4990	0.4990

学ぶ人は、
変えて
ゆく人だ。

目の前にある問題はもちろん、

人生の問いや、

社会の課題を自ら見つけ、

挑み続けるために、人は学ぶ。

「学び」で、

少しずつ世界は変えてゆける。

いつでも、どこでも、誰でも、

学ぶことができる世の中へ。

旺文社

はじめに

　受験勉強と言っても，何から始め，何をどこまで勉強すればいいのか分からず，多くの参考書・問題集に手を出し，重箱の隅をつつくような網羅性にこだわり，時間効率を考えない分量の演習をしようとする，そんな受験生を毎年見かけます。

　我々予備校講師の立場からすると，受験に必要な「もの」なんてそんなに多くないのですが，まるでゲームのようにアイテムのコンプリートを目指して激レア問題と戦い，効率の悪い勉強をしている受験生が多いものです。

　目指すレベルによって多少の違いはありますが，受験数学の勉強法の基本は

① 基礎から正しく積み上げる　② 知識と論理のバランス

の2点です。

　具体的には，言葉や記号の定義を正しく理解し，定理・公式がどのような条件からどのような道筋で導かれるのかを理解するところからスタートします。そのうえで現実的な得点力をつける為に，頻出問題の解法アイディアを覚え，知っている問題を演習することで計算力を鍛え，少し高めのレベルの問題や初見の問題で発想力・応用力を鍛えるのです。

　本シリーズは，上記のような勉強ができるよう，「レベル別」に必要なものを学べるよう，それぞれ編集されています。書店で他の問題集と比べると，一冊当たりの問題数が少なく感じられるかもしれませんが，上述の通り，受験に必要な「もの」なんてそんなに多くないのです。

　ラクな道を選びたがる受験生は「10個の問題を解くための10個の方法」を覚えたがるものです。思考するより覚えた方がラクだと思っているから。

　しかし，本物の実力とは「10個の問題を解くための1個の原理・原則」を理解し，「目の前の問題に対して応用させる思考力」を持っているということです。

　本シリーズを通して，皆さんにその本物の実力を養ってもらいたいと思っています。頑張ってください。

著者紹介：**大山　壇**（おおやま　だん）

栃木県宇都宮育ち，東北大学理学部数学科への入学をきっかけに住み始めた宮城県仙台市に今も在住。大学卒業後，サラリーマン時代を経て代々木ゼミナールへ。基礎から正しく積み上げる授業，より高いレベルを目指すための視点を与える授業を展開し，どんなレベルの生徒からも信頼されている。また，『全国大学入試問題正解 数学』（旺文社）の解答者でもある。著書には，『整数 分野別標準問題精講』『大学入試 全レベル問題集 数学Ⅲ＋C ⑤』（いずれも旺文社）がある。

本書の特長とアイコン説明

（1）本書の構成

　近年の入試問題から厳選した問題が, 各分野ごとに並んでいます。 解答 では, その問題だけの解法暗記にならないよう, 体系的学習ができるように解説してありますのでぜひ熟読してください。また, 教科書の内容をひと通り学習していることを前提としていますので, 解説内容が前後すること（例えば第1章の解答に, 第5章の内容を使うなど）は多少ありますがご了承ください。

（2）アイコン説明

アプローチ …言葉や記号の定義, その問題の考え方・アプローチ法などを解説してあります。この部分をきちんと理解することで類題が解けるようになるでしょう。

解答 …答案に書くべき論理と計算を載せてありますので, 内容の理解は当然として, 答案の書き方の参考にしてください。

別解 … 解答 とは本質的に別の考え方を用いる解答を載せてあります。

補足 …計算方法をより詳しく説明したり, その問題だけでは分からないような別の例を説明してあります。

参考 …その問題に関連する発展的な知識や話題などを取り上げています。

志望校レベルと「全レベル問題集 数学」シリーズのレベル対応表	
本書のレベル	各レベルの該当大学
① 数学Ⅰ＋A＋Ⅱ＋B＋ベクトル 基礎レベル	高校基礎～大学受験準備
② 数学Ⅰ＋A＋Ⅱ＋B＋C 共通テストレベル	共通テストレベル
③ 数学Ⅰ＋A＋Ⅱ＋B＋ベクトル 私大標準・ 国公立大レベル	[私立大学] 東京理科大学・明治大学・青山学院大学・立教大学・法政大学・中央大学・日本大学・東海大学・名城大学・同志社大学・立命館大学・龍谷大学・関西大学・近畿大学・関西学院大学・福岡大学 他 [国公立大学] 弘前大学・山形大学・茨城大学・宇都宮大学・群馬大学・埼玉大学・新潟大学・富山大学・金沢大学・信州大学・静岡大学・広島大学・愛媛大学・鹿児島大学 他
④ 数学Ⅰ＋A＋Ⅱ＋B＋ベクトル 私大上位・ 国公立大上位レベル	[私立大学] 早稲田大学・慶應義塾大学／医科大学医学部 他 [国公立大学] 東京大学・京都大学・北海道大学・東北大学・東京工業大学・名古屋大学・大阪大学・九州大学・筑波大学・千葉大学・横浜国立大学・神戸大学・東京都立大学・大阪公立大学／医科大学医学部 他
⑤ 数学Ⅲ＋C 私大標準・ 国公立大レベル	[私立大学] 東京理科大学・明治大学・青山学院大学・立教大学・法政大学・中央大学・日本大学・東海大学・名城大学・同志社大学・立命館大学・龍谷大学・関西大学・近畿大学・福岡大学 他 [国公立大学] 弘前大学・山形大学・茨城大学・埼玉大学・新潟大学・富山大学・金沢大学・信州大学・静岡大学・広島大学・愛媛大学・鹿児島大学 他
⑥ 数学Ⅲ＋C 私大上位・ 国公立大上位レベル	[私立大学] 早稲田大学・慶應義塾大学／医科大学医学部 他 [国公立大学] 東京大学・京都大学・北海道大学・東北大学・東京工業大学・名古屋大学・大阪大学・九州大学・筑波大学・千葉大学・横浜国立大学・神戸大学・東京都立大学・大阪公立大学／医科大学医学部 他

※掲載の大学名は購入していただく際の目安です。また, 大学名は刊行時のものです。

解答編 目次

本書の特長とアイコン説明 …………… 3

学習アドバイス ……………………… 6

■ 第1章 数と式 ■

1 無理数の計算 ……………………… 10

2 3次方程式の解と対称式 ………… 12

3 整式の除法 (余りの決定) ………… 14

4 次数下げ ………………………… 16

5 高次方程式の解から係数決定 ……… 18

6 1の3乗根 ω …………………… 20

7 共通解 …………………………… 22

8 不等式の証明① ………………… 24

9 不等式の証明② ………………… 26

10 相加・相乗平均の関係 …………… 28

11 絶対値の方程式・不等式① ……… 30

12 絶対値の方程式・不等式② ……… 32

■ 第2章 論証・整数 ■

13 必要条件と十分条件 …………… 34

14 背理法 ………………………… 36

15 剰余類 ………………………… 38

16 1次不定方程式 ………………… 40

17 因数分解を利用する不定方程式 … 42

18 3変数の不定方程式 …………… 44

19 2次方程式の整数解 …………… 46

20 3次方程式の整数解 …………… 48

21 ガウス記号 …………………… 50

22 n 進法 ………………………… 52

■ 第3章 種々の関数 ■

23 2次不等式が成り立つ条件 ……… 54

24 絶対値を含む2次関数 ………… 56

25 多変数関数の最大・最小 ……… 58

26 解の配置① …………………… 60

27 解の配置② …………………… 62

28 三角関数の不等式 ……………… 64

29 三角関数の合成 ………………… 66

30 $\sin\theta$ と $\cos\theta$ の同次式 ……… 68

31 解の対応 ……………………… 70

32 非有名角の三角比 ……………… 72

33 2直線のなす角 ………………… 74

34 指数関数の不等式 ……………… 76

35 p^x+p^{-x} のおきかえ …………… 78

36 対数の大小比較 ………………… 80

37 桁数と最高位の数字 …………… 82

38 対数方程式 …………………… 84

39 対数不等式の表す領域 ………… 86

■ 第4章 微分・積分 ■

40 極値をもつ条件 ………………… 88

41 3次関数の最大値① …………… 90

42 3次関数の最大値② …………… 92

43 3次不等式が成り立つ条件 ……… 94

44 3次方程式の実数解 …………… 96

45 接線の本数 …………………… 98

46 積分方程式 …………………… 100

47 絶対値の定積分 ……………… 102

48 面積の基本 …………………… 104

49 接する2つのグラフの間の面積 …… 106

50 2つのグラフに囲まれた面積 …… 108

■ 第5章 幾 何 ■

51 三角形の形状決定 ……………… 110

52 円の内接四角形 ……………… 112

53 方べきの定理 ………………… 114

54 メネラウスの定理 ……………… 116

55 正四面体の切り口の面積 ……… 118

56 四面体の埋め込み …………… 120

57 展開図からの組み立て‥‥‥‥‥‥ 122
58 正八面体の内接球・外接球‥‥‥‥ 124

■ 第6章　図形と方程式 ■
59 直線に関する対称点‥‥‥‥‥‥‥ 126
60 円の方程式‥‥‥‥‥‥‥‥‥‥‥ 128
61 弦の長さ‥‥‥‥‥‥‥‥‥‥‥‥ 130
62 円群の理論（束の理論）‥‥‥‥‥ 132
63 軌跡①‥‥‥‥‥‥‥‥‥‥‥‥‥ 134
64 軌跡②‥‥‥‥‥‥‥‥‥‥‥‥‥ 136
65 軌跡③‥‥‥‥‥‥‥‥‥‥‥‥‥ 138
66 実数条件と領域‥‥‥‥‥‥‥‥‥ 140
67 領域と最大・最小‥‥‥‥‥‥‥‥ 142
68 直線の通過領域‥‥‥‥‥‥‥‥‥ 144

■ 第7章　数　列 ■
69 等差数列・等比数列‥‥‥‥‥‥‥ 150
70 （等差）×（等比）の和‥‥‥‥‥‥ 152
71 差分解‥‥‥‥‥‥‥‥‥‥‥‥‥ 154
72 群数列‥‥‥‥‥‥‥‥‥‥‥‥‥ 156
73 格子点の総数‥‥‥‥‥‥‥‥‥‥ 158
74 階差数列‥‥‥‥‥‥‥‥‥‥‥‥ 160
75 隣接2項間漸化式①‥‥‥‥‥‥‥ 162
76 隣接2項間漸化式②‥‥‥‥‥‥‥ 164
77 和と一般項の関係‥‥‥‥‥‥‥‥ 166
78 数学的帰納法‥‥‥‥‥‥‥‥‥‥ 168

■ 第8章　場合の数・確率 ■
79 同じものを含む順列‥‥‥‥‥‥‥ 170
80 最短経路の総数‥‥‥‥‥‥‥‥‥ 172
81 円順列・じゅず順列‥‥‥‥‥‥‥ 174
82 箱玉問題①‥‥‥‥‥‥‥‥‥‥‥ 176
83 箱玉問題②‥‥‥‥‥‥‥‥‥‥‥ 178
84 確率の原則‥‥‥‥‥‥‥‥‥‥‥ 180

85 集合の利用‥‥‥‥‥‥‥‥‥‥‥ 182
86 くじ引きの確率‥‥‥‥‥‥‥‥‥ 184
87 状況が変化する確率‥‥‥‥‥‥‥ 186
88 反復試行の確率‥‥‥‥‥‥‥‥‥ 188
89 条件付き確率‥‥‥‥‥‥‥‥‥‥ 190
90 Σを利用する確率‥‥‥‥‥‥‥‥ 192
91 確率の最大‥‥‥‥‥‥‥‥‥‥‥ 194
92 確率漸化式①‥‥‥‥‥‥‥‥‥‥ 196
93 確率漸化式②‥‥‥‥‥‥‥‥‥‥ 198
94 期待値‥‥‥‥‥‥‥‥‥‥‥‥‥ 200

■ 第9章　データの分析 ■
95 平均値と中央値‥‥‥‥‥‥‥‥‥ 202
96 分　散‥‥‥‥‥‥‥‥‥‥‥‥‥ 204
97 共分散・相関係数‥‥‥‥‥‥‥‥ 206

■ 第10章　統計的な推測 ■
98 確率分布と期待値・分散‥‥‥‥‥ 208
99 同時確率分布‥‥‥‥‥‥‥‥‥‥ 210
100 二項分布 (binomial distribution)‥‥ 212
101 確率密度関数‥‥‥‥‥‥‥‥‥‥ 214
102 正規分布 (normal distribution)‥‥‥ 217
103 母平均の推定‥‥‥‥‥‥‥‥‥‥ 220
104 母比率の推定‥‥‥‥‥‥‥‥‥‥ 223
105 仮説検定‥‥‥‥‥‥‥‥‥‥‥‥ 225

■ 第11章　ベクトル ■
106 ベクトルの読み方‥‥‥‥‥‥‥‥ 227
107 2直線の交点をさすベクトル‥‥‥ 229
108 外心をさすベクトル‥‥‥‥‥‥‥ 231
109 平面と直線の交点‥‥‥‥‥‥‥‥ 233
110 四面体の体積‥‥‥‥‥‥‥‥‥‥ 235
111 球面の方程式‥‥‥‥‥‥‥‥‥‥ 239

学習アドバイス

本書における各問題の内容・レベルを下のように定めます。まずは，○◇♡の問題をきっちりと解き切れるようにすることが大切です。♣♠を後回しにしてもよいでしょう。

- ○：その分野の基礎事項(定義や公式，原理・原則)を確認する問題。このマークの問題で躓く人は，無理せずにレベル①(森谷著)から学習することをオススメします。
- ◇：計算力を要する(鍛える)問題。なんだかんだ言っても，数学は計算力が命綱です。しっかり鍛えましょう！
- ♡：毎年多くの大学で出題される頻出有名問題。一部の難関大・難関学部を除くほとんどの大学では，このレベルの問題が合否を分けます。
- ♣：少しアイディア・気付きを必要とする問題。最初は知らなくても当然ですが，一度触れたからには自分のものにしておけると，本番で有利です。
- ♠：本書においてはやや難問。本書のレベル帯を最終目標にするのであれば，これらの問題は無理する必要はないかもしれません。本書からステップアップしてレベル④(東海林著)に進もうとお考えの方は，ぜひ頑張ってチャレンジしましょう！

■第1章　数と式■

数値計算や方程式・不等式の基本的な問題を扱っています。他分野で使う「道具」になるような問題(**4** 次数下げ，**10** 相加・相乗平均の関係など)も多いので，ここでしっかり確認しておきましょう。

また，方程式の実数解の個数を調べる **11** **12** では「グラフの利用」が有効です。第3章とともに，面倒くさがらずにグラフを描きましょう。

■第2章　論証・整数■

13 ○　**14** ♡♠　**15** 　**16** ♡　**17** ◇♡　**18** ♣♠　**19** ♣
20 ♡♣　**21** ♡♣　**22** ♣

主に整数問題の有名テーマを扱っています。経験がモノを言う問題ばかりなので，確実におさえておきましょう。また，答えがわかったとしても「他に答えはないことの論証」が必要なことも多いので，最終結果が正解していたことに満足せず，本書の解説をきちんと読み込んでください。

もっと多くの整数問題に触れたい人には，拙著『整数 分野別標準問題精講』がオススメです。

■ 第3章　種々の関数 ■

23 ♡　　24 ♠　　25 ◇♡　　26 ♡　　27 ♡♠　　28 ◇♡　　29 ♡♡

30 ○♣　　31 ♡　　32 ◇♡　　33 ♡　　34 ♠　　35 ♡　　36 ○♡

37 ○♡　　38 ◇♠　　39 ◇♡

　２次関数・三角関数・指数関数・対数関数の，基本的な計算ができることを前提として，でも解法丸暗記だけでは対処しにくいような考えさせられる問題を並べました。この分野は，グラフ（三角関数は単位円）の活用がポイントです。面倒くさがらずにグラフを描きましょう。

■ 第4章　微分・積分 ■

40 ○　　41 ◇♡　　42 ◇♠　　43 ♡♣　　44 ○♡　　45 ♡　　46 ○♡

47 ◇♡　　48 ○◇　　49 ♡♠　　50 ♡

　$f'(x)$ は符号を調べるのが大切です。微分してすぐに $f'(x)=0$ とはせずに $y=f'(x)$ のグラフを見て，$f'(x)$ の符号を決定する習慣をつけてください。積分は面積計算の定番問題を並べました。効率よく計算できるように工夫しましょう。

■ 第5章　幾　何 ■

51 ○◇　　52 ◇♡　　53 ○♣　　54 ○♣　　55 ◇　　56 ♡♣　　57 ♣

58 ♡

　ウマい（けど気付きにくい）補助線を引くような問題ではなく，正弦定理・余弦定理・相似に注目して計算で押し切るタイプの図形問題を中心に選んであります。また，空間図形は知識で差がつく有名問題を並べましたので，考え方・その図形の見方を覚えておきましょう。

■ 第6章　図形と方程式 ■

59 ♡　　60 ◇♡　　61 ♡　　62 ♣　　63 ♡♣　　64 ♡♣　　65 ♡♠

66 ♡♠　　67 ♡♣　　68 ♡♠

　この分野は「幾何条件の数式化」が重要です。どの条件をどのように数式化すればよいのかに注意して，一題一題じっくりと取り組んでください。また，65 66 68 では「実数の存在条件」を考えることが大切なのですが，少し難しいので場合によっては後回しにしてもイイでしょう。

■ 第7章　数　列 ■

69 ○　　70 ○◇　　71 ◇♡　　72 ♡♣　　73 ◇♡　　74 ○♡　　75 ○♣

76 ♡　　77 ♡　　78 ♡

　確実に解けるようにしておきたい定型問題ばかりを並べています。この分野は覚えるべき公式は少ないのですが，それよりも「数え方」や「並べ方」を理解することが大切です。並べ数えることを面倒くさがらずに実行しましょう。

7

■ 第8章　場合の数・確率 ■

79 ○　　80 ○♡　　81 ○♡　　82 ○♡　　83 ♡♠　　84 ○　　85 ○♡

86 ♡♣　　87 ○♡　　88 ○　　89 ○♡　　90 ♡♣　　91 ♡♣　　92 ♡

93 ♣♠　　94 ○♡

　この分野の1番の基本は「数えあげ」です。樹形図や表などを活用して正確に数えあげましょう。そのときに規則的に変化する部分や，くり返す部分を発見したら計算で処理できるのです。最初から計算方法を覚えようとしても，当てはまらない問題がいくらでもあるので気を付けましょう。もっと多くの演習をしたい場合には『場合の数・確率 分野別標準問題精講』（森谷著）がオススメです。

■ 第9章　データの分析 ■

95 ○◇　　96 ○◇　　97 ○◇

　数学Ⅰの統計分野では「定義にもとづいた基礎計算」が大切です。分散・標準偏差・共分散・相関係数の計算を確実に実行しましょう。ただし，数列（とくにシグマ計算）を利用すると見通しがよいので，本書ではこれを利用します。

■ 第10章　統計的な推測 ■

98 ○　　99 ○　　100 ○　　101 ○◇　　102 ○♡　　103 ○♡　　104 ○♡

105 ○

　この分野は天下り的に与えられる公式や考え方が多いので，人によってはとっつきにくいと感じるかもしれませんが，ワンパターンで解きやすい問題が多く得点しやすいです。とくに「最後は正規分布表の利用」に持ち込む形が圧倒的に多いので，しっかり練習して，ぜひ得点源にしましょう。

■ 第11章　ベクトル ■

106 ○　　107 ♡　　108 ♡　　109 ♡　　110 ♡♣　　111 ○

　数学Cの単元ですが，理系受験生はもとより，文系受験生でも共通テスト・個別学力試験ともに必要となる可能性の高い分野です。（志望校の出題範囲は正しく把握しましょう。）

　実は，覚えるべき公式はとても少なく，コツを掴めば得点しやすい分野です。極論「ベクトルの実数倍」と「内積の利用」さえマスターすれば，ほとんどの問題が解けるようになります。本書の解説を参考に，基礎原理を定着させてください。

解 答 編

1 無理数の計算

アプローチ

[A]　式中のどの2文字を交換しても，もとの式と変わらない式を**対称式**といいます．そして，**すべての対称式は基本対称式（和と積）で表される**という事実があります．本問は直接代入しても求められますが，$x+y$ と xy の値を求めてから計算すると，安全に結果を得られます．

◀2文字の場合の基本対称式は和 $x+y$ と積 xy ですが，3文字の場合は
$$x+y+z$$
$$xy+yz+zx$$
$$xyz$$
になります．

[B]　実数 x に対して
$$m \leqq x < m+1$$
を満たす整数 m を，x の**整数部分**といいます．

さらに，このとき
$$x = m + r \quad (0 \leqq r < 1)$$
となる r を，x の**小数部分**といいます．

解答

[A]　x，y の分母を有理化すると
$$x = \frac{\sqrt{3}+\sqrt{2}}{\sqrt{3}-\sqrt{2}} \cdot \frac{\sqrt{3}+\sqrt{2}}{\sqrt{3}+\sqrt{2}} = 5 + 2\sqrt{6}$$
$$y = \frac{\sqrt{3}-\sqrt{2}}{\sqrt{3}+\sqrt{2}} \cdot \frac{\sqrt{3}-\sqrt{2}}{\sqrt{3}-\sqrt{2}} = 5 - 2\sqrt{6}$$
となるから
$$x+y = 10, \quad xy = 1$$
である．よって
$$\begin{aligned} x^3 + y^3 &= (x+y)^3 - 3xy(x+y) \\ &= 10^3 - 3 \cdot 1 \cdot 10 \\ &= \mathbf{970} \end{aligned}$$

◀展開の公式
$$(x+y)^3$$
$$= x^3 + 3x^2y + 3xy^2 + y^3$$
から
$$x^3 + y^3$$
$$= (x+y)^3 - 3x^2y - 3xy^2$$
$$= (x+y)^3 - 3xy(x+y)$$
とできます．

[B]　分母を有理化すると
$$\frac{3}{3-\sqrt{3}} = \frac{3}{3-\sqrt{3}} \cdot \frac{3+\sqrt{3}}{3+\sqrt{3}} = \frac{3+\sqrt{3}}{2}$$
となり，$\sqrt{3} = 1.\cdots$ だから

◀$1 = \sqrt{1} < \sqrt{3} < \sqrt{4} = 2$

$$\frac{3+\sqrt{3}}{2}=\frac{4.\cdots}{2}=2.\cdots$$

である．よって

$$\begin{cases} a=2 \\ b=\dfrac{3+\sqrt{3}}{2}-2=\dfrac{\sqrt{3}-1}{2} \end{cases}$$

である．したがって

$$\begin{aligned} a^2-b^2-a-b &=(a+b)(a-b)-(a+b) \\ &=(a+b)(a-b-1) \\ &=\frac{3+\sqrt{3}}{2}\cdot\frac{3-\sqrt{3}}{2} \\ &=\frac{3}{2} \end{aligned}$$

◀ 数値を直接代入する前に，文字のまま式変形して計算しやすい形を探します．

【補足】 本問[A]において，x^5+y^5 の値を求めるとしたらどうしますか？

【解答】と同様に $(x+y)^5$ を展開して，不要な部分を引いてあげても求められますが，少しメンドウです．そこで

$$x^2+y^2=(x+y)^2-2xy=98$$
$$x^3+y^3=(x+y)^3-3xy(x+y)=970$$

の2式を準備しておいて

$$\begin{aligned} (x^2+y^2)(x^3+y^3) &=x^5+x^3y^2+x^2y^3+y^5 \\ &=x^5+y^5+(xy)^2(x+y) \end{aligned}$$

$$\begin{aligned} \therefore \quad x^5+y^5 &=(x^2+y^2)(x^3+y^3)-(xy)^2(x+y) \\ &=98\cdot970-1^2\cdot10 \\ &=95050 \end{aligned}$$

とすれば，比較的少ない計算量で，かつ安全に計算できます．

■ メインポイント ■

対称式は，まず和と積を作る！

2 ３次方程式の解と対称式

アプローチ

まず，**３次方程式の解と係数の関係**を使いますが，うろ覚えの受験生も多いでしょう．以下の流れを理解しておくことが大切です．

３次方程式 $ax^3+bx^2+cx+d=0$ の解が α, β, γ のとき，方程式の両辺を a で割っても解は変わらず

$$x^3+\frac{b}{a}x^2+\frac{c}{a}x+\frac{d}{a}=(x-\alpha)(x-\beta)(x-\gamma)$$

◀解がわかれば因数分解できるということが大切！

と因数分解できます．この右辺を展開すると

$$x^3-(\alpha+\beta+\gamma)x^2+(\alpha\beta+\beta\gamma+\gamma\alpha)x-\alpha\beta\gamma$$

となるから，係数を比べて

$$\alpha+\beta+\gamma=-\frac{b}{a}$$

◀こう理解しておけば，符号のミスをなくせますね．

$$\alpha\beta+\beta\gamma+\gamma\alpha=\frac{c}{a}$$

$$\alpha\beta\gamma=-\frac{d}{a}$$

となるのです．

さて，これで**基本対称式**がそろうわけですが，３文字の対称式は式変形がタイヘンです．そこで，使える式をもう少し増やしておくと処理しやすくなります．

解答

解と係数の関係より

$$\begin{cases} a+b+c=2 \\ ab+bc+ca=1 \\ abc=-5 \end{cases}$$

が成り立つから

$$\begin{aligned} a^2+b^2+c^2 &=(a+b+c)^2-2(ab+bc+ca) \\ &=2^2-2\cdot1 \\ &=2 \end{aligned}$$

◀この式の値を求めておく理由はあとでわかります．

また，a が解であることから

$$a^3-2a^2+a+5=0$$

$$\therefore \quad a^3=2a^2-a-5 \quad \cdots\cdots①$$

同様に

$$b^3 = 2b^2 - b - 5 \quad \cdots\cdots ②$$
$$c^3 = 2c^2 - c - 5 \quad \cdots\cdots ③$$

も成り立つ.

(1) ①+②+③ より

$$a^3 + b^3 + c^3$$
$$= 2(a^2 + b^2 + c^2) - (a+b+c) - 15$$
$$= 2 \cdot 2 - 2 - 15$$
$$= \mathbf{-13}$$

◀ここで $a^2+b^2+c^2$ の値が必要になります.

(2) ①×a+②×b+③×c より

$$a^4 + b^4 + c^4$$
$$= 2(a^3 + b^3 + c^3) - (a^2 + b^2 + c^2) - 5(a+b+c)$$
$$= 2 \cdot (-13) - 2 - 5 \cdot 2$$
$$= \mathbf{-38}$$

補足 $a^3+b^3+c^3$ は因数分解の公式

$$a^3 + b^3 + c^3 - 3abc = (a+b+c)(a^2+b^2+c^2-ab-bc-ca)$$

を利用して求めることもできますし，$a^4+b^4+c^4$ も $(a^2+b^2+c^2)^2$ の展開式から求めることができます．しかし，例えば次に $a^5+b^5+c^5$ を求めようとすると式変形がタイヘンですね．

上記の 解答 のような求め方を知っておけば，(時間さえ許せば) **任意の自然数 n に対して $a^n+b^n+c^n$ の値を順々に求められる**のです．

◾️メインポイント◾️

解と係数の関係は，因数分解からの係数比較
& 解は方程式に代入できる！

3 整式の除法（余りの決定）

アプローチ

整式（多項式）$P(x)$ と $A(x)$ について

$$P(x) = A(x)Q(x) + R(x)$$
$$(A(x) \text{ の次数}) > (R(x) \text{ の次数})$$

となるとき，$Q(x)$ を商，$R(x)$ を余りといいます．

割り算を実行した結果からこの等式を作るだけでなく，**この等式を作れば割り算の結果がわかる**と考えることが大切です．

◀ この等式を除法の恒等式といいます．

ex） 整式 $P(x)$ を $(x-2)(x+3)$ で割ったときの商が $Q(x)$ で余りが $3x+14$ のとき

$$
\begin{aligned}
P(x) &= (x-2)(x+3)Q(x) + 3x + 14 \\
&= (x-2)(x+3)Q(x) + 3(x+3) + 5 \\
&= (x+3)\{(x-2)Q(x) + 3\} + 5
\end{aligned}
$$

とできるから，$P(x)$ を $x+3$ で割ったときの余りは 5 である．

◀ 余りの $3x+14$ をさらに $x+3$ で割ってあげます．

解答

〔A〕 $P(x)$ を x^3+1 で割ったときの商を $Q(x)$ として

$$P(x) = (x^3+1)Q(x) + 2x^2 + 13x$$

とできる．さらに，この式は

$$
\begin{aligned}
P(x) = {}&(x+1)(x^2-x+1)Q(x) \\
&+ (x+1)(2x+11) - 11
\end{aligned}
$$

とできるので，$P(x)$ を $x+1$ で割ったときの余りは **−11** である．

また

$$
\begin{aligned}
P(x) = {}&(x+1)(x^2-x+1)Q(x) \\
&+ 2(x^2-x+1) + 15x - 2
\end{aligned}
$$

とできるので，$P(x)$ を x^2-x+1 で割ったときの余りは **$15x-2$** である．

◀ 余りの $2x^2+13x$ を $x+1$ で割ることで，このように式変形しています．

◀ この設問だけなら
$P(-1) = 2 - 13 = -11$
で十分です．

〔B〕 $P(x)$ を $x^2+2x+1 = (x+1)^2$ と $x^2-3x+2 = (x-1)(x-2)$ で割ったときの商をそれぞれ $Q_1(x)$，$Q_2(x)$ とおいて

$$P(x)=(x+1)^2Q_1(x)+2x-4 \quad \cdots\cdots①$$
$$P(x)=(x-1)(x-2)Q_2(x)+2x+2 \quad \cdots\cdots②$$
とできる.

(1) $P(x)$ を $x^2-1=(x+1)(x-1)$ で割ったときの
商を $Q_3(x)$, 余りを $ax+b$ とおいて
$$P(x)=(x+1)(x-1)Q_3(x)+ax+b$$
とできる. ①から $P(-1)=-6$, ②から $P(1)=4$
なので
$$-a+b=-6 \ かつ \ a+b=4$$
$$\therefore \ a=5, \ b=-1$$
よって, 求める余りは $ax+b=\boldsymbol{5x-1}$ である.

◀ 2次式 x^2-1 で割るから, 求める余りの次数は 1 以下 です.

(2) $P(x)$ を $x^3+x^2-x-1=(x+1)^2(x-1)$ で割った
ときの商を $Q_4(x)$ とおき, ①に注意して
$$P(x)=(x+1)^2(x-1)Q_4(x)+c(x+1)^2+2x-4$$
とおける. (1)と同様に $P(1)=4$ だから
$$4c-2=4 \quad \therefore \quad c=\frac{3}{2}$$
よって, 求める余りは
$$c(x+1)^2+2x-4=\frac{3}{2}x^2+5x-\frac{5}{2}$$
である.

◀求める余りの 2 次式を
$$cx^2+dx+e$$
とおいても, 代入できる値 が 2 つしかないので式が 1 本足りません.
そこで, $(x+1)^2$ で割った 余りが $2x-4$ であるとい う条件を最初から盛り込ん でおくのです.

補足 [B](2)は, ①の $Q_1(x)$ を $x-1$ で割ったときの商を $Q_4(x)$, 余りを c と
おいて
$$Q_1(x)=(x-1)Q_4(x)+c$$
とできるから, これを①に代入することで
$$P(x)=(x+1)^2\{(x-1)Q_4(x)+c\}+2x-4$$
$$=(x+1)^2(x-1)Q_4(x)+c(x+1)^2+2x-4$$
としていると考えることもできます.

■**メインポイント**■

除法の恒等式を作り, 余りの部分をさらに割る!

4 次数下げ

アプローチ

まずは $\left(\dfrac{1+\sqrt{5}}{2}\right)^3$ を整理して，a の値を求めます．

そして，その a の値を直接代入して力技で計算しても構いませんが，「2次方程式の解っぽい値」を代入するときは，もとの2次方程式 $f(a)=0$ を作り，$a^4+5a^3+4a^2+4a$ を $f(a)$ で割ってあげることで，余りの1次式だけの計算に持ち込むとメンドウな数値計算を避けられます．

これを**次数下げ**といいます．

解答

まず

$$\left(\frac{1+\sqrt{5}}{2}\right)^3=\frac{1+3\sqrt{5}+15+5\sqrt{5}}{8}$$
$$=2+\sqrt{5}$$

◀ $(A+B)^3$
$\quad=A^3+3A^2B+3AB^2+B^3$

となる．

ここで，$\sqrt{5}=2.\cdots$ なので

$$2+\sqrt{5}=2+(2.\cdots)=4.\cdots$$

◀ $2=\sqrt{4}<\sqrt{5}<\sqrt{9}=3$

となり，この数の整数部分が4だから

$$a=(2+\sqrt{5})-4=\sqrt{5}-2$$

である．このとき，$a+2=\sqrt{5}$ の両辺を2乗して

$$(a+2)^2=(\sqrt{5})^2$$
$$\therefore\quad a^2+4a-1=0$$

$a^4+5a^3+4a^2+4a$ を a^2+4a-1 で割ると

$$商：a^2+a+1，\ 余り：a+1$$

なので，等式

$$a^4+5a^3+4a^2+4a$$
$$=(a^2+4a-1)(a^2+a+1)+a+1$$

が成り立つ．

◀ この2次方程式の解の1つが
$\qquad a=\sqrt{5}-2$
ということです．

◀ この等式自体は，a の値に関係なく成り立ちます．

以上から，$a=\sqrt{5}-2$ のときの $a^4+5a^3+4a^2+4a$
の値は

$$
\begin{aligned}
& a^4+5a^3+4a^2+4a \\
&=(a^2+4a-1)(a^2+a+1)+a+1 \qquad \blacktriangleleft a^2+4a-1 \text{ の値は } 0 \text{ です.}\\
&=a+1 \\
&=(\sqrt{5}-2)+1 \\
&=\sqrt{5}-1
\end{aligned}
$$

補足 a の値を直接代入して計算するのであれば**次数の低い方から順に計算す**るのがオススメです．つまり，いきなり a^4 を求めようとするのではなく

$$
\begin{aligned}
a&=\sqrt{5}-2 \\
a^2&=(\sqrt{5}-2)^2 \\
&=9-4\sqrt{5} \\
a^3&=a^2\cdot a \\
&=(9-4\sqrt{5})(\sqrt{5}-2) \\
&=-38+17\sqrt{5} \\
a^4&=(a^2)^2 \\
&=(9-4\sqrt{5})^2 \\
&=161-72\sqrt{5}
\end{aligned}
$$

という順に計算して，これらを $a^4+5a^3+4a^2+4a$ に代入すると

$$
\begin{aligned}
& a^4+5a^3+4a^2+4a \\
&=(161-72\sqrt{5})+5(-38+17\sqrt{5})+4(9-4\sqrt{5})+4(\sqrt{5}-2) \\
&=(161-190+36-8)+(-72+85-16+4)\sqrt{5} \\
&=-1+\sqrt{5}
\end{aligned}
$$

となります．

■メインポイント■

2次方程式の解っぽい値を代入するときは，
もとの2次方程式を作って次数下げ！

5 高次方程式の解から係数決定

アプローチ

解が与えられているので，方程式に代入したいのですが計算が少しメンドウです．そこで，4 と同様に次数下げをします.

◀ 直接代入して
 (実部)+(虚部)i=0
 の形に整理し
 (実部)=0，(虚部)=0
 としても OK です.

解答

$f(x)=x^4+(a+2)x^3-(2a+2)x^2+(b+1)x+a^3$

とする.

$x=1+i$ のとき

$$(x-1)^2=i^2 \iff x^2-2x+2=0 \quad \cdots\cdots ①$$

◀ ①の解は $1\pm i$ です.

である.

$f(x)$ を x^2-2x+2 で割ると，商が

$x^2+(a+4)x+4$，余りが $(b-2a+1)x+a^3-8$ である.

◀ わかっている解は $1+i$ だけなので，この段階では「割り切れる」とはいえません.
(注意！参照.)

ここで，$A=b-2a+1$，$B=a^3-8$ とおくと

$f(x)=(x^2-2x+2)\{x^2+(a+4)x+4\}+Ax+B$

であり，題意より $f(1+i)=0$ であることと，①から

$$A(1+i)+B=0$$

となる．A，B は実数で，$1+i$ は虚数なので

$$A=B=0$$

が成り立つ．よって

$$b-2a+1=0 \ \text{かつ} \ a^3-8=0$$

$$\therefore \quad a=2, \ b=3$$

◀ $A \neq 0$ とすると

$1+i=-\dfrac{B}{A}$ となり，

左辺は虚数，右辺が実数だから矛盾.

このとき

$$f(x)=(x^2-2x+2)(x^2+6x+4)$$

となるので，$f(x)=0$ とすると

$$x^2-2x+2=0 \ \text{または} \ x^2+6x+4=0$$

$$\therefore \quad x=1\pm i, \ -3\pm\sqrt{5}$$

したがって，$1+i$ 以外の解は

$$x=1-i, \ -3\pm\sqrt{5}$$

◀ 結局，余りの $Ax+B$ が 0 になったので，$f(x)$ の因数分解がただちにわかるのです.

補足 実数係数の n 次方程式 (n は2以上の自然数) において

複素数 $\alpha = p + qi$ が解ならば，その共役複素数 $\overline{\alpha} = p - qi$ も解である

という有名な事実があります．（2次方程式は解の公式から明らかですが，3次以上になると共役複素数の性質を利用した証明が必要です．）

証明 実数係数の n 次多項式を

$$f(x) = a_n x^n + a_{n-1} x^{n-1} + \cdots\cdots + a_1 x + a_0$$

とし，$f(\alpha) = 0$ が成り立つとする．このとき，共役複素数の性質

$$\overline{z_1 + z_2} = \overline{z_1} + \overline{z_2}, \quad \overline{z_1 z_2} = \overline{z_1} \cdot \overline{z_2}$$

と，実数 a_k に対しては $\overline{a_k} = a_k$ であることを利用して（これらは共役の定義から示されますので各自で確認してみてください．）

$$
\begin{aligned}
f(\overline{\alpha}) &= a_n (\overline{\alpha})^n + a_{n-1}(\overline{\alpha})^{n-1} + \cdots + a_1 \overline{\alpha} + a_0 \\
&= \overline{a_n (\overline{\alpha})^n} + \overline{a_{n-1}(\overline{\alpha})^{n-1}} + \cdots + \overline{a_1 \cdot \overline{\alpha}} + \overline{a_0} \\
&= \overline{a_n \alpha^n + a_{n-1} \alpha^{n-1} + \cdots + a_1 \alpha + a_0} \\
&= \overline{f(\alpha)} \\
&= \overline{0} \\
&= 0
\end{aligned}
$$

とできる．よって，$\overline{\alpha}$ も $f(x) = 0$ の解である． （証明終了）

したがって，本問においては最初から $1 - i$ も解であることがわかっているのです．

しかし，この事実を使って解答を書く（例えば，残り2つの解を α，β とおいて解と係数の関係を使う etc.）のは出題者の意図に合っていないような気がします．なぜなら，問題は「まず a，b の値を求めよ．そして他の解も求めよ．」といっているのですから．

よって，筆者は左ページの **解答** のように，この事実を使わない解答をお薦めします．もちろん，答えの確認には使えますが．

注意！ $x = 1 \pm i$ が $f(x) = 0$ の解であることと，$f(x)$ が $x^2 - 2x + 2$ で割り切れることが同値です．

■■ **メインポイント** ■■

解は代入したいから，次数下げの利用！

方程式 $x^3=1$ を考えます.

$$x^3=1$$
$$\Longleftrightarrow x^3-1=0$$
$$\Longleftrightarrow (x-1)(x^2+x+1)=0$$
$$\Longleftrightarrow x=1 \text{ または } x^2+x+1=0$$

ここで, $x^2+x+1=0$ の解の一つを ω とすると

$$\omega^3=1, \ \omega^2+\omega+1=0$$

が成り立ちます.

ω の問題は, この2つを**基本公式**として解くことになります. したがって, (2)では ω^n, ω^{2n} に $\boldsymbol{\omega^3}$ **が何個ずつ含まれるか**を考えることになるので, n **を3で割った余りで分類**します.

◀ $x^2+x+1=0$ を解くと
$$x=\frac{-1\pm\sqrt{3}\,i}{2}$$
なので, 本問の ω はこの ω なのです.

◀整数を3で割った余りは0, 1, 2のどれかになります.

解答

(1) $\omega=\dfrac{-1+\sqrt{3}\,i}{2}$ のとき

$$\left(\omega+\frac{1}{2}\right)^2=\left(\frac{\sqrt{3}\,i}{2}\right)^2$$
$$\Longleftrightarrow \omega^2+\omega+\frac{1}{4}=-\frac{3}{4}$$
$$\Longleftrightarrow \omega^2+\omega+1=0 \quad \cdots\cdots①$$

さらに, ①の両辺に $\omega-1$ をかけると

$$(\omega-1)(\omega^2+\omega+1)=(\omega-1)\cdot 0$$
$$\Longleftrightarrow \omega^3-1=0$$
$$\Longleftrightarrow \omega^3=1 \quad \cdots\cdots②$$

①, ②を利用して

$$\omega^2+\omega^4=\omega^2+\omega \quad (\because \ ②)$$
$$=-1 \quad (\because \ ①)$$
$$\omega^5+\omega^{10}=\omega^2+\omega \quad (\because \ ②)$$
$$=-1 \quad (\because \ ①)$$

◀本問は先に ω の値が与えられているので, このように①を作ることができます.

◀ ω^3 を見つけるたびに1に直します.

(2)　k を 0 以上の整数とする.

ⅰ）　$n=3k+1$ の場合

$$\omega^n+\omega^{2n}=\omega^{3k+1}+\omega^{6k+2}$$
$$=(\omega^3)^k\omega+(\omega^3)^{2k}\omega^2$$
$$=\omega+\omega^2 \quad (\because \ ②)$$
$$=-1 \quad\quad (\because \ ①)$$

ⅱ）　$n=3k+2$ の場合

$$\omega^n+\omega^{2n}=\omega^{3k+2}+\omega^{6k+4}$$
$$=(\omega^3)^k\omega^2+(\omega^3)^{2k+1}\omega$$
$$=\omega^2+\omega \quad (\because \ ②)$$
$$=-1 \quad\quad (\because \ ①)$$

ⅲ）　$n=3k+3$ の場合

◀この場合だけ k を自然数として $n=3k$ と表しても OK です.

$$\omega^n+\omega^{2n}=\omega^{3k+3}+\omega^{6k+6}$$
$$=(\omega^3)^{k+1}+(\omega^3)^{2k+2}$$
$$=1+1 \quad\quad (\because \ ②)$$
$$=2$$

以上から，求める値は

$$\omega^n+\omega^{2n}$$
$$=\begin{cases} -1 & （\textbf{\textit{n}} が 3 の倍数でないとき）\\ 2 & （\textbf{\textit{n}} が 3 の倍数のとき）\end{cases}$$

(3)　二項定理により

◀$(a+b)^n$ の展開は二項定理を利用します.

$$(\omega+2)^n+(\omega^2+2)^n$$
$$=\sum_{l=0}^{n}{}_n\mathrm{C}_l\omega^l2^{n-l}+\sum_{l=0}^{n}{}_n\mathrm{C}_l\omega^{2l}2^{n-l}$$
$$=\sum_{l=0}^{n}{}_n\mathrm{C}_l2^{n-l}(\omega^l+\omega^{2l})$$

とできる.

　ここで，$\omega^l+\omega^{2l}$ は，$l=0$ のとき $1+1=2$ であり，$l\geqq1$ のとき，(2)より -1 または 2 なので，つねに整数である.

　${}_n\mathrm{C}_l2^{n-l}$ も整数なので，題意は示された.

◀${}_n\mathrm{C}_l$ は異なる n 個のものから l 個を選ぶ組合せの総数を表す自然数です.

■ メインポイント ■

ω は $\omega^3=1$ と $\omega^2+\omega+1=0$ を利用する！

7 共通解

共通解は

共有点　かつ　解

と考えられます.

例えば $y=f(x)$, $y=g(x)$ のグラフが下図のように
なっていれば, $f(x)=0$ と $g(x)=0$ の共通解は
$x=q$ ということになります.

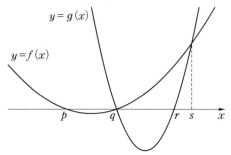

◀この図は2次関数のイメージですが, 3次関数などの場合でも基本的な考え方は一緒です.

$x=p$ は $f(x)=0$ の解ですが, $g(x)=0$ の解では
ありません.

$x=r$ は $g(x)=0$ の解ですが, $f(x)=0$ の解では
ありません.

$x=s$ は共有点の x 座標ですが, $f(x)=0$, $g(x)=0$
の解ではありません.

したがって, **共有点であるこ
とが必要で, でもそれだけでは解になるかわからない
から, その共有点が解になる条件を調べるのです.**

◀共有点を求めれば, 上図の q と s に絞り込めます.

さて, ここで注意点が一つあります. 上記の内容と
図は, イメージをつかみやすくするために「実数解」
の話にしてあります. しかし, 共通解が実数解とは限
りません. そう, 虚数解かもしれません.

◀当たり前のことですが, それぞれの問題文の意味を正確に読み取りましょう.

実数係数の方程式2つが共通の虚数解をもつときは,
その虚数解からもとの2次方程式を作ることができ,
x^2 の係数を一つ定めればただ一つに決定できます.

◀**5** 高次方程式の解から係数決定の式①や **6** 1の3乗根 ω の式①のこと.

つまり, **共通の虚数解をもつのは, 2つの2次方程
式 (x^2 の係数をそろえたもの) が一致するときに限り
ます.**

解答

　　2つの方程式
$$kx^2+3x+2=0, \quad 2x^2+3x+k=0$$
から右辺の0を消去して
$$kx^2+3x+2=2x^2+3x+k$$
$$\Longleftrightarrow (k-2)x^2-(k-2)=0$$
$$\Longleftrightarrow (k-2)(x+1)(x-1)=0 \quad \cdots\cdots(*)$$
$$\therefore \quad k=2, \quad x=-1, \quad x=1$$

◀ 2つのグラフの式
$$\begin{cases} y=kx^2+3x+2 \\ y=2x^2+3x+k \end{cases}$$
から y を消去しているのと同じことですね.

◀ これは必要条件.

ⅰ）　$k=2$ の場合

　　2つの方程式は一致し，かならず共通解をもつ.

◀ 本問は虚数解になります.

ⅱ）　$x=-1$ の場合

　　$2x^2+3x+k=0$ に $x=-1$ を代入して
$$2-3+k=0 \quad \therefore \quad k=1$$

◀ この段階では，$x=-1$ はまだ解とはいえていないのです.

ⅲ）　$x=1$ の場合

　　$2x^2+3x+k=0$ に $x=1$ を代入して
$$2+3+k=0 \quad \therefore \quad k=-5$$

　ⅰ）〜ⅲ）から，求める k の値は
$$k=-5, \ 1, \ 2$$

補足　　$(*)$ は

　・$k=2$ のとき，x の値に関係なく成り立つ.

　　　　$\longrightarrow$　2つの「グラフ」はすべての x で共有点をもつ（つまり一致する）

　・$k \neq 2$ のとき，$x=-1, \ 1$

　　　　$\longrightarrow$　2つの「グラフ」の共有点の x 座標は $-1, \ 1$

ということを意味しています.

■ メインポイント ■

共通解は，共有点　かつ　解！

8 不等式の証明①

不等式 $A \geqq B$ を示したければ

差：$A - B$ が 0 以上であること

を示すのが基本です．多くの場合は

(実数)$^2 \geqq 0$

を利用します．

解答

(1) (左辺) と (右辺) の差をとると

$$(a^2+b^2+c^2)(x^2+y^2+z^2)-(ax+by+cz)^2 \quad \cdots\cdots①$$

$$=a^2x^2+a^2y^2+a^2z^2+b^2x^2+b^2y^2+b^2z^2+c^2x^2+c^2y^2+c^2z^2$$
$$\qquad -(a^2x^2+b^2y^2+c^2z^2+2abxy+2bcyz+2cazx)$$
$$=(b^2x^2-2abxy+a^2y^2)+(c^2y^2-2bcyz+b^2z^2)$$
$$\qquad +(a^2z^2-2cazx+c^2x^2)$$
$$=(bx-ay)^2+(cy-bz)^2+(az-cx)^2 \quad \cdots\cdots②$$

a, b, c, x, y, z はすべて実数なので，②は 0 以上．よって，①も 0 以上だから

$$(a^2+b^2+c^2)(x^2+y^2+z^2) \geqq (ax+by+cz)^2$$

が成り立つ．

(2) 等号が成立する条件は，②が 0 になることなので

$$bx-ay=cy-bz=az-cx=0$$

$$\therefore \quad \frac{a}{x}=\frac{b}{y}=\frac{c}{z} \quad (\because \quad x \neq 0, \ y \neq 0, \ z \neq 0)$$

◀ $\frac{x}{a}=\frac{y}{b}=\frac{z}{c}$ や
$a:b:c=x:y:z$ でも良いでしょう．

(3) $25 \cdot 36=5^2 \cdot 6^2=30^2$ が成り立つので，(1)の不等式で等号が成立する場合である．

よって，(2)により

$$\frac{a}{x}=\frac{b}{y}=\frac{c}{z}=k$$

とおけて

$$a=kx, \ b=ky, \ c=kz \quad \cdots\cdots③$$

とできる．このとき

$$\frac{a+b+c}{x+y+z}=\frac{kx+ky+kz}{x+y+z}=k$$

なので，k の値を求める．

◀比例式の値を k とおくのはセオリーです．

24

③と $ax+by+cz=30$ から

$$kx^2+ky^2+kz^2=30$$
$$\Longleftrightarrow k(x^2+y^2+z^2)=30$$

$x^2+y^2+z^2=36$ なので

$$k\cdot 36=30 \qquad \therefore \quad k=\frac{5}{6}$$

したがって

$$\frac{a+b+c}{x+y+z}=k=\frac{5}{6}$$

別解

(1) $\vec{p}=\begin{pmatrix} a \\ b \\ c \end{pmatrix}$, $\vec{q}=\begin{pmatrix} x \\ y \\ z \end{pmatrix}$ とし，2つのベクトルのなす角

を θ とすれば，$1\geqq\cos^2\theta$ が成り立つから

$$|\vec{p}|^2|\vec{q}|^2\geqq|\vec{p}|^2|\vec{q}|^2\cos^2\theta=(\vec{p}\cdot\vec{q})^2$$

である．よって

$$(a^2+b^2+c^2)(x^2+y^2+z^2)\geqq(ax+by+cz)^2$$

が成立する．

◀この証明にベクトルを利用するなんて，初見で思いつくことではありません．これは知識です．

(2) (1)より，等号成立条件は

$$\cos^2\theta=1 \Longleftrightarrow \cos\theta=\pm1$$
$$\Longleftrightarrow \theta=0,\ \pi$$
$$\therefore \quad \vec{p}/\!/\vec{q}$$

よって，$\dfrac{a}{x}=\dfrac{b}{y}=\dfrac{c}{z}$

参考 (1)で示した不等式を**コーシー・シュワルツの不等式**といいます．

■■ **メインポイント** ■■

不等式を証明するときは，「差が0以上」をねらう！

[A] 実数 x, y, z に対して

$$x^2+y^2+z^2-xy-yz-zx\geqq 0$$

が成り立つことを，ウマい式変形で示せます．この証明が単独で出題されることも多いので，おさえておきましょう．

[B] ただ差をとってもウマくいかないときは，**同値変形してから証明する**のも1つの手です．

すなわち

$$A\geqq B \iff C\geqq D$$

のとき，「$A\geqq B$」を示すために「$C\geqq D$」を示してもイイということです．

◀ $|a|+|b|\geqq|a+b|$ を示すときに，両辺ともに0以上だから
$$(|a|+|b|)^2\geqq|a+b|^2$$
としてから示すのも「同値変形」の利用です．

解答

[A] (1) $(x+y+z)(x^2+y^2+z^2-xy-yz-zx)$
$\qquad =x^3+y^3+z^3-3xyz$

◀ていねいに展開・整理しましょう.

(2) x, y, z が実数のとき

$\quad x^2+y^2+z^2-xy-yz-zx$

$=\dfrac{1}{2}(2x^2+2y^2+2z^2-2xy-2yz-2zx)$

$=\dfrac{1}{2}\{(x^2-2xy+y^2)+(y^2-2yz+z^2)+(z^2-2zx+x^2)\}$

$=\dfrac{1}{2}\{(x-y)^2+(y-z)^2+(z-x)^2\}$

$\geqq 0$

である.

　また，$x\geqq 0$, $y\geqq 0$, $z\geqq 0$ のとき

$\qquad x+y+z\geqq 0$

が成り立つ. よって

$\qquad (x+y+z)(x^2+y^2+z^2-xy-yz-zx)\geqq 0$ ……(*)

である. したがって，(1)から

$\qquad x^3+y^3+z^3-3xyz\geqq 0$

$\qquad \therefore\quad \dfrac{x^3+y^3+z^3}{3}\geqq xyz$

$x=\sqrt[3]{a}$, $y=\sqrt[3]{b}$, $z=\sqrt[3]{c}$ とおけば

$\qquad \dfrac{a+b+c}{3}\geqq\sqrt[3]{abc}$

が成り立つ.

　なお，等号成立条件は，（＊）における等号が成立
する条件だから

$x+y+z=0$ または $x^2+y^2+z^2-xy-yz-zx=0$

$\Longleftrightarrow x+y+z=0$ または $x-y=y-z=z-x=0$

$\Longleftrightarrow x+y+z=0$ または $x=y=z$

　　$x\geqq0,\ y\geqq0,\ z\geqq0$ のもとで

　　　　$x+y+z=0 \Longleftrightarrow x=y=z=0$

だから，求める等号成立条件は $x=y=z$，すなわ
ち $a=b=c$ である.

◀「かつ」ではなく「または」
ですよ！

［B］ $x>0$ において，示すべき不等式を同値変形す
る.

　　　　$\dfrac{x}{2+x}\leqq\sqrt{1+x}-1\leqq\dfrac{x}{2}$ ……①

　　　$\Longleftrightarrow \dfrac{2+2x}{2+x}\leqq\sqrt{1+x}\leqq\dfrac{2+x}{2}$ ……②

　この②の各辺はすべて正なので，2乗しても大小
は変わらない. よって

　　② $\Longleftrightarrow \left(\dfrac{2+2x}{2+x}\right)^2\leqq1+x\leqq\left(\dfrac{2+x}{2}\right)^2$

　　　$\Longleftrightarrow \begin{cases}(2+2x)^2\leqq(1+x)(2+x)^2\\ 4(1+x)\leqq(2+x)^2\end{cases}$

　　　$\Longleftrightarrow \begin{cases}4+8x+4x^2\leqq x^3+5x^2+8x+4\\ 4+4x\leqq x^2+4x+4\end{cases}$

　　　$\Longleftrightarrow \begin{cases}0\leqq x^3+x^2 \quad ……③\\ 0\leqq x^2\end{cases}$

とできる.

　$x>0$ のとき③は成り立つので，①も成り立つ.

◀本問は「等号成立条件」を
問われていないので，答え
る必要はありません.
なお，$x>0$ なので，③の
どちらの式も等号不成立で
す.

■■ メインポイント ■■

示すべき不等式を同値変形して，証明しやすい形を探そう！

10 相加・相乗平均の関係

アプローチ

分数式の最大値・最小値を求めるときは，**相加・相乗平均の関係**を利用することがとても多いです．

◀数学Ⅲまで学習している人は，微分を利用することもできます．

$A \geqq 0,\ B \geqq 0$ のとき

$$\frac{A+B}{2} \geqq \sqrt{AB}$$

が成り立つ．

また，等号成立条件は $A=B$ である．

◀実際には，分母を払って
$A+B \geqq 2\sqrt{AB}$
の形で使うことが多いです．

解答

[A] 与式を展開して

$$\left(x-\frac{1}{2}\right)\left(2-\frac{9}{x}\right)=2x+\frac{9}{2x}-10$$

$2x>0,\ \dfrac{9}{2x}>0$ だから，相加・相乗平均の関係により

$$2x+\frac{9}{2x} \geqq 2\sqrt{2x \cdot \frac{9}{2x}}=2\sqrt{9}=6$$

$$\therefore \quad 2x+\frac{9}{2x}-10 \geqq -4$$

等号成立条件は

$$\begin{cases} x>0 \\ 2x=\dfrac{9}{2x} \end{cases} \quad \therefore \quad \begin{cases} x>0 \\ x^2=\dfrac{9}{4} \end{cases}$$

よって，$x=\dfrac{3}{2}$ である．

したがって，与式は $x=\dfrac{3}{2}$ のとき，最小値 -4 をとる．

◀この $\sqrt{}$ の中身が約分されて定数になることが重要です．定数にならなかったら最小値はわかりません！

◀この段階では
「値は -4 以上」
といえただけで
「最小値が -4」
とは確定していません！
例えば，先生がクラス全体のテスト結果について「全員60点以上」といったら最低点は70点かもしれませんよね．

[B] (1) $A=x^4+4x^3+4x^2+5,\ B=x^2+2x+2$ から

$$\begin{aligned} A &= x^4+4x^3+4x^2+5 \\ &= (x^2+2x+2)(x^2+2x-2)+9 \\ &= B(x^2+2x-2)+9 \end{aligned}$$

とできるので

商：x^2+2x-2，余り：9

(2) (1)の計算と

$$x^2+2x-2=(x^2+2x+2)-4$$
$$=B-4$$

とできることから

$$A=B(x^2+2x-2)+9$$
$$=B(B-4)+9$$
$$=\boldsymbol{B^2-4B+9}$$

(3) (2)の結果から

$$\frac{A}{B}=B-4+\frac{9}{B}$$

とできる．

◀ $\square+\dfrac{(定数)}{\square}$ の形を見つけ
たら，**相加・相乗**を疑う！

　x は実数なので

$$B=(x+1)^2+1>0$$

◀ $B>0$ を示しておかないと，
相加・相乗を使えません．

であり，相加・相乗平均の関係により

$$B+\frac{9}{B}\geqq 2\sqrt{B\cdot\frac{9}{B}}=6$$

$$\therefore\quad B-4+\frac{9}{B}\geqq 2$$

$$\therefore\quad \frac{A}{B}\geqq 2$$

が成り立つ．

　等号成立条件は

$$B>0 \ \text{かつ} \ B=\frac{9}{B}$$

$$\Longleftrightarrow B=3$$

$$\Longleftrightarrow x^2+2x+2=3$$

$$\Longleftrightarrow x=-1\pm\sqrt{2}$$

以上から，$\boldsymbol{x=-1\pm\sqrt{2}}$ のとき，$\dfrac{A}{B}$ は最小値 2

をとる．

■**メインポイント**■

分数式の最大・最小には相加・相乗平均の関係！

---

11 絶対値の方程式・不等式①

絶対値を含む方程式・不等式は，グラフをかいて考えるとわかりやすいことが多いです．

$y=|f(x)|$ という形の式の場合は，$y=f(x)$ のグラフをかいて，x軸より下にある部分を折り返すことでグラフがかけます．

それ以外の場合は，ていねいに場合分けして絶対値記号を外しましょう．（筆者は，絶対値を外す「場合分け」を，グラフの場所を分ける「**場所分け**」と呼んでいます．）

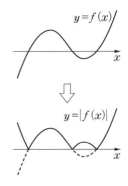

[A]　$y=|x+3|$ が下，$y=2x-6$ が上となる部分の xの値の範囲を求めます．

[B]　$y=|x-2|+|x+3|$ のグラフにおいて，y 座標 が 6 より小さい部分の x の値の範囲を求めます． ◀ 直線 $y=6$ より下にある 部分と考えても OK．

[C]　$y=x|1-|x\,||$ と $y=k$ のグラフの共有点の個 数を調べます． ◀ $y=k$（定数）のグラフは x 軸と平行な直線です．

解答

[A]　$y=|x+3|$，$y=2x-6$ のグラフは右の通り．
与えられた不等式を満たすのは，グラフの青線部だから，求める x の値の範囲は

$$x>9$$

である．

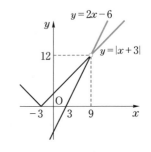

[B]　$y=|x-2|+|x+3|$

$$=\begin{cases}(-x+2)+(-x-3) & (x\leq-3)\\(-x+2)+(x+3) & (-3\leq x\leq2)\\(x-2)+(x+3) & (2\leq x)\end{cases}$$

$$=\begin{cases}-2x-1 & (x\leq-3)\\5 & (-3\leq x\leq2)\\2x+1 & (2\leq x)\end{cases}$$

したがって，グラフは右図のようになるから，
求める x の値の範囲は

$$-\frac{7}{2}<x<\frac{5}{2}$$

である．

[C]　$f(x)=x|1-|x||$ とすると，$f(-x)=-f(x)$　◀いわゆる**奇関数**です．
が成り立つから，$y=f(x)$ のグラフは原点対称
である．

$x\geq0$ において

$$f(x)=\begin{cases}x(1-x) & (0\leq x\leq1)\\x(x-1) & (1\leq x)\end{cases}$$

であるから，$y=f(x)$ のグラフは下図の実線部分．

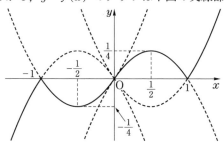

よって，$f(x)=k$ の実数解の個数，つまり
$y=f(x)$ と $y=k$ の共有点の個数は

$$\begin{cases}k<-\dfrac{1}{4},\ \dfrac{1}{4}<k & \text{のとき1個}\\[2mm]k=\pm\dfrac{1}{4} & \text{のとき2個}\\[2mm]-\dfrac{1}{4}<k<\dfrac{1}{4} & \text{のとき3個}\end{cases}$$

■■ **メインポイント** ■■

絶対値を含む方程式・不等式はグラフで考える！

12 絶対値の方程式・不等式②

アプローチ

考え方は 11 ［C］と何も変わらないのですが，絶対値記号を外すための「場所分け」がやや複雑です．

ていねいに外していきましょう．

解答

$f(x)=|x^2-6x-|x-6||+x$ とする．

まず，$|x-6|$ は

$$|x-6|=\begin{cases} -x+6 & (x\leqq 6) \\ x-6 & (6\leqq x) \end{cases}$$

とできるので

$$f(x)=\begin{cases} |x^2-6x-(-x+6)|+x & (x\leqq 6) \\ |x^2-6x-(x-6)|+x & (6\leqq x) \end{cases}$$

$$=\begin{cases} |x^2-5x-6|+x & (x\leqq 6) \\ |x^2-7x+6|+x & (6\leqq x) \end{cases}$$

$$=\begin{cases} |(x+1)(x-6)|+x & (x\leqq 6) \\ |(x-1)(x-6)|+x & (6\leqq x) \end{cases}$$

となる．

$x\leqq 6$ において

$$|(x+1)(x-6)|$$
$$=\begin{cases} (x+1)(x-6) & (x\leqq -1) \\ -(x+1)(x-6) & (-1\leqq x\leqq 6) \end{cases}$$

$y=(x+1)(x-6)$

$6\leqq x$ において

$$|(x-1)(x-6)|=(x-1)(x-6)$$

$y=(x-1)(x-6)$

であるから

$$f(x)=\begin{cases} (x+1)(x-6)+x & (x\leqq -1) \\ -(x+1)(x-6)+x & (-1\leqq x\leqq 6) \\ (x-1)(x-6)+x & (6\leqq x) \end{cases}$$

$$=\begin{cases} x^2-4x-6 & (x\leqq -1) \\ -x^2+6x+6 & (-1\leqq x\leqq 6) \\ x^2-6x+6 & (6\leqq x) \end{cases}$$

$$=\begin{cases} (x-2)^2-10 & (x\leqq -1) \\ -(x-3)^2+15 & (-1\leqq x\leqq 6) \\ (x-3)^2-3 & (6\leqq x) \end{cases}$$

よって，$y=f(x)$ のグラフは次図の太線部分である．

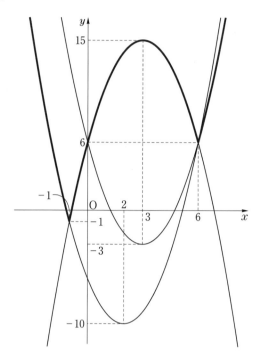

◀「場所分け」の境界
（$x=-1$ と $x=6$）で，それぞれのグラフはつながります．
実際，$x=-1$ のとき
$x^2-4x-6=-1$
$-x^2+6x+6=-1$
となります．

したがって，方程式 $f(x)=a$ の異なる実数解の個数，すなわち，$y=f(x)$ のグラフと直線 $y=a$ の共有点の個数は

$$\begin{cases} 15<a & \text{のとき 2 個} \\ a=15 & \text{のとき 3 個} \\ 6<a<15 & \text{のとき 4 個} \\ a=6 & \text{のとき 3 個} \\ -1<a<6 & \text{のとき 2 個} \\ a=-1 & \text{のとき 1 個} \\ a<-1 & \text{のとき 0 個} \end{cases}$$

■■■ メインポイント ■■■

定数分離ができたら，多少複雑でもグラフをかく！

13 必要条件と十分条件

アプローチ

命題 $p \Longrightarrow q$ が**真**のとき，p は q であるための**十分条件**，q は p であるための**必要条件**といいます．

$$
\text{真の命題：} p \Longrightarrow q
$$
十分　　必要

とくに，必要条件でも十分条件でもあるとき（つまり $p \Longleftrightarrow q$ が成り立つとき）は**必要十分条件**といいます．

以上のことは，集合と対応させて理解しておくとよいです．次の例で考えてみましょう．

ex) P：女子高生の集合，Q：女性の集合
とすると，P に属している人の100％（＝**十分**）が Q に属しています．

筆者（♂）が女子高生になりたいと願い（…苦笑），女子高生たちに流行ってるモノを勉強し，メイクも覚え，すさまじい努力（何のだろう？）をしても，筆者が男である限り，女子高生には絶対になれないのです．

なぜならば，女子高生になるためには女性であることが**最低でも必要**だから！

というわけで，集合として考えたとき
外側が『必要条件』，内側が『十分条件』
です．

筆者
女性ではないので
女子高生にはなれない.

解答

$x(x-1)+y(y-1)=0$ は

$$\left(x-\frac{1}{2}\right)^2+\left(y-\frac{1}{2}\right)^2=\frac{1}{2}$$

とできるので，これを満たす点 (x, y) の集合 P は，中心 $\left(\frac{1}{2}, \frac{1}{2}\right)$, 半径 $\frac{\sqrt{2}}{2}$ の円である.

また，「($x=0$ または $x=1$)」が表す点の集合は y 軸と平行な2直線であり，「($y=0$ または $y=1$)」が表す点の集合は x 軸と平行な2直線だから，

「($x=0$ または $x=1$) かつ ($y=0$ または $y=1$)」

が表す点の集合 Q は，4つの交点

$$(0, 0), \ (0, 1), \ (1, 0), \ (1, 1)$$

である.

したがって，集合 P, Q の包含関係は $P \supset Q$ となるから，$x(x-1)+y(y-1)=0$ は「($x=0$ または $x=1$) かつ ($y=0$ または $y=1$)」であるための

(c) **必要条件だが十分条件ではない**.

補足 本問は「座標平面上の点の集合」と考えることで，集合の包含関係に帰着させることができましたが，すべての問題がうまくいくとは限りません. ときには，「$p \implies q$」と「$p \impliedby q$」の両方をていねいに考えてみる必要もあります.

メインポイント

必要・十分は集合で考える！

14 背理法

直接は証明しにくい命題を

その命題が偽であると仮定 $\Longrightarrow$ 矛盾

という流れで証明できることもあるのです．この証明方法を**背理法**といいます．

(1) $s \neq 0$ としてスタートすれば，条件式を s で割ることができますね．

(2) $\sqrt{5} = \dfrac{m}{n}$ となる整数 m, n が**存在しないこと**の証明です．そのような整数 m, n が存在すると仮定してスタートします．

◀ 有理数とは $\dfrac{整数}{整数}$ と書ける実数のことで，無理数とはその他の実数のことです．

(3) 高次方程式の解の処理は，**次数下げ**が有効です．

なお，(2)のような**存在しないことの証明**に**背理法**を使うことが多いので覚えておきましょう．

解答

(1) $s \neq 0$ とすれば，$s\gamma + t = 0$ から

$$\gamma = -\frac{t}{s}$$

とでき，これは左辺が無理数，右辺が有理数となり矛盾している．

◀ 有理数どうしの四則演算による結果は有理数です．

　よって，$s = 0$ であり，$s\gamma + t = 0$ から $t = 0$ となる．

(2) $\sqrt{5}$ が有理数であれば，$\sqrt{5} = \dfrac{m}{n}$ $(m,\ n：整数)$

とおけて

$$\sqrt{5}\,n = m \quad \therefore \quad 5n^2 = m^2$$

　このとき，両辺に含まれる素因数 5 の個数は，左辺が奇数個であり，右辺が偶数個なので矛盾している．よって，$\sqrt{5}$ は無理数である．

◀ n^2, m^2 に素因数 5 が含まれるとしたら偶数個です．

　$f(x) = 0$ を解くと

$$x = \frac{1 \pm \sqrt{5}}{2}q$$

◀ この値が α, β です．

であり，これは

$$\frac{2x}{q}-1=\pm\sqrt{5} \quad (\because \quad q \text{ は正})$$

とでき，x が有理数であれば，左辺が有理数，右辺が無理数となり矛盾している．

したがって，$f(x)=0$ の解 α，β は無理数である．

(3) $g(x)$ を $f(x)$ で割ると，商が $x+a+q$ で，余りが $(b+aq+2q^2)x+(c+aq^2+q^3)$ である．

よって，$A=b+aq+2q^2$，$B=c+aq^2+q^3$ とおいて

$$g(x)=f(x)(x+a+q)+Ax+B$$

とできる．

◀ 3 整式の除法（余りの決定）を思い出して！

したがって，$f(\alpha)=f(\beta)=0$ と(1)で示したことから

$$g(\alpha)=f(\alpha)(\alpha+a+q)+A\alpha+B=0$$
$$\Longleftrightarrow A\alpha+B=0$$
$$\Longleftrightarrow A=B=0 \quad (\because \quad (1))$$
$$\Longleftrightarrow A\beta+B=0$$
$$\Longleftrightarrow g(\beta)=f(\beta)(\beta+a+q)+A\beta+B=0$$

となり，題意は示された．

◀ 5 高次方程式の解から係数決定のときと同様の議論です．

┅ メインポイント ┅

存在しないことの証明は背理法！

15 剰余類

アプローチ

$n=1$ の場合, $n=2$ の場合, …とやり続けてもキリがありません.

そこで, **自然数 n をある自然数 p で割った余りで分類**することが有効になります.

例えば, すべての自然数 n を **3 で割った余り**に注目して

$\{3,\ 6,\ 9,\ 12,\ \cdots\}$ …**余り 0 の集合**

$\{1,\ 4,\ 7,\ 10,\ \cdots\}$ …**余り 1 の集合**

$\{2,\ 5,\ 8,\ 11,\ \cdots\}$ …**余り 2 の集合**

の 3 つに分類します. 各集合の要素はそれぞれ

$3k,\ 3k+1,\ 3k+2$ （k：整数）

という形をしていますね. だから, この形において計算すれば, 3 パターンを調べるだけで, **すべての自然数について調べている**ことになるのです！

◀ p で割った余りは
　　$0,\ 1,\ 2,\ \cdots,\ p-1$
　の p 通り.

◀ これらを（3 を法とする）**剰余類**といいます.

◀ 厳密には, $3k+1$ と $3k+2$ での k は 0 以上の整数で, $3k$ での k は自然数ということになりますが, 細かいことはおいておきましょう.

解答

与式は

$$\frac{n^3}{6}-\frac{n^2}{2}+\frac{4n}{3}=\frac{n^3-3n^2+8n}{6}$$
$$=\frac{n(n^2-3n+8)}{6}$$

とできるので, $n(n^2-3n+8)$ が 6 の倍数であることを示す.

k を整数とし, 自然数 n を 6 で割った余りで分類して示す.

ⅰ）$n=6k$ の場合, n が 6 の倍数だから $n(n^2-3n+8)$ は 6 の倍数である.

ⅱ）$n=6k\pm1$ の場合（以下, 複号同順）
$$n^2-3n+8=(6k\pm1)^2-3(6k\pm1)+8$$
$$=36k^2\pm12k-18k+9\mp3$$
$$=6(6k^2\pm2k-3k)+9\mp3$$

$9-3=6,\ 9+3=12$ なので, いずれにせよ n^2-3n+8 が 6 の倍数である.

よって, $n(n^2-3n+8)$ は 6 の倍数である.

◀ 2 の倍数であることと, 3 の倍数であることを別々に示してもイイですね.

iii）　$n=6k\pm2$ の場合（以下，複号同順）

$$n^2-3n+8=(6k\pm2)^2-3(6k\pm2)+8$$
$$=36k^2\pm24k-18k+12\mp6$$
$$=6(6k^2\pm4k-3k+2\mp1)$$

となり，n^2-3n+8 が 6 の倍数だから
$n(n^2-3n+8)$ は 6 の倍数である.

iv）　$n=6k+3$ の場合，$n=3(2k+1)$ が 3 の倍数
であり

$$n^2-3n+8=(6k+3)^2-3(6k+3)+8$$
$$=36k^2+18k+8$$
$$=2(18k^2+9k+4)$$

となるので，n^2-3n+8 が 2 の倍数である.
　　よって，$n(n^2-3n+8)$ は 6 の倍数である.
以上から，すべての自然数 n に対して
$n(n^2-3n+8)$ は 6 の倍数であることが示された.
　　よって，題意は示された.

別解

$$n(n^2-3n+8)=n\{(n-1)(n-2)+6\}$$
$$=(n-2)(n-1)n+6n$$

とでき，連続 3 整数の積 $(n-2)(n-1)n$ は $3!=6$ の
倍数であり，$6n$ も 6 の倍数だから，$n(n^2-3n+8)$ は
6 の倍数である.
　　よって，題意は示された.

◀連続する k 個の整数の積は
かならず $k!$ の倍数です.

補足　**別解** の方がスマートに見えますが，式変形が強引で，どのような問題
にも対応できるというわけではありません. だから，まずは多少メンドウに見え
ても『**余りで分類**』に慣れてください.

■■メインポイント■

整数の性質は，余りで分類して示す！

16 1次不定方程式

アプローチ

1次不定方程式を数式の計算処理だけで解くと，何をやっているのかイメージしにくいですね．

そこで，おすすめしたいのは

直線上の格子点

を考える方法です．与式を変形して

$$y = -\frac{25}{9}x + \frac{1}{9}$$

とすると，座標平面上の直線がイメージできますね．求める x, y の組 (x, y) は，**この直線上にある格子点**を表しています．

◀**格子点**とは，座標平面において，x座標とy座標がともに**整数**である点のことです．

解答

(1) $25x + 9y = 1$ を直線の方程式と見れば，傾きが $-\dfrac{25}{9}$ であり，整数解の1つは $\begin{pmatrix} x \\ y \end{pmatrix} = \begin{pmatrix} 4 \\ -11 \end{pmatrix}$ である．

よって，k を整数として，求める整数解は

$$\begin{pmatrix} x \\ y \end{pmatrix} = \begin{pmatrix} 4 \\ -11 \end{pmatrix} + k \begin{pmatrix} 9 \\ -25 \end{pmatrix} = \begin{pmatrix} \mathbf{4+9k} \\ \mathbf{-11-25k} \end{pmatrix}$$

と表せる．

(2) 整数解の1つは $\begin{pmatrix} x \\ y \end{pmatrix} = 33\begin{pmatrix} 4 \\ -11 \end{pmatrix} = \begin{pmatrix} 132 \\ -363 \end{pmatrix}$ なので，

l を整数として，求める整数解は

$$\begin{pmatrix} x \\ y \end{pmatrix} = \begin{pmatrix} 132 \\ -363 \end{pmatrix} + l\begin{pmatrix} 9 \\ -25 \end{pmatrix}$$

$$= \begin{pmatrix} -3 \\ 12 \end{pmatrix} + (l+15)\begin{pmatrix} 9 \\ -25 \end{pmatrix}$$

と表せる．さらに，$m = l + 15$ とおきかえて

$$\begin{pmatrix} x \\ y \end{pmatrix} = \begin{pmatrix} -3 \\ 12 \end{pmatrix} + m\begin{pmatrix} 9 \\ -25 \end{pmatrix} = \begin{pmatrix} \mathbf{-3+9m} \\ \mathbf{12-25m} \end{pmatrix}$$

と表せる．このとき

$$|x+y| = |-16m+9|$$

となり，これは右のグラフから $m = 1$ のとき最小値をとる．

◀扱う数字を小さくするために，おきかえました．

40

よって，$|x+y|$ を最小にする x，y は

$$\begin{pmatrix} x \\ y \end{pmatrix} = \begin{pmatrix} -3+9\cdot1 \\ 12-25\cdot1 \end{pmatrix} = \begin{pmatrix} \mathbf{6} \\ \mathbf{-13} \end{pmatrix}$$

(3)　$x=-3+9m$，$y=12-25m$ を $xy=-570$ に代入すると

（右側の傍注）◀ x，y の連立方程式を解いてもかまいません．

$$(-3+9m)(12-25m)=-570$$
$$\Longleftrightarrow (3m-1)(25m-12)=190$$
$$\Longleftrightarrow 75m^2-61m-178=0$$
$$\Longleftrightarrow (m-2)(75m+89)=0$$

m は整数だから $m=2$ である．よって，求める整数解は

$$\begin{pmatrix} x \\ y \end{pmatrix} = \begin{pmatrix} -3+9\cdot2 \\ 12-25\cdot2 \end{pmatrix} = \begin{pmatrix} \mathbf{15} \\ \mathbf{-38} \end{pmatrix}$$

補足　(1)において，最初の 1 個の格子点を見つけにくかったら，次の**ユークリッドの互除法**を利用します．

$$\begin{cases} 25=9\cdot2+7 \\ 9=7\cdot1+2 \\ 7=2\cdot3+1 \end{cases} \xrightarrow[\substack{a=25,\ b=9 \\ とおく．}]{見やすくするために} \begin{cases} a=2b+7 \\ b=7+2 \\ 7=2\cdot3+1 \end{cases}$$

第 1 式から $7=a-2b$ なので，第 2 式に代入すると

$$b=(a-2b)+2 \qquad \therefore \quad 2=-a+3b$$

これらを第 3 式に代入すれば

$$a-2b=(-a+3b)\cdot3+1 \qquad \therefore \quad a\cdot4+b\cdot(-11)=1$$

となるから，整数解の 1 つは $x=4$，$y=-11$ とわかります．

┋ メインポイント ┋

1 次不定方程式の整数解は，直線上の格子点！

16　｜　1 次不定方程式　　41

17 因数分解を利用する不定方程式

 2次以上の不定方程式の場合，整数解を求める一般論はありませんが，大学入試で出題される問題には

$$(\quad)(\quad)=(整数)$$

の形に変形することで解けるものが多くあります.

 例えば，$xy=3$ を満たす整数 x, y の組は

$$\binom{x}{y}=\binom{1}{3},\ \binom{3}{1},\ \binom{-1}{-3},\ \binom{-3}{-1}$$

ですべてですね．つまり，3の約数をすべて拾い上げていることになります.

◀ x, y が実数なら
$$\binom{\sqrt{3}}{\sqrt{3}},\ \binom{-5}{-\dfrac{3}{5}},\ \cdots$$
など，**解は無数**にある.

解答

[A]　$2m^2-n^2-mn-m+n=18$ から

$$(m^2-n^2)+(m^2-mn)-(m-n)=18$$
$$\Longleftrightarrow (m-n)(m+n)+m(m-n)-(m-n)=18$$
$$\Longleftrightarrow (m-n)(2m+n-1)=18$$

とできる.

 m, n は自然数だから $2m+n-1\geqq2$ であり

$$(2m+n-1)-(m-n)=m+2n-1>0$$

であることに注意すると

$$\binom{m-n}{2m+n-1}=\binom{1}{18},\ \binom{2}{9},\ \binom{3}{6}$$

$$\therefore\ \binom{m}{n}=\binom{\dfrac{20}{3}}{\dfrac{17}{3}},\ \binom{4}{2},\ \binom{\dfrac{10}{3}}{\dfrac{1}{3}}$$

◀この条件に気づいていない場合，調べるパターン数が2倍になってしまいます．つねに大小を調べるクセをつけておきましょう.

 m, n は自然数だから

$$\binom{m}{n}=\binom{4}{2}$$

[B] (1) $\sqrt{n^2+7^2}$ が自然数となるための条件は
$$n^2+7^2=m^2 \quad \cdots\cdots ①$$
となる自然数 m が存在することであり
$$① \iff m^2-n^2=7^2$$
$$\iff (m-n)(m+n)=7^2$$
とできる．$0<m+n$, $m-n<m+n$ である
ことに注意して
$$\binom{m-n}{m+n}=\binom{1}{7^2} \quad \therefore \quad \binom{m}{n}=\binom{25}{24}$$

　　よって，求める自然数 n の値は $\boldsymbol{n=24}$ で
ある．

◀ 根号が外れるための条件は，中身が「平方数」であることです．

◀ 具体的に m の値が見つかったので，「適切な m が存在する」といえます．
したがって，$n=24$ は求める解です．

(2) $\sqrt{n^2+7^k}$ が自然数となるための条件は
$$n^2+7^k=m^2 \quad \cdots\cdots ②$$
となる自然数 m が存在することであり
$$② \iff m^2-n^2=7^k$$
$$\iff (m-n)(m+n)=7^k$$
とできる．$0<m+n$, $m-n<m+n$ である
ことに注意し，l を 0 以上の整数として
$$\binom{m-n}{m+n}=\binom{7^l}{7^{k-l}} \quad \cdots\cdots ③$$
と表せる．ただし，$m-n<m+n$ から
$$l<k-l \quad \therefore \quad l<\frac{k}{2}$$
このもとで，③から
$$m=\frac{7^{k-l}+7^l}{2}, \quad n=\frac{7^{k-l}-7^l}{2}$$
となる．

　　ここで，7^{k-l} と 7^l はともに奇数なので，
$7^{k-l}+7^l$ と $7^{k-l}-7^l$ はともに偶数である．ゆ
えに，この m, n は確かに自然数である．

　　よって，求める自然数 n の値は
$$n=\frac{7^{k-l}-7^l}{2} \quad \left(l : 0 \leqq l < \frac{k}{2}\ \text{を満たす整数}\right)$$

◀ $\binom{1}{7^k}$, $\binom{7}{7^{k-1}}$, $\binom{7^2}{7^{k-2}}$, $\cdots$
をまとめて表現しました．

■◢ メインポイント ◣■

　　「積＝整数」の形を作れたら，あとは約数の拾い上げ！

18 3変数の不定方程式

アプローチ

　変数が2個までなら，式変形を頑張れば何とかできる感じはありますが，**3個になると急激に話が変わります**．このままでは，因数分解できるわけでもなく困ってしまいます．そこで，変数が3個以上のときは

範囲の絞り込み（必要条件でおさえる）

という考え方が大切になります！

　$x \leqq 3$ であることを証明したいので，$x \geqq 4$ として背理法を用います．その際，どうやって矛盾に持ち込むかが難しいのですが，大雑把に

（2次式）＜（3次式）

という感覚が大切です．つまり

（左辺を大きくしたもの）＜（右辺を小さくしたもの）

とすることで，**等号に矛盾させます．**

　最悪，(2)だけを解いてもいいでしょうが，この手の問題がいつも(1)を用意してくれているとは限りませんので，ご注意を．

◀与式を満たす4以上の整数 x は存在しないことの証明です．

◀例えば
　　$10^2 < 10^3$
ですよね．

解答

(1)　$x \geqq 4$ とすると，$4 \leqq x \leqq y \leqq z$ から
$$xy + yz + zx \leqq zy + yz + zy = 3yz < xyz$$
とでき，$xy + yz + zx = xyz$ に矛盾する．
　　よって，$x \leqq 3$ が成り立つ．

◀$x \leqq y \leqq z$ から
$xy \leqq zy$ と $zx \leqq zy$ が成り立ちますよね．

(2)　(1)の結果から，x の値は $x = 1$, 2, 3 に限る．
　i)　$x = 1$ の場合，$xy + yz + zx = xyz$ から
$$y + yz + z = yz \iff y + z = 0$$
　　　この左辺は正だから，不適．
　ii)　$x = 2$ の場合，$xy + yz + zx = xyz$ から
$$2y + yz + 2z = 2yz$$
$$\iff yz - 2y - 2z = 0$$
$$\iff (y-2)(z-2) = 4$$

◀絞り込めたら，あとは調べつくせばいいのです！

44

$2 \leqq y \leqq z$ から $0 \leqq y-2 \leqq z-2$ であることに注意して

$$\binom{y-2}{z-2}=\binom{1}{4},\ \binom{2}{2}$$

$$\therefore \quad \binom{y}{z}=\binom{3}{6},\ \binom{4}{4}$$

iii) $x=3$ の場合，$xy+yz+zx=xyz$ から

$$3y+yz+3z=3yz$$

$$\Longleftrightarrow 2yz-3y-3z=0$$

$$\Longleftrightarrow (2y-3)\left(z-\frac{3}{2}\right)=\frac{9}{2}$$

$$\Longleftrightarrow (2y-3)(2z-3)=9$$

$3 \leqq y \leqq z$ から $3 \leqq 2y-3 \leqq 2z-3$ であることに注意して

$$\binom{2y-3}{2z-3}=\binom{3}{3} \qquad \therefore \quad \binom{y}{z}=\binom{3}{3}$$

以上から，求める組は

$$\begin{pmatrix} x \\ y \\ z \end{pmatrix}=\begin{pmatrix} 2 \\ 3 \\ 6 \end{pmatrix},\ \begin{pmatrix} 2 \\ 4 \\ 4 \end{pmatrix},\ \begin{pmatrix} 3 \\ 3 \\ 3 \end{pmatrix}$$

別解

(1) 与式の両辺を xyz で割れば

$$\frac{1}{z}+\frac{1}{x}+\frac{1}{y}=1$$

となり，$x \leqq y \leqq z$ から

$$1=\frac{1}{x}+\frac{1}{y}+\frac{1}{z} \leqq \frac{1}{x}+\frac{1}{x}+\frac{1}{x}=\frac{3}{x}$$

なので，$x \leqq 3$ が成り立つ.

◀有名な方法ではありますが，万能ではないので，あえて別解としました.

メインポイント

3変数は，1つの範囲を絞り込む！

2次方程式の整数解

　一般的に，2次方程式 $ax^2+bx+c=0$ の解は

$$x=\frac{-b\pm\sqrt{D}}{2a} \quad (\text{ただし，} D=b^2-4ac)$$

と表せますね．これが整数になるためには，とりあえず $\sqrt{}$ が外せることが最低でも必要です．つまり，

**　2次方程式が整数解をもつためには，判別式 D が**
$$D=k^2 \quad (k=0, 1, 2, \cdots)$$
とできることが必要である

ということです．

◀ $\sqrt{}$ が外せるのは，中身が（整数）^{2} になっているときです．

　ここで，「必要」ということばを使ったのには理由があります．解の $\sqrt{}$ が外れたとしても，まだ**分母が残る可能性がある**ので，**解が整数になるかどうか確認**しなければいけません．

◀「必要」だけど，「十分」とはいえません．

解答

(1)　与式は
$$n^2+(m-7)n-2m^2-2m+25=0$$
とできるので，2次方程式の解の公式により
$$n=\frac{-m+7\pm\sqrt{9m^2-6m-51}}{2}$$

◀ n についての2次方程式と見ます．

(2)　(1)の結果から，n が自然数になるためには
$9m^2-6m-51$ が平方数であることが必要なので
$$9m^2-6m-51=k^2 \quad (k：0\text{以上の整数})$$
とすると
$$(3m-1)^2-52=k^2$$
$$\iff (3m-1)^2-k^2=52$$
$$\iff (3m-1+k)(3m-1-k)=2^2\cdot13$$
　m が自然数なので $3m-1+k>0$ であり，また $3m-1-k\leqq3m-1+k$ である．
　さらに
$$(3m-1+k)+(3m-1-k)=2(3m-1)$$
が偶数であることから，$3m-1+k$ と $3m-1-k$ の

偶奇は一致する．したがって

$$\begin{pmatrix} 3m-1-k \\ 3m-1+k \end{pmatrix} = \begin{pmatrix} 2 \\ 26 \end{pmatrix}$$

これを解いて $m=5$, $k=12$ である．このとき，(1)の結果から

$$n = \frac{2 \pm 12}{2} = 7, \ -5$$

n は自然数なので，$n=7$ である．以上から

$$m=5, \ n=7$$

◀偶奇の条件に気づいていな
ければ

$$\begin{pmatrix} 1 \\ 52 \end{pmatrix}, \begin{pmatrix} 4 \\ 13 \end{pmatrix}$$

も考えることになります．

第2章

補足 本問は $D=9m^2-\cdots$ となったので，$k^2=9m^2-\cdots$ として（必要があれば右辺を平方完成して），$A^2-B^2=(A-B)(A+B)$ の因数分解に持ち込んだわけですが，もし，$D=-9m^2+\cdots$ となっていたら，実数解をもつ条件 $D \geqq 0$ から m の範囲を絞り込めます．

メインポイント

2次方程式が整数解をもつためには，判別式が平方数であることが必要！

3次方程式の整数解

(1) とりあえず有理数解 α を

$$\alpha = \frac{p}{q} \quad (p,\ q : \text{互いに素な整数})$$

とおいてスタートし，目標は $q = \pm 1$ です． ◀ α が整数になる条件は，分母の q が $q = \pm 1$ になることです．

(2) 一般的な3次方程式の解法を思い出してみましょう．例えば

$$x^3 - 2x^2 - 9x + 18 = 0$$

という方程式を解けといわれたらどうしますか？
まずは解の1つを探すのでしたね．つまり，代入して成立するものを探せばよいのですが，そのときに例えば $x=5$ はありえますか？　もし，$x=5$ が解の1つなら

$$(x-5)(x-\alpha)(x-\beta) = 0$$

と因数分解されることになりますが，これを展開すると定数項が5の倍数になり，18になりえないのです．

したがって，この例なら18の約数（負も含む）だけを調べれば十分です． ◀実際に解くと
$(x+3)(x-2)(x-3)=0$
$\therefore\quad x=2,\ \pm 3$

本問でも，上記のような感覚が大切です．方程式の**定数項が +1 だから，整数解をもつとしたら1の約数だけ**です． 解答 では，一応そのことを論証しておきましたが，筆者の感覚としては理由を後付けしただけです．

解答

(1) 有理数解 α を

$$\alpha = \frac{p}{q} \quad (p,\ q \text{ は互いに素な整数})$$

とおくと

$$\left(\frac{p}{q}\right)^3 + m\left(\frac{p}{q}\right)^2 + (m+8)\cdot\frac{p}{q} + 1 = 0$$

◀いつだって，解は方程式に代入できます．

$$\iff p^3 + mp^2q + (m+8)pq^2 + q^3 = 0$$

$$\iff p^3 = q\{-mp^2 - (m+8)pq - q^2\}$$

$$\Longleftrightarrow \frac{p^3}{q} = -mp^2 - (m+8)pq - q^2$$

　右辺が整数なので q が p^3 の約数となるが，p と q は互いに素だから，$q = \pm 1$ である．

　よって，α は整数である．

(2)　α が整数のとき

$$\alpha^3 + m\alpha^2 + (m+8)\alpha + 1 = 0 \quad \cdots\cdots(*)$$
$$\Longleftrightarrow \alpha\{\alpha^2 + m\alpha + (m+8)\} = -1$$
$$\Longleftrightarrow \alpha^2 + m\alpha + (m+8) = -\frac{1}{\alpha}$$

とでき，左辺は整数なので α は 1 の約数，すなわち $\alpha = \pm 1$ である．

i)　$\alpha = 1$ の場合，$(*)$ から
$$1 + m + (m+8) + 1 = 0$$
$$\therefore \quad m = -5$$

ii)　$\alpha = -1$ の場合，$(*)$ から
$$-1 + m - (m+8) + 1 = 0 \qquad \therefore \quad 8 = 0$$
となるので，不適．

　　以上から，整数 m の値は，$\boldsymbol{m = -5}$ である．

■■ メインポイント ■■

　　方程式の定数項に注目すれば，整数解が予測できる！

21 ガウス記号

問題文にもある通り，x 以下の最大の整数，つまり **$k \leqq x < k+1$ を満たす整数 k を $[x]$ と書き**，この記号を**ガウス記号**といいます．

◀ x が整数のときは
$$[x] = x$$
です．

数直線上でイメージすると

この辺りのxに対して…

$k-2$　$k-1$　k　$k+1$　$k+2$　x

この整数k

ということになります．だから，$[x]$ というのは数直線上で**すぐ左側にある整数を表す**記号であるといえます．

結局のところ

$$[x] = (x \text{ の整数部分})$$

ということです．（負の数の場合，誤解している人が多いようです．例えば，-3.6 の整数部分は -3 ではありませんよ．）

◀ 実数 x と整数 n に対して
$$x = n + r \ (0 \leqq r < 1)$$
と表すとき，n を**整数部分**，r を**小数部分**といいます．
例えば
$$-3.6 = -4 + 0.4$$
なので，-3.6 の整数部分は -4 で小数部分は 0.4 になります．

実際の問題を解く際には，不等式

$$[x] \leqq x < [x] + 1 \quad \therefore \quad x - 1 < [x] \leqq x$$

を使うことが多いです．この不等式が成り立つことは記号の定義（上の数直線）から明らかですね．

解答

記号の定義から，$x - 1 < [x] \leqq x$ が成り立つので
$$-3x \leqq -3[x] < -3x + 3$$
$$\Longleftrightarrow x \leqq 4x - 3[x] < x + 3$$
よって，$4x - 3[x] = 0$ のとき
$$x \leqq 0 < x + 3 \quad \therefore \quad -3 < x \leqq 0$$
である．

◀ これで，とり得る $[x]$ の値は -3，-2，-1，0 の 4 個に絞り込めました．

ⅰ） $-3<x<-2$ の場合，$[x]=-3$ なので

$4x-3[x]=0$ から

$$4x+9=0 \quad \therefore \quad x=-\frac{9}{4}$$

これは，$-3<x<-2$ に適する．

ⅱ） $-2 \leqq x<-1$ の場合，$[x]=-2$ なので

$4x-3[x]=0$ から

$$4x+6=0 \quad \therefore \quad x=-\frac{3}{2}$$

これは，$-2 \leqq x<-1$ に適する．

ⅲ） $-1 \leqq x<0$ の場合，$[x]=-1$ なので

$4x-3[x]=0$ から

$$4x+3=0 \quad \therefore \quad x=-\frac{3}{4}$$

これは，$-1 \leqq x<0$ に適する．

ⅳ） $x=0$ の場合，$[x]=0$ なので

$4x-3[x]=0$ は成り立つ．

以上から，求める解の個数は **4** 個である．

補足 $y=4x$，$y=3[x]$ のグラフは右のようになります．

メインポイント

ガウス記号は，定義の不等式を利用する！

22 n 進法

(1) 題意は，下の 2 つの数を 10 進法で表したときに
同じ数になるということです.

それぞれ 10 進法に直せば

$$a \cdot 7^2 + b \cdot 7 + c, \quad b \cdot 5^2 + c \cdot 5 + a$$

となり，これらが等しいと立式することで 3 文字の
不定方程式が 1 本得られます.

◀ 10 進法に直して考えるの
が基本です.

ただし，7 進法で使える数字は 0 ～ 6 の 7 種類，
5 進法で使える数字は 0 ～ 4 の 5 種類であることに
注意しましょう.

したがって，この場合，a, b, c は 0 ～ 4 しか当て
はまりません. さらに，最上位の数字が 0 だと「3
桁」にならないので，a と b は 0 でないことがわか
ります.

◀ 3 変数の不定方程式は範囲
を絞り込むことが大切でし
たが，今回は最初から 0 ～
4 に絞り込めています.

(2) $\dfrac{123}{343}$ は 1 より小さい数なので，7 進法で表すと

$$0.\boxed{\phantom{7^{-1}}\ \Big|\ \phantom{7^{-2}}\ \Big|\ \phantom{7^{-3}}} \cdots$$

7⁻¹ の位 7⁻² の位 7⁻³ の位

◀ 例えば 10 進法の 0.528 は
$5 \cdot 10^{-1} + 2 \cdot 10^{-2} + 8 \cdot 10^{-3}$
ですね.

という形をしています.

解答

(1) 題意から，a, b は 1 以上 4 以下の自然数であり，
c は 0 以上 4 以下の整数である.

求める数を N とすると

$$N = a \cdot 7^2 + b \cdot 7 + c = b \cdot 5^2 + c \cdot 5 + a$$

と表せるから

$$48a - 18b - 4c = 0$$
$$\Longleftrightarrow 24a - 9b - 2c = 0$$

◀ とりあえず 10 進法に翻訳
します.

$$\Longleftrightarrow 3(8a-3b)=2c \quad \cdots\cdots①$$

ここで，左辺は 3 の倍数だから c は $c=0$，3 に限る。

◀ $2(12a-c)=9b$ として，$b=2$, 4 に絞ってもいいでしょう。

ⅰ）$c=0$ の場合，①から

$$3(8a-3b)=0 \quad \therefore \quad 8a=3b$$

これを満たす b は 8 の倍数であるが，$1\leqq b\leqq 4$ なので不適。

ⅱ）$c=3$ の場合，①から

$$3(8a-3b)=6 \quad \therefore \quad 8a=3b+2$$

$1\leqq b\leqq 4$ に注意して，適する a, b は $a=1$，$b=2$ である。

◀ $a\geqq 2$ とすると $8a\geqq 16$ となり，右辺は届きません。

以上から，求める数 N は

$$N=1\cdot 7^2+2\cdot 7+3=\mathbf{66}$$

(2)　$123=2\cdot 7^2+3\cdot 7+4$ なので，両辺を $7^3=343$ で割ると

◀ 分母が 7^3 になっていることに注目します。

$$\frac{123}{343}=\frac{2}{7}+\frac{3}{7^2}+\frac{4}{7^3}=\mathbf{0.234}_{(7)}$$

補足　(2)は，分母が 7^3 という特殊性を利用しましたが，以下のように求めることもできます。

$$\frac{123}{343}=\frac{a_1}{7}+\frac{a_2}{7^2}+\frac{a_3}{7^3}+\cdots \quad (a_1,\ a_2,\ \cdots は 0\sim 6 の整数)$$

とおいて，両辺に 7 をかけると

$$\frac{861}{343}=a_1+\frac{a_2}{7}+\frac{a_3}{7^2}+\cdots$$

となり，左辺が 2 以上 3 未満だから $a_1=2$ となります。さらに両辺から 2 を引けば

$$\frac{175}{343}=\frac{a_2}{7}+\frac{a_3}{7^2}+\cdots$$

となります。これを繰り返せば，順に a_2, a_3, $\cdots$ が求められます。

■ **メインポイント** ■

n 進法では，n の累乗で位取り！

23 2次不等式が成り立つ条件

アプローチ

　例えば，5人の身長が全員 160 cm を超えていることを確認したければ，**一番小さい人だけ調べればいい**のです．

　つまり，この手の問題は，実は**最小値問題**なのです！

　したがって

　　　　つねに $f(x)>0$ が成り立つ

　　　　$\Longleftrightarrow$ **（$f(x)$ の最小値）>0**

と考えます．

（厳密には，定義域の端点を含むかどうかによって，最小値が存在しない場合もありますが，とにかく一番小さくなりそうな所を調べればいいのです．）

◀もちろん，「$f(x)<0$」という条件なら最大値を調べます．

解答

　　$f(x)=x^2-2ax+a$ とすると

　　　　$f(x)=(x-a)^2-a^2+a$

とできるから，軸 $x=a$ の位置で場合を分ける．

　$0\leqq x\leqq 2$ における最小値 $m(a)$ は

　　$a\leqq 0$ の場合　　　$m(a)=f(0)=a$

　　$0\leqq a\leqq 2$ の場合　$m(a)=f(a)=-a^2+a$

　　$2\leqq a$ の場合　　　$m(a)=f(2)=-3a+4$

　したがって，$b=m(a)$ のグラフは右図の実線部であるから，$m(a)>0$ となる a の値の範囲は

　　　　$0<a<1$

である．

別解 1

題意が成り立つためには

$$\begin{cases} f(0)>0 \\ f(2)>0 \end{cases} \quad \therefore \quad \begin{cases} a>0 \\ -3a+4>0 \end{cases}$$

が必要なので $0<a<\dfrac{4}{3}$ ……① である.

◀ つねに $f(x)>0$ が成り立つためには，端点が正であることが最低でも必要です.

そこで，この範囲に限定して考えることにする.

このとき，軸 $x=a$ が $0\leqq a\leqq 2$ を満たすので，$f(x)$ の $0\leqq x\leqq 2$ における最小値 $m(a)$ は

$$m(a)=f(a)=-a^2+a$$

◀ 3つに場合分けする必要がないのです！

よって，$m(a)>0$ とすると

$$-a^2+a>0 \quad \therefore \quad a(a-1)<0$$

$$\therefore \quad 0<a<1$$

これは①に適するので，求める a の値の範囲は

$$0<a<1$$

別解 2

$f(x)>0$ は

$$x^2>2a\left(x-\frac{1}{2}\right)$$

とできるので，$0\leqq x\leqq 2$ において，$y=x^2$ のグラフが $y=2a\left(x-\dfrac{1}{2}\right)$ のグラフよりも上側にあるような a の値の範囲を求める.

$y=2a\left(x-\dfrac{1}{2}\right)$ は点 $\left(\dfrac{1}{2},\ 0\right)$ を通り，傾き $2a$ の直線であり，$y=x^2$ と接するのは $f(x)=0$ が重解をもつときだから

判別式：$a^2-a=0 \quad \therefore \quad a=0,\ 1$

したがって，右のグラフのようになり，傾き $2a$ の範囲に注目すれば

$$0<2a<2 \quad \therefore \quad 0<a<1$$

第3章

■■ **メインポイント** ■■

不等式が成り立つ条件は，最小値 (or 最大値) に注目して考える！

24 絶対値を含む2次関数

◀11 絶対値の方程式・不等式①参照.

アプローチ

絶対値を含む関数なので「場所分け」です．つまり $x \leqq 2$ と $2 \leqq x$ に分けて

$$f(x) = \begin{cases} g(x) & (x \leqq 2) \\ h(x) & (2 \leqq x) \end{cases}$$

とします．しかし，この $f(x)$ はあくまでも1つのつながったグラフであることを忘れてはいけません．その「場所分け」の境界 $x = 2$ において，2つのグラフ $g(x)$, $h(x)$ がかならずつながるのです．

また，それぞれの軸の方程式に文字定数 a が含まれるので，軸と $g(x)$, $h(x)$ にとっての定義域の境界 $x = 2$ との大小で「場合分け」です．

◀$x = 2$ のとき
$$|x - 2| = 0$$
なので
$$f(2) = g(2) = h(2)$$
です．

解答

$$f(x) = x^2 - a|x - 2| + \frac{a^2}{4}$$

$$= \begin{cases} x^2 - a(-x + 2) + \dfrac{a^2}{4} & (x \leqq 2) \\ x^2 - a(x - 2) + \dfrac{a^2}{4} & (2 \leqq x) \end{cases}$$

$$= \begin{cases} x^2 + ax - 2a + \dfrac{a^2}{4} & (x \leqq 2) \\ x^2 - ax + 2a + \dfrac{a^2}{4} & (2 \leqq x) \end{cases}$$

よって

$$g(x) = x^2 + ax - 2a + \frac{a^2}{4} = \left(x + \frac{a}{2}\right)^2 - 2a$$

$$h(x) = x^2 - ax + 2a + \frac{a^2}{4} = \left(x - \frac{a}{2}\right)^2 + 2a$$

とすると

$$f(x) = \begin{cases} g(x) & (x \leqq 2) \\ h(x) & (2 \leqq x) \end{cases}$$

であり，$g(x)$, $h(x)$ の軸 $-\dfrac{a}{2}$, $\dfrac{a}{2}$ と 2 の大小に注意して場合を分けて，$y = f(x)$ のグラフは次の太線部になる．

◀$g(x)$ は $x = 2$ の左側だけを見て，$h(x)$ は $x = 2$ の右側だけを見るということです．

i)

ii)

$-\dfrac{a}{2}$, $\dfrac{a}{2}$, 2 の大小は下の
グラフで考えてもいいです.

iii)

iv)

iv) のとき, $4 \leqq a$ なので
$$-2a < 2a$$
つまり
$$g\left(-\dfrac{a}{2}\right) < h\left(\dfrac{a}{2}\right)$$
が成り立ちます.

したがって, $f(x)$ の最小値は

i) $\dfrac{a}{2} \leqq 2 \leqq -\dfrac{a}{2}$ つまり $a \leqq -4$ の場合

$$f(2) = 4 + \dfrac{a^2}{4}$$

ii)〜iv) $-4 \leqq a$ の場合

$$f\left(-\dfrac{a}{2}\right) = -2a$$

第3章

━━ メインポイント ━━

絶対値を含む関数は「場所分け」して, グラフをかく

25 多変数関数の最大・最小

アプローチ

x と y の2変数が独立な関数では

① x についての関数と見て最小値を y で表す.
（このとき, y は定数として扱う.）

② y で表した最小値を y についての関数と見て,
さらに最小値を求める.

◀最小値の中の最小値
min of min
を求めるイメージです.

と考えるのがセオリーです.

最大値を求める場合でも同様ですし, また, 変数が
3個以上あっても同様に考えられます.

(2)では,「x, y が隣り合う整数」とあるので

$$\begin{pmatrix} x \\ y \end{pmatrix} = \begin{pmatrix} n \\ n+1 \end{pmatrix}, \begin{pmatrix} n \\ n-1 \end{pmatrix} \quad (n：整数)$$

とおいてみましょう.

解答

(1) 与式は

$$4x^2 + 12y^2 - 12xy + 4x - 18y + 7$$
$$= 4x^2 - 4(3y-1)x + 12y^2 - 18y + 7$$
$$= 4\left(x - \frac{3y-1}{2}\right)^2 + 3y^2 - 12y + 6$$
$$= 4\left(x - \frac{3y-1}{2}\right)^2 + 3(y-2)^2 - 6$$

とできるので

$$x = \frac{3y-1}{2} \quad かつ \quad y = 2$$

つまり

$$x = \frac{5}{2}, \ y = 2$$

のとき, 最小値 -6 をとる.

◀x についての関数と見ると
最小値：$3y^2 - 12y + 6$
となり, これを y について
の関数と見ると
最小値：-6
ということです.

(2) x, y が隣り合う整数のとき, n を整数として

$$\begin{pmatrix} x \\ y \end{pmatrix} = \begin{pmatrix} n \\ n+1 \end{pmatrix} \quad または \quad \begin{pmatrix} x \\ y \end{pmatrix} = \begin{pmatrix} n \\ n-1 \end{pmatrix}$$

とおける.

ⅰ) $\begin{pmatrix} x \\ y \end{pmatrix} = \begin{pmatrix} n \\ n+1 \end{pmatrix}$ の場合

$4x^2 + 12y^2 - 12xy + 4x - 18y + 7 = a$

$\iff 4n^2 + 12(n+1)^2 - 12n(n+1) + 4n - 18(n+1) + 7 = a$

$\iff 4n^2 - 2n + 1 = a$

$\iff 4\left(n - \dfrac{1}{4}\right)^2 + \dfrac{3}{4} = a$

この左辺は正で，a は負なので不適.

ⅱ) $\begin{pmatrix} x \\ y \end{pmatrix} = \begin{pmatrix} n \\ n-1 \end{pmatrix}$ の場合

$4x^2 + 12y^2 - 12xy + 4x - 18y + 7 = a$

$\iff 4n^2 + 12(n-1)^2 - 12n(n-1) + 4n - 18(n-1) + 7 = a$

$\iff 4n^2 - 26n + 37 = a$

ここで，$a < 0$ から

$4n^2 - 26n + 37 < 0$

これを満たす整数 n は $n = 3,\ 4$ であり，それ
ぞれ $a = -5,\ -3$ となる.

以上から，ⅱ）において $n = 4$ のとき，すなわち

$\begin{pmatrix} \boldsymbol{x} \\ \boldsymbol{y} \end{pmatrix} = \begin{pmatrix} \boldsymbol{4} \\ \boldsymbol{3} \end{pmatrix}$

のとき，a は最大値 -3 をとる.

◀ $f(n) = 4n^2 - 26n + 37$
とすると
$f(2) = 1 > 0$
$f(3) = -5 < 0$
$f(4) = -3 < 0$
$f(5) = 7 > 0$

╷╺╸╸ メインポイント ╺╸╸╷

多変数関数は，ひとつの変数ごとに処理する！

26 解の配置①

アプローチ

放物線と「斜めの」直線がどう交わるかを直接議論するのは難しいので，**方程式の実数解の議論に帰着させます**．この「方程式の実数解」を放物線 $y=f(x)$ と x 軸の共有点と考えて調べる問題を**解の配置問題**といいます．

◀範囲の制限がなければ，実数解をもつかどうかだけで議論できますが….

そして，放物線 $y=f(x)$ が x 軸とどの範囲で交わるのかを考えるときは

頂点の位置と**端点の符号**

を調べます．

◀放物線はやはり頂点が一番特徴的な点です．でも，それだけでは足りないのです．

なお，筆者は頂点の位置よりも，端点の符号の方が優先順位が高いと考えていますが，それは次の **27** で解説します．

解答

線分 AB は $y=x+1$ $(0\leqq x\leqq 2)$ と表せて

$$\begin{cases} y=x^2+ax+2 \\ y=x+1 \end{cases}$$

の2式から y を消去すると

$$x^2+(a-1)x+1=0$$

となる．

◀「線分」は直線の一部と考えられます．

そこで，$f(x)=x^2+(a-1)x+1$ とおいて，方程式 $f(x)=0$ が $0\leqq x\leqq 2$ の範囲に異なる2つの実数解をもつ条件を求める．

それは，$y=f(x)$ のグラフが右図のようになるときであり，その条件は

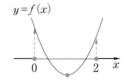

$$\begin{cases} ① & 0<(\text{頂点の }x\text{ 座標})<2 \\ ② & (\text{頂点の }y\text{ 座標})<0 \\ ③ & f(0)\geqq 0 \\ ④ & f(2)\geqq 0 \end{cases}$$

①，② 頂点の位置
③，④ 端点の符号

である．

$$f(x)=\left(x-\frac{1-a}{2}\right)^2+1-\frac{(a-1)^2}{4}$$

なので

①：$0 < \dfrac{1-a}{2} < 2$　∴　$-3 < a < 1$

②：$1 - \dfrac{(a-1)^2}{4} < 0 \iff 4 < (a-1)^2$

$\iff a-1 < -2,\ 2 < a-1$

$\iff a < -1,\ 3 < a$

③：$f(0) = 1 \geqq 0$ は a の値に関係なく成り立つ.

④：$f(2) = 2a+3 \geqq 0$　∴　$-\dfrac{3}{2} \leqq a$

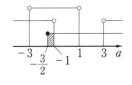

以上から, 求める a の値の範囲は

$$-\dfrac{3}{2} \leqq a < -1$$

である.

補足　頂点の y 座標を考えることと, 判別式 D を考えることは, 本質的に同値です.

　したがって, 解答 の条件②は, $D > 0$ すなわち

$$(a-1)^2 - 4 \cdot 1 \cdot 1 > 0$$

としてもよいのですが, どっちにしろ頂点の x 座標についての条件①は必要なので, $f(x)$ を平方完成します. したがって, 頂点の y 座標が出ている状態なので, 判別式を改めて計算するのは二度手間です.

■■ **メインポイント** ■■

解の配置は, 頂点と端点を調べる!

解の配置②

　本問も「解の配置問題」に分類される問題ですが，前問 26 と違う点は「少なくとも 1 つの共有点を持つ」と表現されているように，**共有点 (実数解) の個数の指定がないところ**です．

◀ 26 は「異なる 2 点で交わる」という問題でした．

　この場合，考えられるグラフの様子が複数あるのですが，これを

　　　　　端点の積：$f(0) \cdot f(2)$ の符号

に注目して場合を分けるとスマートに解けます．

解答

　　$f(x) = -x^2 + ax + 2a - 3$ とすると

　　$$f(x) = -\left(x - \frac{a}{2}\right)^2 + \frac{a^2}{4} + 2a - 3$$

とできるので，$y = f(x)$ の頂点の座標は

　　$$\left(\frac{a}{2}, \ \frac{a^2}{4} + 2a - 3\right)$$

◀ x^2 の係数が -1 なので，$y = f(x)$ のグラフは「上に凸」の放物線です．

である．

ⅰ）$f(0) \cdot f(2) < 0$ の場合

　このとき，$f(0)$ と $f(2)$ が異符号なので，$y = f(x)$ のグラフは x 軸の $0 < x < 2$ の部分と共有点をもつ．

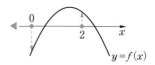

　　$f(0) \cdot f(2) < 0$

　　$\iff (2a - 3)(4a - 7) < 0$

　　$\iff \dfrac{3}{2} < a < \dfrac{7}{4}$

ⅱ）$f(0) \cdot f(2) = 0$ の場合

　このとき，$f(0) = 0$ または $f(2) = 0$ が成り立つので，$y = f(x)$ のグラフは x 軸の $x = 0$ または $x = 2$ の部分と共有点をもつ．

　　$f(0) \cdot f(2) = 0$

　　$\iff (2a - 3)(4a - 7) = 0$

　　$\iff a = \dfrac{3}{2}, \ \dfrac{7}{4}$

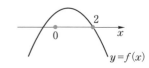

iii) $f(0) \cdot f(2) > 0$ の場合

このとき，$f(0)$ と $f(2)$ が同符号なので，$y=f(x)$ のグラフが x 軸の $0 \leqq x \leqq 2$ の部分と共有点をもつためめの条件は

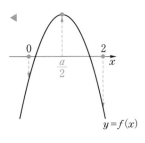

$$\begin{cases} ①：f(0) < 0 \\ ②：f(2) < 0 \\ ③：0 < (頂点の \ x \ 座標) < 2 \\ ④：(頂点の \ y \ 座標) \geqq 0 \end{cases}$$

である.

$① : 2a - 3 < 0 \qquad \therefore \quad a < \dfrac{3}{2}$

$② : 4a - 7 < 0 \qquad \therefore \quad a < \dfrac{7}{4}$

$③ : 0 < \dfrac{a}{2} < 2 \qquad \therefore \quad 0 < a < 4$

$④ : \dfrac{a^2}{4} + 2a - 3 \geqq 0 \iff a^2 + 8a - 12 \geqq 0$

$\qquad \iff a \leqq -4 - 2\sqrt{7}, \ -4 + 2\sqrt{7} \leqq a$

①〜④の共通部分を考えて

$$-4 + 2\sqrt{7} \leqq a < \dfrac{3}{2}$$

以上，i），ii），iii）から，求める a の値の範囲は

$$-4 + 2\sqrt{7} \leqq a \leqq \dfrac{7}{4}$$

◀①②③の重なる部分は
$$0 < a < \dfrac{3}{2}$$
となります.

◀$\dfrac{3}{2}$ と $-4 + 2\sqrt{7}$ の大小は
$$\dfrac{3}{2} - (-4 + 2\sqrt{7})$$
$$= \dfrac{11 - 4\sqrt{7}}{2}$$
$$= \dfrac{\sqrt{121} - \sqrt{112}}{2} > 0$$
から，$-4 + 2\sqrt{7} < \dfrac{3}{2}$
とわかります.

補足 本問は，場合分けの i）と ii）をまとめて「$f(0) \cdot f(2) \leqq 0$ の場合」として処理しても問題ありません．（x の範囲の等号がついていないときは，分けておく必要があります.）

■┅┅ メインポイント ┅┅■

解の配置は「端点の積の符号」で場合分け！

三角関数の不等式

アプローチ

三角関数の定義は，単位円において

$$\sin\theta = (y\text{座標})$$
$$\cos\theta = (x\text{座標})$$
$$\tan\theta = (\text{原点からの傾き})$$

です.

また，式変形に 2 倍角の公式

$$\sin2\theta = 2\sin\theta\cos\theta$$

を使います.

解答

与式から

$$2\sin x\cos x + \sqrt{3}\sin x - \sqrt{3}\cos x - \frac{3}{2} > 0$$

$$\Longleftrightarrow \sin x\cos x + \frac{\sqrt{3}}{2}\sin x - \frac{\sqrt{3}}{2}\cos x - \frac{3}{4} > 0$$

$$\Longleftrightarrow \left(\sin x - \frac{\sqrt{3}}{2}\right)\left(\cos x + \frac{\sqrt{3}}{2}\right) > 0$$

◀積が正なので
$\sin x - \dfrac{\sqrt{3}}{2}$, $\cos x + \dfrac{\sqrt{3}}{2}$
が同符号.

$$\Longleftrightarrow \begin{cases} \sin x > \dfrac{\sqrt{3}}{2} \\ \cos x > -\dfrac{\sqrt{3}}{2} \end{cases} \text{または} \begin{cases} \sin x < \dfrac{\sqrt{3}}{2} \\ \cos x < -\dfrac{\sqrt{3}}{2} \end{cases}$$

これを満たす x の範囲は，下図から

$$\frac{\pi}{3} < x < \frac{2}{3}\pi, \quad \frac{5}{6}\pi < x \leqq \pi$$

◀下の 2 つの図の，同色になっている部分それぞれの共通範囲が求める x の範囲です.

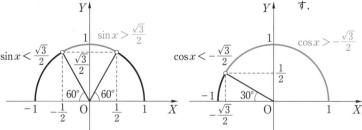

補足 三角関数の加法定理は絶対に覚えましょう！

- 加法定理 -

$$\sin(\alpha+\beta)=\sin\alpha\cos\beta+\cos\alpha\sin\beta$$
$$\cos(\alpha+\beta)=\cos\alpha\cos\beta-\sin\alpha\sin\beta$$
$$\tan(\alpha+\beta)=\frac{\tan\alpha+\tan\beta}{1-\tan\alpha\tan\beta}$$

定義から（単位円の図から）

$$\sin(-\theta)=-\sin\theta,\ \cos(-\theta)=\cos\theta,\ \tan(-\theta)=-\tan\theta$$

が成り立つので，$\alpha-\beta$ の場合の加法定理（減法定理？）は $\alpha-\beta=\alpha+(-\beta)$ と考えて

$$\begin{aligned}
\sin(\alpha-\beta)&=\sin\alpha\cos(-\beta)+\cos\alpha\sin(-\beta)\\
&=\sin\alpha\cos\beta-\cos\alpha\sin\beta\\
\cos(\alpha-\beta)&=\cos\alpha\cos(-\beta)-\sin\alpha\sin(-\beta)\\
&=\cos\alpha\cos\beta+\sin\alpha\sin\beta\\
\tan(\alpha-\beta)&=\frac{\tan\alpha+\tan(-\beta)}{1-\tan\alpha\tan(-\beta)}\\
&=\frac{\tan\alpha-\tan\beta}{1+\tan\alpha\tan\beta}
\end{aligned}$$

となります.

また，$2\theta=\theta+\theta$ と考えて加法定理を適用することで **2倍角の公式**が導かれます.

$$\begin{aligned}
\sin2\theta&=\sin(\theta+\theta)\\
&=\sin\theta\cos\theta+\cos\theta\sin\theta\\
&=\boldsymbol{2\sin\theta\cos\theta}\\
\cos2\theta&=\cos(\theta+\theta)\\
&=\cos\theta\cos\theta-\sin\theta\sin\theta\\
&=\boldsymbol{\cos^2\theta-\sin^2\theta}\\
&=(1-\sin^2\theta)-\sin^2\theta\ \text{または}\ \cos^2\theta-(1-\cos^2\theta)\\
&=\boldsymbol{1-2\sin^2\theta}\ \text{または}\ \boldsymbol{2\cos^2\theta-1}\\
\tan2\theta&=\tan(\theta+\theta)\\
&=\frac{\tan\theta+\tan\theta}{1-\tan\theta\tan\theta}\\
&=\boldsymbol{\frac{2\tan\theta}{1-\tan^2\theta}}
\end{aligned}$$

■ メインポイント ■

三角関数は，単位円と加法定理が大切！

29 三角関数の合成

(2)で t の取り得る値の範囲を求めるには，$\sin x$ と $\cos x$ の和の形のままでは難しいです．そこで1つの関数で表すことを考えます．つまり

$$r\sin(x+\alpha) \quad または \quad r\cos(x+\alpha)$$

の形に直します．これを**三角関数の合成**といいます．

ex) $\sqrt{3}\sin\theta+\cos\theta$

$$=2\left(\sin\theta\cdot\frac{\sqrt{3}}{2}+\cos\theta\cdot\frac{1}{2}\right)$$

$$=2\left(\sin\theta\cos\frac{\pi}{6}+\cos\theta\sin\frac{\pi}{6}\right)$$

$$=2\sin\left(\theta+\frac{\pi}{6}\right)$$

◀なぜ2をくくり出したのかというと，ここで cos と sin に書き換えるためです．

◀この式を加法定理で展開すれば，1行前の式に戻りますね．

このように，**加法定理を逆向きに適用している**のが三角関数の合成です．

解答

(1) $t=\sin x+\cos x$ から

$$t^2=\sin^2 x+2\sin x\cos x+\cos^2 x$$
$$=1+2\sin x\cos x$$
$$\therefore \quad \sin x\cos x=\frac{t^2-1}{2}$$

◀2乗することで，sin と cos の積を作れます．

したがって

$$f(x)=\sqrt{2}\sin x\cos x+\sin x+\cos x$$
$$=\sqrt{2}\cdot\frac{t^2-1}{2}+t$$
$$=\frac{\sqrt{2}}{2}t^2+t-\frac{\sqrt{2}}{2}$$

(2) $t=\sin x+\cos x$ から

$$t=\sqrt{2}\left(\sin x\cdot\frac{1}{\sqrt{2}}+\cos x\cdot\frac{1}{\sqrt{2}}\right)$$

$$=\sqrt{2}\left(\sin x\cos\frac{\pi}{4}+\cos x\sin\frac{\pi}{4}\right)$$

◀$\sqrt{2}$ でくくり出すことで cos, sin に書き換えられます．

$$= \sqrt{2} \sin\left(x + \frac{\pi}{4}\right)$$

とでき，$0 \leqq x \leqq 2\pi$ より

$$-1 \leqq \sin\left(x + \frac{\pi}{4}\right) \leqq 1$$

$$\therefore \quad -\sqrt{2} \leqq t \leqq \sqrt{2}$$

(3)　$g(t) = \dfrac{\sqrt{2}}{2}t^2 + t - \dfrac{\sqrt{2}}{2}$ とすると

$$g(t) = \frac{\sqrt{2}}{2}\left(t + \frac{\sqrt{2}}{2}\right)^2 - \frac{3\sqrt{2}}{4}$$

であり，(2)から $-\sqrt{2} \leqq t \leqq \sqrt{2}$ なので

最大値：$g(\sqrt{2}) = \dfrac{3\sqrt{2}}{2}$

最小値：$g\left(-\dfrac{\sqrt{2}}{2}\right) = -\dfrac{3\sqrt{2}}{4}$

である．

　最大値をとるのは，$t = \sqrt{2}$ のときだから

$$\sqrt{2}\sin\left(x + \frac{\pi}{4}\right) = \sqrt{2}$$

すなわち

$$\sin\left(x + \frac{\pi}{4}\right) = 1$$

$$\therefore \quad x = \frac{\pi}{4}$$

　最小値をとるのは，$t = -\dfrac{\sqrt{2}}{2}$ のときだから

$$\sqrt{2}\sin\left(x + \frac{\pi}{4}\right) = -\frac{\sqrt{2}}{2}$$

すなわち

$$\sin\left(x + \frac{\pi}{4}\right) = -\frac{1}{2}$$

$$\therefore \quad x = \frac{11}{12}\pi, \ \frac{19}{12}\pi$$

━━ メインポイント ━━

三角関数の合成は，加法定理の逆演算！

30 $\sin\theta$ と $\cos\theta$ の同次式

アプローチ

　三角関数の定義から，原点中心，半径 r の円周上の
点は

$$(r\cos\theta, \ r\sin\theta)$$

とおけます．

◀中心が $(a, \ b)$ にズレたら
$(r\cos\theta+a, \ r\sin\theta+b)$
とおきます．

　すると，$\sqrt{3}\,x+y$ は合成できる形になり，最大・最
小を求められます．

　また，$x^2+2xy+3y^2$ はすべての項が $\sin\theta$, $\cos\theta$
からなる 2 次式になります．この形のままでは合成で
きませんが，**2 倍角の公式**

$$\sin2\theta=2\sin\theta\cos\theta$$

$$\cos2\theta=1-2\sin^2\theta \ \text{または} \ 2\cos^2\theta-1$$

を利用して，$x^2+2xy+3y^2$ を 2θ で表すと合成できる
形になります．

◀すべての項の次数が等しい
式のことを**同次式**といいま
す．

解答

　点 P は原点中心，半径 $\sqrt{2}$ の円周上にあるから

$$x=\sqrt{2}\cos\theta, \ y=\sqrt{2}\sin\theta \ (0\leqq\theta<2\pi)$$

とおける．

　したがって

$$
\begin{aligned}
\sqrt{3}\,x+y &= \sqrt{3}\cdot\sqrt{2}\cos\theta+\sqrt{2}\sin\theta \\
&= 2\sqrt{2}\left(\sin\theta\cdot\frac{1}{2}+\cos\theta\cdot\frac{\sqrt{3}}{2}\right) \\
&= 2\sqrt{2}\left(\sin\theta\cos\frac{\pi}{3}+\cos\theta\sin\frac{\pi}{3}\right) \\
&= 2\sqrt{2}\sin\left(\theta+\frac{\pi}{3}\right)
\end{aligned}
$$

とでき，これは $\theta=\dfrac{7}{6}\pi$ のとき

　　　最小値：$-2\sqrt{2}$

をとる．

また

$$x^2 + 2xy + 3y^2$$

$$= 2\cos^2\theta + 4\sin\theta\cos\theta + 6\sin^2\theta$$

$$= 2 \cdot \frac{1+\cos 2\theta}{2} + 2\sin 2\theta + 6 \cdot \frac{1-\cos 2\theta}{2}$$

$$= 2\sin 2\theta - 2\cos 2\theta + 4$$

$$= 2\sqrt{2}\left(\sin 2\theta \cdot \frac{1}{\sqrt{2}} - \cos 2\theta \cdot \frac{1}{\sqrt{2}}\right) + 4$$

$$= 2\sqrt{2}\left(\sin 2\theta\cos\frac{\pi}{4} - \cos 2\theta\sin\frac{\pi}{4}\right) + 4$$

$$= 2\sqrt{2}\sin\left(2\theta - \frac{\pi}{4}\right) + 4$$

とでき, これは $\theta = \dfrac{3}{8}\pi,\ \dfrac{11}{8}\pi$ のとき

最大値:$2\sqrt{2}+4$

をとる.

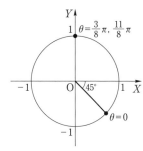

2θなので, 単位円を2周します.

補足 [解答] の式変形は, 半角の公式

$$\sin^2\frac{\theta}{2} = \frac{1-\cos\theta}{2},\quad \cos^2\frac{\theta}{2} = \frac{1+\cos\theta}{2}\quad \cdots\cdots(*)$$

を利用したと考えることもできますが, 筆者はそもそも「半角の公式なんてない」と考えています. というのは, **θ から 2θ を見ると2倍角であり, 2θ から θ を見ると半角である**と考えているからです. 実際, 2倍角の公式を

$$\cos 2\theta = 1 - 2\sin^2\theta \iff 2\sin^2\theta = 1 - \cos 2\theta$$

$$\iff \sin^2\theta = \frac{1-\cos 2\theta}{2}$$

$$\cos 2\theta = 2\cos^2\theta - 1 \iff 2\cos^2\theta = 1 + \cos 2\theta$$

$$\iff \cos^2\theta = \frac{1+\cos 2\theta}{2}$$

と式変形したものが, いわゆる半角の公式です. $\left(\text{この式の } \theta \text{ を } \dfrac{\theta}{2} \text{ に書き換えた}\right.$ ものが上の $(*)$ です.$\Big)$ つまり, 2倍角の公式と半角の公式は同じものなのです.

┣ **メインポイント** ┫

円周上の点は $(r\cos\theta,\ r\sin\theta)$ とおく!

解の対応

(1)で誘導されている通り，$t=\sin x$ とおくことで関数 $f(x)$ を t についての 2 次関数 $g(t)$ に書き換えます．これで(2)まではスムーズに進むでしょう．

(3)は「$f(x)=a$ が異なる 4 個の解をもつような a の値の範囲」を求めるのですが，これを安易に「$g(t)=a$ が異なる 4 個の…」としてしまってはダメです．

◀ $g(t)=a$ は 2 次方程式なので，解の個数は最大でも 2 個ですね．

$f(x)=a$ は「x についての」方程式なので，解は x の値のことです．しかし，$g(t)=a$ は「t についての」方程式なので，解は t の値のことです．

したがって，**t と x の個数がどのように対応するのか**を調べる必要があります．

◀ t を 1 つ決めたときに，x が何個出てくるのかということです．

$t=\sin x$ $(0 \le x < 2\pi)$ なので，例えば $t=-\dfrac{1}{2}$ のとき，$x=\dfrac{7}{6}\pi,\ \dfrac{11}{6}\pi$ の 2 個になります．

$t=1$ のときは，$x=\dfrac{\pi}{2}$ の 1 個になります．

このように，本問は x の範囲が $0 \le x < 2\pi$ なので

$t=\pm 1$ のとき，x は 1 個

$-1 < t < 1$ のとき，x は 2 個

となります．

解答

(1) $t=\sin x$ とするとき

$$f(x)=2\sin^2 x+4\sin x+3\cos 2x$$
$$=2\sin^2 x+4\sin x+3(1-2\sin^2 x)$$
$$=-4\sin^2 x+4\sin x+3$$
$$=\boldsymbol{-4t^2+4t+3}$$

(2) $g(t)=-4t^2+4t+3$ とすると

$$g(t)=-4\left(t-\dfrac{1}{2}\right)^2+4$$

である．

$0 \leqq x < 2\pi$ から $-1 \leqq \sin x \leqq 1$, つまり
$-1 \leqq t \leqq 1$ なので

最大値：$g\left(\dfrac{1}{2}\right) = 4$

最小値：$g(-1) = -5$

最大値をとるのは，$t = \dfrac{1}{2}$ のときだから

$\sin x = \dfrac{1}{2}$ $\therefore$ $x = \dfrac{\pi}{6},\ \dfrac{5}{6}\pi$

最小値をとるのは，$t = -1$ のときだから

$\sin x = -1$ $\therefore$ $x = \dfrac{3}{2}\pi$

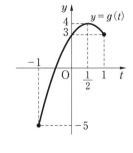

(3) $0 \leqq x < 2\pi$ のとき，t と x の個数の対応は

$t = \pm 1$ のとき 1対1

$-1 < t < 1$ のとき 1対2

なので，x についての方程式 $f(x) = a$ が相異なる
4個の解をもつのは，t についての方程式 $g(t) = a$
が $-1 < t < 1$ の範囲に異なる2個の解をもつとき
である．

つまり，$y = g(t)$ のグラフと $y = a$ のグラフが
$-1 < t < 1$ において，異なる2点で交わるときだか
ら，求める a の値の範囲は

$3 < a < 4$

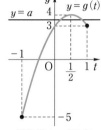

黒色部は，x が1個
青色部は，x が2個

補足 $f(x) = a$ の解 x の個数は，他には

$a < -5,\ 4 < a$ のとき 0個

$a = -5$ のとき 1個

$-5 < a < 3,\ a = 4$ のとき 2個

$a = 3$ のとき 3個

となります．

■ **メインポイント** ■

おきかえたら，解の対応に注意！

非有名角の三角比

(1)はいわゆる**3倍角の公式**です．確実に作れるようにしておきましょう．

(2)のような非有名角の三角比は，その角度を θ とおいて

$$n\theta = (有名角)$$

となる自然数 n を見つけることが大切です． ◀大学入試においては，ほとんどの場合，$n=5$ です．

解答

(1) 加法定理により

$$\begin{aligned}
&\cos 3\theta \\
&= \cos(2\theta + \theta) \\
&= \cos 2\theta \cos \theta - \sin 2\theta \sin \theta \\
&= (2\cos^2\theta - 1)\cos\theta - 2\sin\theta\cos\theta \cdot \sin\theta \\
&= 2\cos^3\theta - \cos\theta - 2(1-\cos^2\theta)\cos\theta \\
&= 4\cos^3\theta - 3\cos\theta
\end{aligned}$$

◀2倍角の公式を作るときと同様に，$3\theta = 2\theta + \theta$ として加法定理を適用します．

(2) $\theta = 54°$ とすると $5\theta = 270°$ だから

$$3\theta = 270° - 2\theta$$

が成り立つ．

◀5倍角の公式を作ってもいいけど，この方がラク！

よって

$$\begin{aligned}
&\cos 3\theta = \cos(270° - 2\theta) \\
&\iff 4\cos^3\theta - 3\cos\theta = -\sin 2\theta \\
&\iff 4\cos^3\theta - 3\cos\theta + 2\sin\theta\cos\theta = 0 \\
&\iff \cos\theta\{4(1-\sin^2\theta) - 3 + 2\sin\theta\} = 0 \\
&\iff \cos\theta(4\sin^2\theta - 2\sin\theta - 1) = 0
\end{aligned}$$

◀左辺は(1)，右辺は単位円または加法定理．

$\cos\theta \neq 0$ なので

$$4\sin^2\theta - 2\sin\theta - 1 = 0$$

◀$\cos 54° > 0$ ですね．

$$\therefore \quad \sin\theta = \frac{1 \pm \sqrt{5}}{4}$$

$0 < \sin\theta < 1$ なので

$$\sin\theta = \frac{1+\sqrt{5}}{4}$$

である．

したがって

$$\cos\theta = \sqrt{1-\left(\frac{1+\sqrt{5}}{4}\right)^2}$$

$$= \frac{\sqrt{10-2\sqrt{5}}}{4}$$

◀ $\cos 54° > 0$ ですね.

(3) 求める面積は，右図の △OAB の面積の 5 倍である．図から

$$AB = 2AH = 2r\cos 54°, \quad OH = r\sin 54°$$

なので，求める面積は

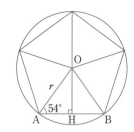

$$5\cdot\frac{1}{2}\cdot 2r\cos 54°\cdot r\sin 54°$$

$$= 5r^2\cdot\frac{\sqrt{10-2\sqrt{5}}}{4}\cdot\frac{1+\sqrt{5}}{4}$$

$$= \frac{5}{16}r^2\sqrt{2\sqrt{5}\,(\sqrt{5}-1)(\sqrt{5}+1)^2}$$

$$= \frac{5}{8}r^2\sqrt{10+2\sqrt{5}}$$

注意！ 正多角形の重心は，外接円の中心です.

補足 (1)と同様にして sin の 3 倍角の公式も作れます.

$$\sin 3\theta = \sin(2\theta+\theta)$$

$$= \sin 2\theta\cos\theta + \cos 2\theta\sin\theta$$

$$= 2\sin\theta\cos\theta\cdot\cos\theta + (1-2\sin^2\theta)\sin\theta$$

$$= 2\sin\theta(1-\sin^2\theta) + (1-2\sin^2\theta)\sin\theta$$

$$= -4\sin^3\theta + 3\sin\theta$$

なお，数学C「複素数平面」の知識を利用すると

$$\cos 3\theta + i\sin 3\theta = (\cos\theta + i\sin\theta)^3 \quad (\because \text{ド・モアブルの定理})$$

$$= \cos^3\theta + 3\cos^2\theta\cdot i\sin\theta + 3\cos\theta\cdot i^2\sin^2\theta + i^3\sin^3\theta$$

$$= (\cos^3\theta - 3\cos\theta\sin^2\theta) + i(3\cos^2\theta\sin\theta - \sin^3\theta)$$

$$= (4\cos^3\theta - 3\cos\theta) + i(-4\sin^3\theta + 3\sin\theta)$$

と作ることもできます.

■ **メインポイント** ■

非有名角は，有名角になるように自然数倍！

33 2直線のなす角

アプローチ

　2直線のなす角は，**傾きに注目して tan の加法定理**を利用するのがセオリーです．

　すると，$\tan\angle APB$ を x の式で表せ，あとはその式の最大値を求めることになるのですが，分数式が出てきて困ってしまいます．

◀ $0\leqq\theta<\dfrac{\pi}{2}$ において，$\tan\theta$ は単調に増加します．

　そこで思い出してほしいのが，**相加・相乗平均の関係**です．数学Ⅰ・A・Ⅱ・Bの範囲では，分数式の処理は多くの場合，相加・相乗平均の関係です．

◀ **10** 相加・相乗平均の関係参照．

　また，**別解** では幾何的な解答を載せています．

解答

　$x=0$ のとき，$\angle APB=0$ である．

　$x>0$ のとき，右図のように角度 α，β をとって，2直線 AP，BP の傾きに注目することで

$$\tan\alpha=-\frac{3}{x},\quad \tan\beta=-\frac{2}{x}$$

であるから

$$\tan\angle APB=\tan(\beta-\alpha)$$

$$=\frac{\tan\beta-\tan\alpha}{1+\tan\beta\tan\alpha}$$

$$=\frac{\left(-\dfrac{2}{x}\right)-\left(-\dfrac{3}{x}\right)}{1+\left(-\dfrac{2}{x}\right)\left(-\dfrac{3}{x}\right)}$$

$$=\frac{x}{x^2+6}$$

$$=\frac{1}{x+\dfrac{6}{x}}$$

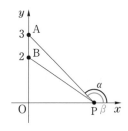

◀ 数学Ⅲまで学習している人は，この式を x で微分してもイイですね．

相加・相乗平均の関係より

$$x+\frac{6}{x}\geqq 2\sqrt{x\cdot\frac{6}{x}}=2\sqrt{6}$$

$$\therefore\quad \tan\angle APB=\frac{1}{x+\dfrac{6}{x}}\leqq\frac{1}{2\sqrt{6}}$$

等号成立条件は

$$\begin{cases} x > 0 \\ x = \dfrac{6}{x} \end{cases} \quad \therefore \quad x = \sqrt{6}$$

図から $\angle$APB はつねに鋭角なので，$\angle$APB が最大になるのは $\tan\angle$APB が最大のときである．

◀ $\angle$APB が鈍角なら $\tan\angle$APB <0 となります．

つまり，$x = \sqrt{6}$ のときである．

図の対称性から $x < 0$ のときも同様なので，求める x の値は $x = \pm\sqrt{6}$ である．

別解

2点 A，B が固定されているので，$\angle$APB が最大になるのは，3点 A，B，P を通る円の半径が最小のときである．

それは右図のように，円が x 軸に接するときで，このとき中心の y 座標が $\dfrac{5}{2}$ になることから，円の半径は $\dfrac{5}{2}$ である．よって，中心から点 A までの距離に注目して

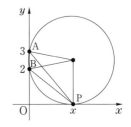

$$x^2 + \left(\frac{1}{2}\right)^2 = \left(\frac{5}{2}\right)^2$$

$$\therefore \quad x = \pm\sqrt{6}$$

■ **メインポイント** ■

2直線のなす角は $\tan$ の加法定理！

34 指数関数の不等式

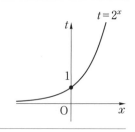

アプローチ

まず，$t=2^x$ とおきかえます．このとき $t>0$ であることに注意しましょう．

つまり，t についての2次不等式が $t>0$ の範囲においてつねに成り立つような a の値の範囲を求めることになります．あとは **23 2次不等式が成り立つ条件**と同様に最小値に注目します．

解答

$t=2^x$ とおくと，$t>0$ であり
$$2^{2x+2}+2^x a+1-a>0$$
$$\Longleftrightarrow (2^x)^2 \cdot 2^2+2^x a+1-a>0$$
$$\Longleftrightarrow 4t^2+at+1-a>0 \quad \cdots\cdots(*)$$

となるので，不等式 $(*)$ が $t>0$ の範囲において成り立つ条件を求める．

$f(t)=4t^2+at+1-a$ とすると
$$f(t)=4\left(t+\frac{a}{8}\right)^2-\frac{a^2}{16}-a+1$$

とできるので，軸：$t=-\dfrac{a}{8}$ の位置で場合を分ける．

◀指数法則は正確に使えるようにしておきましょう．

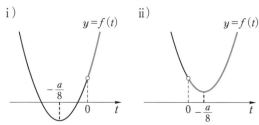

i)　$-\dfrac{a}{8}\leqq 0$ つまり $a\geqq 0$ の場合

　　$f(0)\geqq 0$

　すなわち

　　$1-a\geqq 0$　　$\therefore$　$a\leqq 1$

　$a\geqq 0$ とから

　　$0\leqq a\leqq 1$

◀$t>0$ なので，$f(0)=0$ でも題意が成立します．

76

◀頂点が確実に定義域に含まれる場合という意味で，場合分けの等号は外しました．

ⅱ） $0<-\dfrac{a}{8}$ つまり $a<0$ の場合

$$f\left(-\dfrac{a}{8}\right)>0$$

すなわち

$$-\dfrac{a^2}{16}-a+1>0$$

$$\Longleftrightarrow a^2+16a-16<0$$

$$\Longleftrightarrow -8-4\sqrt{5}<a<-8+4\sqrt{5}$$

$a<0$ とから

$$-8-4\sqrt{5}<a<0$$

ⅰ），ⅱ）より，求める a の値の範囲は

$$-8-4\sqrt{5}<a\leqq1$$

別解 （（＊）までは **解答** と同じ）

$$(＊)\Longleftrightarrow a(t-1)>-4t^2-1$$

とできるので，$t>0$ において直線 $y=a(t-1)$ が放物線 $y=-4t^2-1$ のグラフよりも上側にあるときを考える．

$y=a(t-1)$ は点 $(1,\ 0)$ を通り，傾き a の直線であり，放物線 $y=-4t^2-1$ と接するのは $f(t)=0$ が重解をもつときである．

つまり，判別式が 0 に等しいときなので

$$a^2-4\cdot4(1-a)=0$$

$$\Longleftrightarrow a^2+16a-16=0$$

$$\Longleftrightarrow a=-8\pm4\sqrt{5}$$

右図の接線の傾きは負なので，$-8-4\sqrt{5}$ である．

したがって，右図から，傾き a の値の範囲は

$$-8-4\sqrt{5}<a\leqq1$$

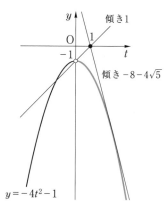

第3章

メインポイント

おきかえたら新変数の変域チェック！

35 $p^x + p^{-x}$ のおきかえ

アプローチ

(2)では「x が実数全体を動くときの t のとりうる値の範囲」を求めたいのですが，これが実は少し厄介です．

$2^x + 2^{-x}$ すなわち $2^x + \dfrac{1}{2^x}$ に**相加・相乗平均の関係** ◁**10** 参照.

を適用すれば，$t \geqq 2$ という「**範囲らしきもの**」が得られるのですが，これは「t と 2 の大小」しか主張しておらず，「t が 2 以上のすべての実数をとること」は示せていないのです．

そこで「**2以上の t に対して，適切な実数 x が存在すること**」を示して，t のとりうる値の範囲を決定させます．

解答

(1) $t = 2^x + 2^{-x}$ とおくとき

$$t^2 = (2^x + 2^{-x})^2$$
$$= (2^x)^2 + 2 \cdot 2^x \cdot 2^{-x} + (2^{-x})^2$$
$$= 4^x + 2 + 4^{-x}$$
$$\therefore \quad \boldsymbol{4^x + 4^{-x} = t^2 - 2}$$

$$t^3 = (2^x + 2^{-x})^3$$
$$= (2^x)^3 + 3 \cdot (2^x)^2 \cdot 2^{-x} + 3 \cdot 2^x \cdot (2^{-x})^2 + (2^{-x})^3$$
$$= 8^x + 3(2^x + 2^{-x}) + 8^{-x}$$
$$= 8^x + 3t + 8^{-x}$$
$$\therefore \quad \boldsymbol{8^x + 8^{-x} = t^3 - 3t}$$

(2) $2^x > 0$，$2^{-x} > 0$ なので，相加・相乗平均の関係より

$$2^x + 2^{-x} \geqq 2\sqrt{2^x \cdot 2^{-x}} \qquad \therefore \quad t \geqq 2$$

が成り立つ．

逆に，$t \geqq 2$ のとき

$$2^x + 2^{-x} = t$$
$$\Longleftrightarrow (2^x)^2 - t \cdot 2^x + 1 = 0$$
$$\Longleftrightarrow 2^x = \frac{t \pm \sqrt{t^2 - 4}}{2} \quad \cdots\cdots(*)$$

◁例えば，「$t = 100$ になることがある」は，
「$2^x + 2^{-x} = 100$ を満たす実数 x が存在すること」と同値です．

78

とでき，$t \geqq 2$ から

$$0 \leqq t^2-4 \quad \text{かつ} \quad \sqrt{t^2-4} < \sqrt{t^2} = t$$

$$\therefore \quad \frac{t \pm \sqrt{t^2-4}}{2} > 0$$

が成り立つので，（＊）を満たす適切な実数 x が存在する．

　　以上から，t のとりうる値の範囲は

$$t \geqq 2$$

(3)　(1)から

$$\begin{aligned} f(x) &= (t^3-3t)+(t^2-2) \\ &= t^3+t^2-3t-2 \end{aligned}$$

とできるので

$$g(t) = t^3+t^2-3t-2 \quad (2 \leqq t)$$

の最小値を求める．ここで

$$\begin{aligned} g'(t) &= 3t^2+2t-3 \\ &= 3\left(t+\frac{1}{3}\right)^2 - \frac{10}{3} \end{aligned}$$

である．この 2 次関数 $g'(t)$ の軸は $-\dfrac{1}{3}$ で

$$g'(2) = 3 \cdot 2^2 + 2 \cdot 2 - 3 = 13 > 0$$

なので，$2 < t$ において $g'(t) > 0$ である．

　　よって，$2 \leqq t$ において $g(t)$ は単調に増加するから，$g(t)$ の最小値は

$$g(2) = 2^3+2^2-3 \cdot 2-2 = 4$$

である．

　　このとき $t=2$ であり，これは(2)における等号成立だから

$$2^x = 2^{-x} \quad \therefore \quad x=0$$

ちなみに，2^x と 2^{-x} を足すことを考えて，$t=2^x+2^{-x}$ のグラフは次図の青線部分のようになります．

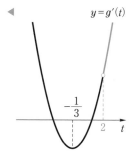

36 対数の大小比較

アプローチ

対数関数 $\log_a x$ は

$1<a$ のとき増加関数

$0<a<1$ のとき減少関数

であることに注意して大小を比較します.

解答

$\sqrt{3}<2$, $3<\sqrt{10}<4$ から, $\sqrt{10}-\sqrt{3}>1$ なので

$$(\sqrt{10}-\sqrt{3})^{\frac{1}{3}}>1^{\frac{1}{3}}=1$$

である.

$$1<\sqrt{3}<\sqrt{\frac{49}{16}}=\frac{7}{4} \text{ から}$$

$$\log_{\sqrt{3}}\frac{7}{4}>\log_{\sqrt{3}}\sqrt{3}=1$$

である.

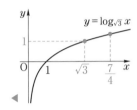

$1<5<7$ から

$$0<\log_7 5<\log_7 7=1$$

である.

底の変換公式により

$$\frac{1}{\log_6 12}=\frac{\log_6 6}{\log_6 12}=\log_{12} 6$$

であり, $1<6<12$ から

$$0<\log_{12} 6<\log_{12} 12=1$$

である.

$3<\sqrt{10}<\sqrt{15}<4$ から, $0<\sqrt{15}-\sqrt{10}<1$ であり, $1<12$ なので

$$\log_{(\sqrt{15}-\sqrt{10})} 12<0$$

である.

(1) 負の数は

$$\log_{(\sqrt{15}-\sqrt{10})} \mathbf{12}$$

である.

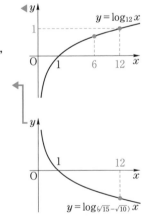

(2)　1以上の数は

$$(\sqrt{10}-\sqrt{3})^{\frac{1}{3}}, \quad \log_{\sqrt{3}}\frac{7}{4}$$

である.

(3)　残りは $\dfrac{7}{9}$, $\log_7 5$, $\dfrac{1}{\log_6 12}\ (=\log_{12}6)$ の 3 つである.

▶ $\log_7 5$ と $\log_{12}6$ を比べるのは難しいので,「きっと $\dfrac{7}{9}$ が間に入る」と考えます.

$\dfrac{7}{9}=\log_7 7^{\frac{7}{9}}$ とできるので,「$7^{\frac{7}{9}}$ と 5 の大小」を考える. これは,「7^7 と 5^9 の大小」に一致する.

$7^2=49<50=2\cdot 5^2$ が成り立つので

$$(7^2)^3<(2\cdot 5^2)^3$$
$$\therefore\quad 7^6<8\cdot 5^6$$
$$\therefore\quad 7^7<56\cdot 5^6<125\cdot 5^6=5^9$$

したがって, $7^{\frac{7}{9}}<5$ なので

$$\frac{7}{9}=\log_7 7^{\frac{7}{9}}<\log_7 5$$

である.

▶ 実際に計算すると
$7^7=823{,}543$
$5^9=1{,}953{,}125$
です.

また, $\dfrac{7}{9}=\log_{12}12^{\frac{7}{9}}$ とできるので,「$12^{\frac{7}{9}}$ と 6 の大小」を考える. これは,「12^7 と 6^9 の大小」に一致する. この 2 数は

$$12^7=6^7\cdot 2^7=6^7\cdot 128$$
$$6^9=6^7\cdot 6^2=6^7\cdot 36$$

とできるので, $12^7>6^9$ すなわち $12^{\frac{7}{9}}>6$ が成り立つ. よって

$$\frac{7}{9}=\log_{12}12^{\frac{7}{9}}>\log_{12}6\ \left(=\frac{1}{\log_6 12}\right)$$

である.

以上から, 小さい順に並べると

$$\frac{1}{\log_6 12}, \quad \frac{7}{9}, \quad \log_7 5$$

底と 1 の大小に注意して, 真数を比べよ!

36 ｜ 対数の大小比較　　　81

アプローチ

(1), (2)は実験してみればすぐにわかると思いますが, **周期性**がテーマです. 数列 $\{3^n\}$ を並べてみると

$$3, \ 9, \ 27, \ 81, \ 243, \ 729, \ 2187, \ \cdots\cdots$$

となり, 一の位は 3, 9, 7, 1 の繰り返しであることがわかります.

2013＝2010＋3 なので, 2013^n と 3^n の一の位は同じ数字ですから, あとは何回繰り返すか調べるだけです. (2)も同様です.

◀厳密には
$$3^{n+4}-3^n=(3^4-1)\cdot 3^n$$
$$=80\cdot 3^n$$
から, 3^n と 3^{n+4} を 10 で割った余りが等しいことが示されます.

(3)は桁数を求める頻出問題です. 例えば「3桁の自然数 N」といわれたら

$$100 \leqq N \leqq 999 < 1000$$
$$\therefore \quad 10^2 \leqq N < 10^3$$

とできることはわかりますね. つまり

$$10^{k-1} \leqq A < 10^k$$

となる自然数 k が, A の桁数であるということです.

◀10^k は 0 が k 個並んで, 最大の位に 1 が入るので $k+1$ 桁です.

(4)は, さらに範囲を狭めたいのです. 例えば「3桁で, 最高位の数字が 5 の自然数 N」といわれたら

$$500 \leqq N \leqq 599 < 600$$
$$\therefore \quad 5\cdot 10^2 \leqq N < 6\cdot 10^2$$

とできます. だから

$$m\cdot 10^{k-1} \leqq A < (m+1)\cdot 10^{k-1}$$

となる $m \ (m=1, \ 2, \ \cdots\cdots, \ 9)$ が, A の最高位の数字です.

◀このmはたかだか9通りなので順に調べていけばよいのです.

解答

(1) 2013^n (n：自然数) の一の位は 3, 9, 7, 1 の繰り返しであり, 25＝4・6＋1 なので, 2013^{25} の一の位の数字は **3** である.

◀周期が 4 であり, それを 6 セット繰り返して, あと 1 つ進むということ.

(2) (1)と同様に，13^n（n：自然数）の一の位は 3，9，7，
1 の繰り返しであり，$2013=4\cdot503+1$ なので 13^{2013}
の一の位の数字は 3．

つまり，13^{2013} を 5 で割った余りは 3 である．

◀一の位の数字が 7 だったら，
5 で割った余りは 2 となり
ます．

(3) 3^{2013} の常用対数をとると
$$\log_{10}3^{2013}=2013\log_{10}3$$
$$=2013\cdot0.4771$$
$$=960.4023$$
となるので，右図から
$$10^{960}<3^{2013}<10^{961}$$
である．

よって，3^{2013} の桁数は **961** である．

◀底を 10 とする対数を常用
対数といいます．

(4) (3)の計算と
$$\log_{10}(2\cdot10^{960})=\log_{10}2+960$$
$$=960.3010$$
$$\log_{10}(3\cdot10^{960})=\log_{10}3+960$$
$$=960.4771$$
から，右図のように
$$2\cdot10^{960}<3^{2013}<3\cdot10^{960}$$
となるので，3^{2013} の最高位の数字は **2** である．

補足 結局のところ，A の桁数と最高位の数字は，**桁数を $\log_{10}A$ の整数部分
で，最高位の数字を $\log_{10}A$ の小数部分で調べられる**ということになります．

また，例えば 2^{100} と $2^{100}+1$ の桁数が等しいことは感覚的にわかりますね．だ
って，1 を加えたぐらいで桁は変わらないですから．（2^{100} は 99…99 という数で
はない．）

つまり，桁数を調べることと一の位の数字を求めることは，全然別の問題なの
です．

▚ **メインポイント** ▚

一の位の数字は周期性，桁数と最高位の数字は常用対数で調べる！

38 対数方程式

方程式・不等式を考えるときには，**定義域**に注意しなければいけません．

対数方程式の場合，「真数は正」であること（いわゆる**真数条件**）と「底は 1 でない正の数」であることを含めて同値変形します．

その際，**底はそろえる**のが基本ですが，本問は

$$\log_a P = \log_{a^m} P^m$$

という関係を使うと少し速いです．

対数 $\log_{a^m} P^m$ は「a^m を P^m にするための**指数**」を表し，これは「a を P にするための指数」と等しいので，上記の関係式が成り立ちます．

◀例えば，「2 を 8 にする指数」と「4 を 64 にする指数」はどちらも 3 です．

解答

(1) 真数条件と
$$\log_2 x = \log_{2^2} x^2 = \log_4 x^2$$
であることに注意して
$$\log_4(x+3) = \log_2 x - 1$$
$$\iff \begin{cases} x+3 > 0 \\ x > 0 \\ \log_4(x+3) = \log_4 x^2 - \log_4 4 \end{cases}$$
$$\iff \begin{cases} x > -3 \\ x > 0 \\ \log_4(x+3) = \log_4 \dfrac{x^2}{4} \end{cases}$$
$$\iff \begin{cases} x > 0 \\ x+3 = \dfrac{x^2}{4} \end{cases}$$
$$\iff \begin{cases} x > 0 \\ x^2 - 4x - 12 = 0 \end{cases}$$
$$\iff \begin{cases} x > 0 \\ (x+2)(x-6) = 0 \end{cases}$$
$$\iff \boldsymbol{x = 6}$$

◀底の変換公式より
$$\log_2 x = \frac{\log_4 x}{\log_4 2}$$
$$= \frac{\log_4 x}{\dfrac{1}{2}}$$
$$= 2\log_4 x$$
$$= \log_4 x^2$$
としても OK

◀$x > -3$ と $x > 0$ の共通部分は $x > 0$ なので，$x > -3$ が消えています．

(2) (1)と同様にして

$$\log_4(x+k)=\log_2 x-1$$

$$\iff \begin{cases} x+k>0 & \cdots\cdots\text{①} \\ x>0 & \cdots\cdots\text{②} \\ x+k=\dfrac{x^2}{4} & \cdots\cdots\text{③} \end{cases}$$

◀ ①②の共通部分を考えようとすると，k の値による場合分けが必要になり，メンドウです.

とできる.

ここで，「②かつ③」が成り立つとき①は成り立つので

$$\begin{cases} \text{①} \\ \text{②} \\ \text{③} \end{cases} \iff \begin{cases} \text{②} \\ \text{③} \end{cases} \iff \begin{cases} x>0 \\ k=\dfrac{x^2}{4}-x \end{cases}$$

◀ 定数分離

である.

したがって，与式が解をもつための条件は，

$y=k$ と $y=\dfrac{x^2}{4}-x$ が $x>0$ の部分で共有点をもつことである.

$$y=\frac{x^2}{4}-x=\frac{1}{4}(x-2)^2-1$$

とできるので，グラフは下図のようになる.

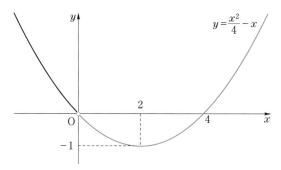

ゆえに，求める k の値の範囲は

$$-1\leqq k$$

対数の方程式は，真数と底の条件に注意！

対数不等式の表す領域

対数の不等式を扱うときも，底をそろえておくのが原則です．そのための公式が**底の変換公式**

$$\log_P Q = \frac{\log_a Q}{\log_a P}$$

◀底 a を自由に決められる．

です．このとき，底を何にそろえるかは自由ですが，本問においては 2 にしておくのが無難でしょう．

すると，$\log_2 x$ が分母に出てくるのですが，これを安易に払ってしまうのは危険です．分母を払うということは両辺に $\log_2 x$ をかけるということですが，本問は不等式なので $\log_2 x$ **の符号が重要**になります．

したがって，$\log_2 x$ の符号についての場合分けが必要です．

なお，対数の等式・不等式は最終的に，**左辺と右辺に log が 1 個ずつある形**が目標です．そうすれば，真数だけを取り出せます．

◀方程式や不等式を「解く」問題でも，同様です．

$$\log_a P = \log_a Q \iff P = Q$$
$$1 < a \text{ のとき，} \quad \log_a P > \log_a Q \iff P > Q$$
$$0 < a < 1 \text{ のとき，} \log_a P > \log_a Q \iff P < Q$$

解答

真数と底の条件より

$$0 < x, \ x \neq 1, \ 0 < y$$

◀底 x は 1 という値をとれません．

このとき，与式を変形して

$$\frac{1}{\log_2 x} - \frac{(\log_2 y)^2}{\log_2 x} < 4\log_2 x - 4\log_2 y$$

$$\iff \frac{1}{\log_2 x} < \frac{(\log_2 y)^2 - 4\log_2 y \log_2 x + 4(\log_2 x)^2}{\log_2 x}$$

$$\iff \frac{1}{\log_2 x} < \frac{(\log_2 y - 2\log_2 x)^2}{\log_2 x} \quad \cdots\cdots (*)$$

◀なるべく分母を払わないまま式変形します．

i) $\log_2 x > 0$ つまり $1 < x$ の場合，$(*)$ から

$$1 < (\log_2 y - 2\log_2 x)^2$$

$$\iff \log_2 y - 2\log_2 x < -1, \ \ 1 < \log_2 y - 2\log_2 x$$

$$\iff \log_2 y < \log_2 x^2 - \log_2 2, \ \ \log_2 x^2 + \log_2 2 < \log_2 y$$

$$\iff \log_2 y < \log_2 \frac{x^2}{2}, \ \ \log_2 2x^2 < \log_2 y$$

$$\iff y < \frac{x^2}{2}, \ \ 2x^2 < y$$

ii) $\log_2 x < 0$ つまり $0 < x < 1$ の場合

    i) の不等号を逆向きにして

$$\frac{x^2}{2} < y < 2x^2$$

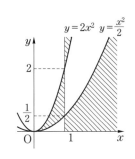

以上から，求める領域は右図の斜線部である．ただし，境界はすべて含まない．

参考

対数の定義は

$$a^n = P \iff \log_a P = n$$

という同値変形で与えられます．つまり，$\log_a P$ とは a を P にする指数のことです．

したがって（n を消去することで）

$$a^{\log_a P} = P$$

という関係が得られます．このことから

$$P^{\log_P Q} = a^{\log_a Q} (= Q)$$

$$\therefore \ \ \log_a P \log_P Q = \log_a Q$$

となります．両辺を $\log_a P$ で割ると**底の変換公式**が得られますが，実はこのままでも使い勝手のいい形なのです．青字の部分を省略して右辺にできると見れば，例えば

$$\log_2 3 \log_3 4 \log_4 5 \cdots\cdots \log_{1023} 1024 = \log_2 1024 = 10$$

と処理できます．

メインポイント

  対数の等式・不等式は，左辺と右辺に $\log$ が 1 個ずつある形に！

40 極値をもつ条件

アプローチ

3次関数 $f(x)$ と2次関数 $f'(x)$ は下図のような関係になっています.（x^3 の係数が正の場合です.）

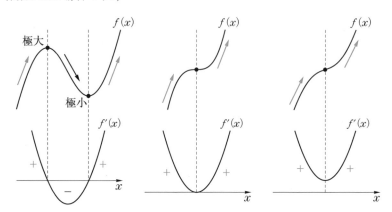

一般に，多項式の関数 $f(x)$ の**極値**とは，$f'(x)$ の符号が変わるところの値のことです.

したがって，(2)では $f'(x)$ のグラフが上図 (左) のようになることが必要十分条件となります.

そして(3)では，$f'(-a)=0$ だけでは不十分です．上図 (中央) のように，$f'(x)=0$ になる部分があっても，そこで符号変化が起こらなければ極値にはならないのです．だから，(2)で求めた条件を満たす必要があります.

解答

(1) $f(x)=x^3+(a-2)x^2+3x$ を x で微分すると
$$f'(x)=3x^2+2(a-2)x+3$$

(2) $f(x)$ が極値をもつのは，$f'(x)$ のグラフが x 軸と異なる2点で交わるときである.
$$f'(x)=3\left(x+\frac{a-2}{3}\right)^2-\frac{(a-2)^2}{3}+3$$

とできるから，頂点の y 座標に注目して

$$-\frac{(a-2)^2}{3}+3<0$$

◀判別式 $D>0$ でも OK.

$$\Longleftrightarrow (a-2)^2-3\cdot3>0$$
$$\Longleftrightarrow \{(a-2)+3\}\{(a-2)-3\}>0$$
$$\Longleftrightarrow (a+1)(a-5)>0$$
$$\Longleftrightarrow \boldsymbol{a<-1,\ 5<a}$$

(3) $f(x)$ が $x=-a$ で極値をもつためには，
$f'(-a)=0$ が必要である．

◀これだけでは，左ページの中央の図の可能性があります．

$$f'(-a)=0$$
$$\Longleftrightarrow 3a^2-2a(a-2)+3=0$$
$$\Longleftrightarrow a^2+4a+3=0$$
$$\Longleftrightarrow (a+3)(a+1)=0$$
$$\Longleftrightarrow a=-3,\ -1$$

(2)の結果 $a<-1,\ 5<a$ を満たすものは

$$\boldsymbol{a=-3}$$

このとき

$$f(x)=x^3-5x^2+3x$$
$$f'(x)=3x^2-10x+3=(3x-1)(x-3)$$

よって，増減表は次の通り．

x	$\cdots$	$\dfrac{1}{3}$	$\cdots$	3	$\cdots$
$f'(x)$	$+$	0	$-$	0	$+$
$f(x)$	↗		↘		↗

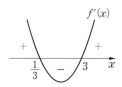

したがって，求める極大値は

$$f\left(\frac{1}{3}\right)=\frac{1}{27}-\frac{5}{9}+1=\boldsymbol{\frac{13}{27}}$$

■ メインポイント ■

極値は $f'(x)$ の符号が変化するところ

第4章

41 3次関数の最大値①

アプローチ

極値をもつ3次関数の最大値を求めるとき，定義域内に極大値をとるx座標が含まれていれば，

極大値と端点の値の勝負

になります.

◀定義域内に極値をとるx座標が含まれないときは，単調に変化するので，最大値はかならず端点でとります.

解答

$f(x)=2x^3-3(s+1)x^2+6sx+1$ とすると

$$f'(x)=6x^2-6(s+1)x+6s$$
$$=6\{x^2-(s+1)x+s\}$$
$$=6(x-s)(x-1)$$

となるから，$s<1$ に注意して，$f(x)$ の増減は次表の通り.

x	$\cdots$	s	$\cdots$	1	$\cdots$
$f'(x)$	$+$	0	$-$	0	$+$
$f(x)$	↗		↘		↗

したがって，$f(x)$ の極大値は

$$f(s)=2s^3-3(s+1)s^2+6s^2+1$$
$$=-s^3+3s^2+1$$

であり，極小値は

$$f(1)=2-3(s+1)+6s+1$$
$$=3s$$

である.

ここで，極大値と同じ値をとるx座標を求めるために

$$f(x)=-s^3+3s^2+1$$

とすると

$$2x^3-3(s+1)x^2+6sx+1=-s^3+3s^2+1$$
$$\Longleftrightarrow 2x^3-3(s+1)x^2+6sx+s^3-3s^2=0$$
$$\Longleftrightarrow (x-s)^2(2x+s-3)=0$$
$$\therefore \quad x=s, \frac{3-s}{2}$$

◀

$y=f(x)$ のグラフと直線 $y=-s^3+3s^2+1$ が $x=s$ の点で接することはわかっているので，この方程式が「重解 $x=s$」をもつことは確定しています. だから，$(x-s)^2(2x+\square)=0$ という形に因数分解できるはずです.

◀

よって，$y=f(x)$ のグラフは次図のようになる.

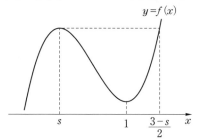

$0<s<1$ において $s<2s$ が成り立つから，関数 $f(x)$ の $0\leqq x\leqq 2s$ における最大値は以下のように場合分けできる.

i) $2s\leqq\dfrac{3-s}{2}$ すなわち $0<s\leqq\dfrac{3}{5}$ の場合

　　最大値：$f(s)=-s^3+3s^2+1$ ◀

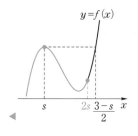

ii) $\dfrac{3-s}{2}\leqq 2s$ すなわち $\dfrac{3}{5}\leqq s<1$ の場合

　　最大値：$f(2s)=16s^3-12(s+1)s^2+12s^2+1$
　　　　　　　　$=4s^3+1$ ◀

以上まとめて，求める最大値は

$$\begin{cases} -s^3+3s^2+1 & \left(0<s\leqq\dfrac{3}{5}\right) \\[2mm] 4s^3+1 & \left(\dfrac{3}{5}\leqq s<1\right) \end{cases}$$

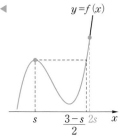

補足　**44** で紹介する「タタミ8畳」を利用すれ ◀ ば，極値をとる x 座標が s と 1 であることから，タタミ1枚の幅が $\dfrac{1-s}{2}$ とわかります．したがって，

$1+\dfrac{1-s}{2}=\dfrac{3-s}{2}$ という値が得られます.

■■ **メインポイント** ■■

最大値は，極大値と端点の勝負！

3次関数の最大・最小を求めるとき，極値をもつようなグラフをイメージしてしまいがちです．本問も 40 と同様に，$f'(x)$ のグラフの様子を考えることが大切です．k の値によっては，そもそも極値をもたない場合もあります．

解答

$f(x)=-x^3-3x^2+3kx+3k+2$ を x で微分して
$$f'(x)=-3x^2-6x+3k$$
$$=-3(x+1)^2+3+3k$$

ⅰ）$3+3k\leqq0$ つまり $k\leqq-1$ の場合

すべての x で $f'(x)\leqq0$ なので，$f(x)$ は単調減少である．よって，$-1\leqq x\leqq1$ における最大値は $f(-1)=0$ である．

ⅱ）$0<3+3k$ つまり $-1<k$ の場合

$f'(x)=0$ とすると
$$x^2+2x-k=0$$
$$\therefore\quad x=-1\pm\sqrt{1+k}$$

よって，$-1\leqq x$ における増減表は次の通り．

x	-1	$\cdots$	$-1+\sqrt{1+k}$	$\cdots$
$f'(x)$		$+$	0	$-$
$f(x)$		↗		↘

したがって，$-1\leqq x\leqq1$ における最大値は以下の通り．

(イ) $1<-1+\sqrt{1+k}$ の場合
$$2<\sqrt{1+k}$$

両辺ともに正だから2乗して
$$4<1+k\quad\therefore\quad3<k$$

この場合
$$最大値\ f(1)=6k-2$$

◀極大値が見えない（定義域に含まれない）場合です．

（ロ）　$-1+\sqrt{1+k}\leqq 1$ つまり $-1<k\leqq 3$ の場合

◀極大値が見える（定義域に含まれる）場合です。

$f(x)$ を x^2+2x-k で割ることで

$$f(x)=(x^2+2x-k)(-x-1)+(2k+2)(x+1)$$

とできるので

最大値 $f(-1+\sqrt{1+k})=(2k+2)\sqrt{1+k}$

◀$x=-1+\sqrt{1+k}$ のとき $x^2+2x-k=0$ です。

$$\qquad\qquad\qquad\qquad\qquad\quad =2(\sqrt{1+k})^3$$

以上，まとめて

最大値 $\begin{cases} 0 & (k\leqq -1) \\ 2(\sqrt{1+k})^3 & (-1<k\leqq 3) \\ 6k-2 & (3<k) \end{cases}$

> **参考**　3次関数の最大値・最小値を求めるときは，最初に**立方完成**するのも有効です。
>
> 　一般に，$y=ax^3+bx^2+cx+d$ を $y=a(x-p)^3+e(x-p)+q$ に式変形することを**立方完成**といいます。こうすることで，
>
> $y=ax^3+ex$ のグラフを x 軸方向に p，y 軸方向に q 平行移動したものであることがわかります。
>
> 　本問の $f(x)$ の場合には
>
> $$\begin{aligned} f(x)&=-x^3-3x^2+3kx+3k+2 \\ &=-x^3-3x^2-3x-1+3kx+3k+2+3x+1 \\ &=-(x+1)^3+(3k+3)x+(3k+3) \\ &=-(x+1)^3+(3k+3)(x+1) \end{aligned}$$
>
> とすることで，$y=f(x)$ のグラフは，$y=-x^3+(3k+3)x$ のグラフを x 軸方向に -1 平行移動したものであることがわかります。
>
> 　グラフを x 軸方向に平行移動しても，定義域も一緒に移動すれば最大値・最小値には変化がありません。したがって，$y=-x^3+(3k+3)x$ の $0\leqq x\leqq 2$ における最大値を求めても同じことになります。このとき
>
> $$y'=-3x^2+(3k+3)$$
>
> から，$-1<k$ の場合の $y'=0$ の解は $x=\pm\sqrt{1+k}$ となり，極値を求める計算がラクになります。

■■■■ **メインポイント** ■■■■

3次関数は極値をもつとは限らない！

43 3次不等式が成り立つ条件

アプローチ

　本問は，**23** **2次不等式が成り立つ条件**と同じ考え方で解けます．つまり，$0 \leqq x \leqq 1$ において

$f(x) \geqq 0$ が成り立つ
$\Longleftrightarrow (f(x)$ の最小値$) \geqq 0$

と考えます．

　ただし，**23** の 《別解》 のように，先に a のとりうる値の範囲を必要条件でおさえておくと，無駄な計算が省け，ラクになります．

◀ 本問は，$f(0)$ と $f(1)$ の値に注目します．

解答

　$0 \leqq x \leqq 1$ において $f(x) \geqq 0$ が成り立つには

$$\begin{cases} f(0) \geqq 0 \\ f(1) \geqq 0 \end{cases} \quad \therefore \quad \begin{cases} a \geqq 0 \\ -2a+1 \geqq 0 \end{cases}$$

すなわち

$$0 \leqq a \leqq \frac{1}{2}$$

が必要であるから，以下，この範囲で考える．

　$f(x) = x^3 - 3ax + a$ を x で微分して

$$f'(x) = 3x^2 - 3a = 3(x+\sqrt{a})(x-\sqrt{a})$$

ⅰ) $a = 0$ の場合

x	0	$\cdots$	1
$f'(x)$	0	$+$	
$f(x)$		$\nearrow$	

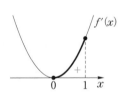

　最小値は $f(0) = 0$ だから，$0 \leqq x \leqq 1$ において $f(x) \geqq 0$ が成り立つ．

ⅱ) $0 < a \leqq \dfrac{1}{2}$ の場合

x	0	$\cdots$	$\sqrt{a}$	$\cdots$	1
$f'(x)$		$-$	0	$+$	
$f(x)$		$\searrow$		$\nearrow$	

　最小値は

$$f(\sqrt{a}) = a\sqrt{a} - 3a\sqrt{a} + a$$
$$= a(1 - 2\sqrt{a})$$

だから，$0 \le x \le 1$ において $f(x) \ge 0$ が成り
立つための条件は

$$a(1-2\sqrt{a}) \ge 0$$

$$\Longleftrightarrow 1-2\sqrt{a} \ge 0 \quad (\because \quad 0 < a)$$

$$\Longleftrightarrow \sqrt{a} \le \frac{1}{2}$$

$$\Longleftrightarrow 0 < a \le \frac{1}{4} \quad (\because \quad 0 < a)$$

$0 < a \le \dfrac{1}{2}$ との共通部分を考えて

$$0 < a \le \frac{1}{4}$$

ⅰ），ⅱ）より，求める a の値の範囲は

$$\boldsymbol{0 \le a \le \frac{1}{4}}$$

別解

$f(x) \ge 0$ は $\dfrac{1}{3}x^3 \ge a\left(x-\dfrac{1}{3}\right)$ とできる.

$y=\dfrac{1}{3}x^3$ を微分すると，$y'=x^2$ なので，$\left(t,\ \dfrac{1}{3}t^3\right)$
における接線の方程式は

$$y=t^2 x - \frac{2}{3}t^3$$

これが，点 $\left(\dfrac{1}{3},\ 0\right)$ を通るとき

$$0=\frac{1}{3}t^2 - \frac{2}{3}t^3 \qquad \therefore \quad t^2(2t-1)=0$$

$$\therefore \quad t=0,\ \frac{1}{2}$$

よって，右図のようになるから，求める a の値の範
囲は

$$0 \le a \le \frac{1}{4}$$

メインポイント

不等式が成り立つ条件は，最小値（or 最大値）に注目して考える！

第4章

44 3次方程式の実数解

$y=x^3-\dfrac{3}{2}x^2-6x-k$ のグラフと $y=0$ (x 軸) の

共有点を考えても解けますが，少しメンドウです．

文字定数は分離

してあげましょう！

　すると，3次曲線を固定でき，直線 $y=k$ だけを動かすことで，共有点 (＝実数解) の動きを把握できます．

　また，極値をもつ3次関数のグラフは右図のように，合同な長方形を8枚並べたところにピッタリとハマります．この知識を利用すると，交点の動く範囲がわかりやすいです．

(筆者は『タタミ8畳』と呼んでいます．)

解答

(1)　$f(x)=x^3-\dfrac{3}{2}x^2-6x$ とすると方程式 (＊) は

$$f(x)-k=0 \iff f(x)=k$$

とできるから，方程式 (＊) が異なる3つの実数解をもつのは，$y=f(x)$ のグラフと直線 $y=k$ が異なる3点で交わるときである．

$$f'(x)=3x^2-3x-6=3(x+1)(x-2)$$

であるから，$f(x)$ の増減は次の通り．

x	$\cdots$	-1	$\cdots$	2	$\cdots$
$f'(x)$	$+$	0	$-$	0	$+$
$f(x)$	$\nearrow$	$\dfrac{7}{2}$	$\searrow$	-10	$\nearrow$

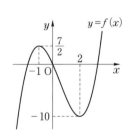

　したがって，$y=f(x)$ のグラフは右のようになるので，求める k の値の範囲は

$$-10<k<\dfrac{7}{2}$$

(2) 方程式（＊）の実数解は，$y=f(x)$ と $y=k$ の交点の x 座標である.

(a) $f\left(\dfrac{7}{2}\right)=\dfrac{7}{2}$, $f\left(-\dfrac{5}{2}\right)=-10$ なので，$y=f(x)$ のグラフは右のようになる.

したがって，α, β, γ の取りうる値の範囲は

$$-\frac{5}{2}<\alpha<-1, \quad -1<\beta<2, \quad 2<\gamma<\frac{7}{2}$$

(b) 方程式（＊）において，解と係数の関係から

$$\begin{cases} \alpha+\beta+\gamma=\dfrac{3}{2} & \cdots\cdots① \\[2mm] \alpha\beta+\beta\gamma+\gamma\alpha=-6 & \cdots\cdots② \\[2mm] \alpha\beta\gamma=k & \cdots\cdots③ \end{cases}$$

が成り立つので

$$\begin{aligned} \alpha\gamma &=-\beta(\alpha+\gamma)-6 \quad (\because \quad ②) \\ &=-\beta\left(\frac{3}{2}-\beta\right)-6 \quad (\because \quad ①) \\ &=\beta^2-\frac{3}{2}\beta-6 \\ &=\left(\beta-\frac{3}{4}\right)^2-\frac{105}{16} \end{aligned}$$

◀ β についての 2 次関数になりました.

$-1<\beta<2$ なので，$\beta=\dfrac{3}{4}$ において最小値

$\alpha\gamma=-\dfrac{105}{16}$ をとり，③ から

$$k=-\frac{105}{16}\cdot\frac{3}{4}=-\frac{315}{64}$$

第4章

┣ メインポイント ┫

文字定数は分離せよ！

45 接線の本数

アプローチ

曲線 $y=f(x)$ の接線の本数を数えるには，接点の座標を $(t,\ f(t))$ とおいて

（接線の本数）＝（接点 t の個数）

と考えることが大切です．

したがって(3)では，t についての方程式（**解答** の③式）の実数解 t の値がちょうど 2 個になる条件を求めることになります．

接線 3 本，接点 3 個

解答

(1)　$y=x^3-x$ を微分すると，$y'=3x^2-1$
　なので，点 $(t,\ t^3-t)$ における接線の方程式は
$$y=(3t^2-1)x-2t^3 \quad \cdots\cdots①$$

◀点 $(t,\ t^3-t)$ を通り，傾き $3t^2-1$ の直線です．

(2)　点 $(s,\ s^3-s)$ における接線の方程式は
$$y=(3s^2-1)x-2s^3 \quad \cdots\cdots②$$
　　①，②が一致するのは
$$3t^2-1=3s^2-1 \ \text{かつ} \ -2t^3=-2s^3$$
　を満たすときであり，これらから
$$t^2=s^2 \ \text{かつ} \ t^3=s^3$$
$$\Longleftrightarrow t=\pm s \ \text{かつ} \ t=s$$
　これらを同時に満たすのは，$t=s$ のときに限る．

◀2 直線が一致するのは，傾きが等しく，かつ y 切片が等しいとき．

(3)　①が点 $(a,\ b)$ を通るとき
$$b=(3t^2-1)a-2t^3$$
$$\therefore \quad 2t^3-3at^2+(a+b)=0 \quad \cdots\cdots③$$
　　(2)で示したことから，接線①の本数は，方程式③の異なる実数解 t の個数と一致するので，③を満たす実数 t の値がちょうど 2 個となる条件を求める．
$$f(t)=2t^3-3at^2+(a+b) \ \text{とすると}$$
$$f'(t)=6t^2-6at=6t(t-a)$$
　であるから，$f(t)=0$ を満たす実数 t の値がちょう

◀(2)によって，異なる 2 点で接するような接線が存在しないことを保証しているのです．

ど2個となる条件は

$$a \neq 0 \quad かつ \quad f(0) \cdot f(a) = 0$$

すなわち

$$a \neq 0 \quad かつ \quad (a+b)(-a^3+a+b) = 0$$

点AはC上にないから $b \neq a^3 - a$ である.

よって，求める条件は

$$a \neq 0 \quad かつ \quad a+b = 0$$

◀ $f(t) = 0$ を満たす実数 t の値がちょうど2個となるのは，$y = f(t)$ のグラフが下図のように，極値をもち，かつ極値の一方が0のときです.

補足 4次以上の関数では，右図のような場合があります.

本問においてそのような場合がないことを，(2)によって保証しているのです.

接線1本，接点2個

参考

接線が3本引けるのは，③が異なる3個の実数解をもつときで，その条件は

$$a \neq 0 \quad かつ \quad f(0) \cdot f(a) < 0$$

$$\therefore \quad a \neq 0 \quad かつ \quad (a+b)(-a^3+a+b) < 0$$

接線が1本だけ引けるのは，③を満たす実数 t の値がちょうど1個のときで，その条件は

$$a = 0 \quad または \quad (a \neq 0 \quad かつ \quad f(0) \cdot f(a) > 0)$$

$$\therefore \quad a = 0 \quad または$$
$$(a \neq 0 \quad かつ \quad (a+b)(-a^3+a+b) > 0)$$

これらから，点 (a, b) の存在領域を xy 平面に図示すると右図のようになります.

2つのグラフ上からは2本引ける.ただし，2つのグラフの交点からは1本だけ.

第4章

ーーーーー **メインポイント** ーーーーー

接線の本数は，接点の個数に等しい！

46 積分方程式

アプローチ

積分で表された式を含んだ等式から，もとの関数の式を求めるときは次の2つの方針が基本です．

① 積分区間に変数がない
  ⟶ 定積分を文字定数でおく

◀定積分の計算結果は定数になります．

② 積分区間に変数がある
  ⟶ 微分積分の基本定理

◀定積分の計算結果は関数になります．

つまり，(1)は $a=\displaystyle\int_0^1 f(t)\,dt$ とおいて $f(x)$ を整理し，(2)は両辺を x で微分します．

--- 微分積分の基本定理 ---

$$\frac{d}{dx}\int_a^x f(t)\,dt=f(x)\quad(a\ \text{は定数})$$

◀$\dfrac{d}{dx}$ は「x で微分する」という意味の記号です．

証明 $F'(x)=f(x)$ とすると

$$\int_a^x f(t)\,dt=\Big[F(t)\Big]_a^x=F(x)-F(a)$$

$F(a)$ は定数だから，両辺を x で微分することで

$$\frac{d}{dx}\int_a^x f(t)\,dt=F'(x)-0=f(x)$$

となる．   （証明終了）

「積分してから微分すればもとに戻る」という，当たり前に感じる定理ですが，
◀この定理があるから「積分は微分の逆」として扱えるようになったのです．

解答

(1) $a=\displaystyle\int_0^1 f(t)\,dt$ とおくと

$$f(x)=3x^2+ax+1$$

となるので

◀複雑そうに見えた $f(x)$ が，実はただの2次関数であることがわかりました．

$$a=\int_0^1 (3t^2+at+1)\,dt$$

$$=\left[t^3+\frac{1}{2}at^2+t\right]_0^1$$

$$=\frac{1}{2}a+2$$

$$\therefore\quad a=4,\ f(x)=3x^2+4x+1$$

(2) 両辺を x で微分すれば

$$(3x+1)g(x)=4g(x)+15x^2-6x-9$$

◀微分積分の基本定理.

$$\therefore \quad 3(x-1)g(x)=3(x-1)(5x+3)$$

よって，$x \neq 1$ のとき

$$g(x)=5x+3$$

となり，これと条件 $g(1)=8$ から，すべての実数 x に対して

$$\boldsymbol{g(x)=5x+3}$$

である.

また，与式に $x=1$ を代入すれば

$$0=4\int_k^1 (5t+3)\,dt-24$$

◀$\int_1^1 (3t+1)g(t)\,dt$ は，積分区間の幅が 0 なので，0 になります.

$$\therefore \quad \int_k^1 (5t+3)\,dt=6 \quad \cdots\cdots(*)$$

ここで

$$\int_k^1 (5t+3)\,dt=\left[\frac{5}{2}t^2+3t\right]_k^1$$

$$=-\frac{5}{2}k^2-3k+\frac{11}{2}$$

であるから

$$(*) \iff -\frac{5}{2}k^2-3k+\frac{11}{2}=6$$

$$\iff 5k^2+6k+1=0$$

$$\iff (k+1)(5k+1)=0$$

$$\therefore \quad \boldsymbol{k=-1,\ -\frac{1}{5}}$$

━■ メインポイント ■━

積分が定数なら文字でおき，関数なら微分する！

47 絶対値の定積分

本問において，$|t^2-x^2|$ は「t についての関数」で
しょうか？　それとも「x についての関数」でしょう
か？　その答えは，後ろにある dt が教えてくれます．

▶ $\int_{-1}^{1}|t^2-x^2|dt$ の意味を考
えます．

後ろに dt があるということは，**t について積分**す
るということですから，$|t^2-x^2|$ を「t についての関
数」と見るべきであり，かつ**積分区間も t の値の範囲**
と考えます．このとき x は定数として扱います．

▶ このとき x は定数として扱
います．

(1)，(2)ともに $x \geqq 0$ であることに注意すると，
$y=|t^2-x^2|$ のグラフと積分区間の対応は下の2パタ
ーンに場合分けされます．

0 < x ≦ 1 の場合　　　　1 ≦ x の場合

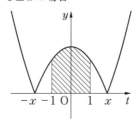

▶ つねに $|t^2-x^2| \geqq 0$ だから，
$\int_{-1}^{1}|t^2-x^2|dt$ は斜線部分の
面積を表します．

また，いずれにせよ，グラフは y 軸対称なので，斜
線部分の面積は $0 \leqq t \leqq 1$ の部分の面積の2倍です．

▶ グラフが y 軸対称である関
数を偶関数といいます．

解答

(1) $|t^2-x^2|$ は t についての偶関数であり，$0 \leqq x \leqq 1$
のとき

$$f(x)=2\int_{0}^{1}|t^2-x^2|dt$$

$$=2\left\{\int_{0}^{x}(-t^2+x^2)dt+\int_{x}^{1}(t^2-x^2)dt\right\}$$

$$=2\left\{\left[-\frac{1}{3}t^3+x^2t\right]_{0}^{x}+\left[\frac{1}{3}t^3-x^2t\right]_{x}^{1}\right\}$$

$$=2\left\{\frac{2}{3}x^3-0+\left(\frac{1}{3}-x^2\right)-\left(-\frac{2}{3}x^3\right)\right\}$$

$$=\frac{8}{3}x^3-2x^2+\frac{2}{3}$$

となる．したがって

▶ 図からわかるように，$t=x$
の左右でグラフの式が変わ
ります．だから，積分も
$t=x$ で切り分けます．

$$f'(x)=8x^2-4x=4x(2x-1)$$

であり，増減は次の通り．

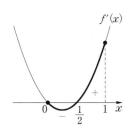

x	0	$\cdots$	$\dfrac{1}{2}$	$\cdots$	1
$f'(x)$	0	$-$	0	$+$	
$f(x)$		$\searrow$		$\nearrow$	

$f(0)=\dfrac{2}{3}$，$f(1)=\dfrac{4}{3}$ なので

$$\text{最大値：}f(1)=\dfrac{4}{3}，\ \text{最小値：}f\!\left(\dfrac{1}{2}\right)=\dfrac{1}{2}$$

(2) $x\geqq1$ のとき

$$\begin{aligned}
f(x)&=2\int_0^1|t^2-x^2|\,dt\\
&=2\int_0^1(-t^2+x^2)\,dt\\
&=2\left[-\dfrac{1}{3}t^3+x^2t\right]_0^1\\
&=2x^2-\dfrac{2}{3}
\end{aligned}$$

(1)とあわせて，$x\geqq0$ における $y=f(x)$ のグラフは右の太線部である．

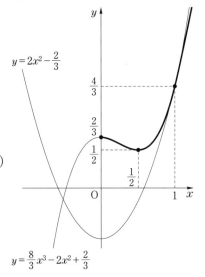

メインポイント

dt とあるなら t についての関数と見て，t について積分！

---

48 面積の基本

右図のような，$\alpha \leqq x \leqq \beta$，$g(x) \leqq y \leqq f(x)$ の領域
の面積 S は

$$S=\int_\alpha^\beta \{f(x)-g(x)\}\,dx$$

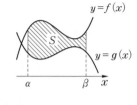

で求められます．このとき，引く順番や積分区間を間
違えると正しい値が出ないので注意が必要です．

だから

$$S=\int_左^右 (上-下)\,dx$$

と覚えておきましょう．

なお，「グラフが x 軸の下にあるときはマイナスを
つける」なんて覚え方はナンセンスです．右図の斜線
部分の面積 S は，「上」を x 軸 $(y=0)$，「下」を
$y=-x^2$ と考えて

$$S=\int_0^2 \{0-(-x^2)\}\,dx$$
$$=\int_0^2 x^2\,dx$$
$$=\left[\frac{1}{3}x^3\right]_0^2=\frac{8}{3}$$

と求めればいいのです．

解答

(1) $y=-x^2+4x=-(x-2)^2+4$ とできることに注
意して，$y=f(x)$ のグラフは下図の太線部分．

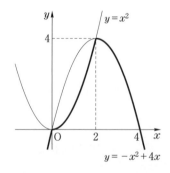

(2) 求める面積は下図の斜線部分(2か所)の面積の
合計だから

$$S=\int_0^1 (x-x^2)\,dx+\int_1^2 (x^2-x)\,dx+\int_2^3 \{(-x^2+4x)-x\}\,dx$$

$$=\left[\frac{1}{2}x^2-\frac{1}{3}x^3\right]_0^1+\left[\frac{1}{3}x^3-\frac{1}{2}x^2\right]_1^2+\left[-\frac{1}{3}x^3+\frac{3}{2}x^2\right]_2^3$$

$$=\frac{1}{2}(1^2-0^2)-\frac{1}{3}(1^3-0^3)+\frac{1}{3}(2^3-1^3)-\frac{1}{2}(2^2-1^2)$$
$$-\frac{1}{3}(3^3-2^3)+\frac{3}{2}(3^2-2^2)$$

$$=\frac{1}{2}-\frac{1}{3}+\frac{7}{3}-\frac{3}{2}-\frac{19}{3}+\frac{15}{2}$$

$$=\frac{13}{2}-\frac{13}{3}=\frac{\mathbf{13}}{\mathbf{6}}$$

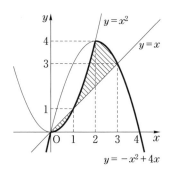

◀上下の組合せが
$0<x<1$,
$1<x<2$,
$2<x<3$
でそれぞれ異なるのがわか
りますね.

補足 例えば $\left[\frac{1}{3}x^3-\frac{1}{2}x^2\right]_1^2$ の計算は

$$\left(\frac{1}{3}\cdot 2^3-\frac{1}{2}\cdot 2^2\right)-\left(\frac{1}{3}\cdot 1^3-\frac{1}{2}\cdot 1^2\right)=\left(\frac{8}{3}-2\right)-\left(\frac{1}{3}-\frac{1}{2}\right)=\frac{2}{3}-\left(-\frac{1}{6}\right)=\frac{5}{6}$$

とするより, **解答** のように

$$\frac{1}{3}(2^3-1^3)-\frac{1}{2}(2^2-1^2)=\frac{7}{3}-\frac{3}{2}=\frac{5}{6}$$

とした方が, 通分をするのが1回で済むのでラクです.

■**メインポイント**■

面積の基本は, (上−下)を積分!

49 接する２つのグラフの間の面積

アプローチ

接する２つのグラフの間の面積を求める計算に，厳密には数学Ⅲの内容になりますが

公式 $\displaystyle\int (x-\alpha)^n\,dx=\frac{1}{n+1}(x-\alpha)^{n+1}+C$

◀ $\displaystyle\int x^n\,dx=\frac{1}{n+1}x^{n+1}+C$
を x 軸方向に α 平行移動したものと理解できます.

が使えます.

解答

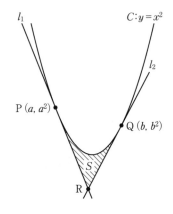

(1) $y=x^2$ を微分すると，$y'=2x$ なので
$$l_1: y=2ax-a^2,\quad l_2: y=2bx-b^2$$
これらから y を消去すれば
$$2(a-b)x=a^2-b^2$$
$$\Longleftrightarrow 2(a-b)x=(a-b)(a+b)$$
$$\Longleftrightarrow x=\frac{a+b}{2}\quad (\because\ a-b\neq 0)$$
これを l_1 の式に代入すると
$$y=2a\cdot\frac{a+b}{2}-a^2=ab$$
$$\therefore\ \mathrm{R}\left(\frac{a+b}{2},\ ab\right)$$

(2) $r=\dfrac{a+b}{2}$ とおいて，求める面積 S は

$$S=\int_a^r \{x^2-(2ax-a^2)\}\,dx+\int_r^b \{x^2-(2bx-b^2)\}\,dx$$
$$=\int_a^r (x-a)^2\,dx+\int_r^b (x-b)^2\,dx$$
$$=\left[\frac{1}{3}(x-a)^3\right]_a^r+\left[\frac{1}{3}(x-b)^3\right]_r^b$$
$$=\frac{1}{3}(r-a)^3-0+0-\frac{1}{3}(r-b)^3$$
$$=\frac{1}{3}(r-a)^3+\frac{1}{3}(b-r)^3$$
$$=\frac{2}{3}\left(\frac{b-a}{2}\right)^3=\frac{1}{12}(b-a)^3$$

◀ C と l_1 は $x=a$ で接しているので，重解をもつ形 $(x-a)^2$ に因数分解できます. C と l_2 も同様です.

$r=\dfrac{a+b}{2}$ から
◀ $2r=a+b$
$\therefore\ r-a=b-r=\dfrac{b-a}{2}$
とできます.

(3) $l_1 \perp l_2$ のとき，傾きに注目して

$$2a \cdot 2b = -1 \qquad \therefore \quad a = -\frac{1}{4b}$$

◀ $4ab = -1$ のとき $b \neq 0$ です．

このとき，(2)の結果は

$$S = \frac{1}{12}\left(b + \frac{1}{4b}\right)^3$$

◀ 分数式の最大・最小は
相加・相乗平均の関係
を疑いましょう．

となる．

$a < b$ と $ab = -\dfrac{1}{4} < 0$ から，b は正である．

したがって，相加・相乗平均の関係により

$$b + \frac{1}{4b} \geqq 2\sqrt{b \cdot \frac{1}{4b}} = 1$$

$$\therefore \quad S \geqq \frac{1}{12} \cdot 1^3 = \frac{1}{12}$$

◀ この段階ではまだ，最小値
が $\dfrac{1}{12}$ とは確定できません．
等号成立条件も調べる必要
があります．

等号成立条件は

$$\begin{cases} b > 0 \\ b = \dfrac{1}{4b} \end{cases} \qquad \therefore \quad b = \frac{1}{2}$$

である．よって，S の最小値は

$$S = \frac{1}{12}$$

補足 (2) の途中式 $\displaystyle\int_a^r (x-a)^2 dx + \int_r^b (x-b)^2 dx$ は
下図の斜線部分の面積を表すので

$$\int_a^r (x-a)^2 dx + \int_r^b (x-b)^2 dx = 2\int_a^r (x-a)^2 dx$$

とできます．

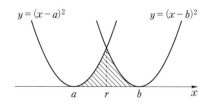

第4章

▪▎ **メインポイント** ▎▪

接するときは，重解をもつ形に因数分解してから積分！

2つのグラフに囲まれた面積

2つの放物線に囲まれた部分の面積，または放物線と直線に囲まれた部分の面積の計算には

公式 $\displaystyle\int_{\alpha}^{\beta}(x-\alpha)(x-\beta)\,dx=-\frac{1}{6}(\beta-\alpha)^3$ ◀いわゆる $\frac{1}{6}$ 公式です.

が使えます. この公式はグラフの平行移動によって次のように証明されます.

【証明】

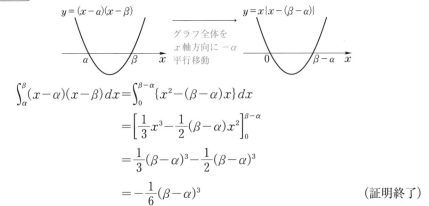

$$\int_{\alpha}^{\beta}(x-\alpha)(x-\beta)\,dx=\int_{0}^{\beta-\alpha}\{x^2-(\beta-\alpha)x\}\,dx$$

$$=\left[\frac{1}{3}x^3-\frac{1}{2}(\beta-\alpha)x^2\right]_{0}^{\beta-\alpha}$$

$$=\frac{1}{3}(\beta-\alpha)^3-\frac{1}{2}(\beta-\alpha)^3$$

$$=-\frac{1}{6}(\beta-\alpha)^3 \qquad\text{(証明終了)}$$

【解答】

(1) 2つの放物線の式を

$$y=f(x)=\frac{1}{2}x^2-3a$$

$$y=g(x)=-\frac{1}{2}x^2+2ax-a^3-a^2$$

とすると

$$f(x)-g(x)=x^2-2ax+a^3+a^2-3a$$

であり，$y=f(x)$ と $y=g(x)$ が異なる2点で交わるのは，$f(x)-g(x)=0$ が異なる2つの実数解をもつときだから，判別式 $\dfrac{D}{4}>0$ である.

$$判別式: \frac{D}{4}=(-a)^2-1\cdot(a^3+a^2-3a)$$

$$=-a^3+3a$$

なので

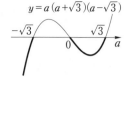

$$-a^3+3a>0$$
$$\Longleftrightarrow a(a+\sqrt{3})(a-\sqrt{3})<0$$
$$\Longleftrightarrow a<-\sqrt{3},\ 0<a<\sqrt{3}$$

a は正なので，求める a の値の範囲は

$$\boldsymbol{0<a<\sqrt{3}}$$

(2) $f(x)-g(x)=0$ の 2 つの解 $\alpha,\ \beta\ (\alpha<\beta)$ は

$$\alpha=a-\sqrt{\frac{D}{4}},\ \beta=a+\sqrt{\frac{D}{4}}$$

であるから

$$\begin{aligned}
S(a)&=\int_{\alpha}^{\beta}\{g(x)-f(x)\}dx\\
&=-\int_{\alpha}^{\beta}(x-\alpha)(x-\beta)\,dx\\
&=\frac{1}{6}(\beta-\alpha)^3\\
&=\frac{1}{6}\left(2\sqrt{\frac{D}{4}}\right)^3\\
&=\frac{4}{3}(-a^3+3a)^{\frac{3}{2}}
\end{aligned}$$

◀ $\alpha<x<\beta$ において
$\quad f(x)-g(x)<0$
なので
$\quad$上：$g(x)$　下：$f(x)$
です．

(3) $h(a)=-a^3+3a\ (0<a<\sqrt{3})$ とすると

$$h'(a)=-3a^2+3=-3(a+1)(a-1)$$

なので，増減表は次の通り．

a	(0)	$\cdots$	1	$\cdots$	$(\sqrt{3})$
$h'(a)$		$+$	0	$-$	
$h(a)$		$\nearrow$		$\searrow$	

したがって，$h(a)$ は $\boldsymbol{a=1}$ のとき極大かつ最大
となるので，$S(a)$ の最大値は

$$S(1)=\frac{4}{3}(-1^3+3\cdot1)^{\frac{3}{2}}$$

$$=\frac{8\sqrt{2}}{3}$$

◆ メインポイント ◆

2 つのグラフに囲まれた面積は $\dfrac{1}{6}$ 公式！

第4章

51 三角形の形状決定

アプローチ

三角形の形状を調べるときは，角度についての議論で攻めるよりも，辺の長さについて調べた方がわかりやすいことが多いです．

つまり，正弦定理から

$$2R = \frac{a}{\sin A} \quad \therefore \quad \sin A = \frac{a}{2R}$$

◀ R は外接円の半径です．

とでき，また，余弦定理から

$$\cos A = \frac{b^2 + c^2 - a^2}{2bc}$$

◀ もちろん，$\sin B$ や $\cos C$ も文字を入れ替えて同様に表します．

とできるので，これらを利用して**辺の長さの条件**を調べるのです．

解答

(1) 三角形 ABC の外接円の半径を R として，正弦定理により

$$\sin A = \frac{a}{2R}, \quad \sin B = \frac{b}{2R}$$

が成り立つから

$$\frac{b}{\sin A} = \frac{a}{\sin B}$$

$$\Longleftrightarrow b \cdot \frac{2R}{a} = a \cdot \frac{2R}{b}$$

$$\Longleftrightarrow b^2 = a^2$$

$$\Longleftrightarrow b = a$$

◀ 結局，R は消えてしまいます．

したがって，三角形 ABC は **CA＝BC** の**二等辺三角形**である．

(2) 余弦定理により

$$\cos A = \frac{b^2 + c^2 - a^2}{2bc}, \quad \cos B = \frac{c^2 + a^2 - b^2}{2ca}$$

が成り立つから

$$\frac{a}{\cos A} = \frac{b}{\cos B}$$

$$\iff a \cdot \frac{2bc}{b^2+c^2-a^2} = b \cdot \frac{2ca}{c^2+a^2-b^2}$$
$$\iff b^2+c^2-a^2 = c^2+a^2-b^2$$
$$\iff 2b^2 = 2a^2$$
$$\iff b = a$$

したがって，三角形 ABC は **CA＝BC の二等辺三角形**である．

(3) 余弦定理により

$$\cos A = \frac{b^2+c^2-a^2}{2bc}, \quad \cos B = \frac{c^2+a^2-b^2}{2ca}$$

が成り立つから

$$\frac{b}{\cos A} = \frac{a}{\cos B}$$

$$\iff b \cdot \frac{2bc}{b^2+c^2-a^2} = a \cdot \frac{2ca}{c^2+a^2-b^2}$$
$$\iff b^2(c^2+a^2-b^2) = a^2(b^2+c^2-a^2)$$
$$\iff b^2c^2-b^4 = c^2a^2-a^4$$
$$\iff (b^2-a^2)c^2-(b^4-a^4) = 0 \qquad \blacktriangleleft 次数の低い c について整理 $$
$$\iff (b^2-a^2)\{c^2-(b^2+a^2)\} = 0 \qquad しました．$$
$$\iff b = a \quad または \quad c^2 = a^2+b^2 \qquad \blacktriangleleft c^2=a^2+b^2 は三平方の定理ですね．$$

したがって，三角形 ABC は **CA＝BC の二等辺三角形**，または，**∠C＝90° の直角三角形**である．

補足 条件 $\sin A + \cos A = 1$ を満たす三角形 ABC はどのような三角形でしょうか？

この場合，上記の 解答 と同じようにしても，うまくいきません．この場合には，条件式を A についての**方程式**と見て処理することになります．

$$\sin A + \cos A = 1 \iff \sin\left(A+\frac{\pi}{4}\right) = \frac{1}{\sqrt{2}}$$

$$\therefore \quad A = \frac{\pi}{2}$$

これで，∠A＝90° の直角三角形であることがわかりました．

このような例外もありますが，解答 のように辺の長さで調べるのが原則です．

━ **メインポイント** ━

三角形の形状は，角度よりも辺の長さで調べる！

52 円の内接四角形

円の内接四角形には，**対角の和が 180°** という性質があります．これと余弦定理を利用することで，角度や対角線の長さを調べられます．

このとき

$$\cos(\pi-\theta)=-\cos\theta$$
$$\sin(\pi-\theta)=\sin\theta$$

を使うことになります．

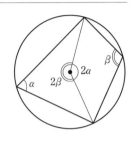

解答

(1) ∠BAD$=\theta$ とおいて，△ABD における余弦定理から
$$BD^2=6^2+(5-x)^2-2\cdot6(5-x)\cos\theta$$
$$=x^2-10x+61-12(5-x)\cos\theta \quad\cdots\cdots①$$
△BCD における余弦定理から
$$BD^2=3^2+x^2-2\cdot3x\cos(\pi-\theta)$$
$$=x^2+9+6x\cos\theta \quad\cdots\cdots②$$
①，②から BD^2 を消去して
$$x^2-10x+61-12(5-x)\cos\theta=x^2+9+6x\cos\theta$$
$$\therefore\quad 6(x-10)\cos\theta=2(5x-26)$$
$0<x<5$ から $x-10\neq0$ なので
$$\cos\theta=\frac{26-5x}{3(10-x)}$$

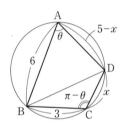

(2) (1)の結果から
$$\sin\theta=\sqrt{1-\frac{(26-5x)^2}{9(10-x)^2}}$$
◀$\sin\theta>0$ です．
$$=\sqrt{\frac{(4+2x)(56-8x)}{9(10-x)^2}}$$
$$=\frac{4\sqrt{(2+x)(7-x)}}{3(10-x)}$$
◀$0<x<5$ から $10-x>0$ です．

なので，四角形 ABCD の面積 $S(x)$ は
$$S(x)=△ABD+△BCD$$
$$=\frac{1}{2}\cdot6(5-x)\sin\theta+\frac{1}{2}\cdot3x\sin(\pi-\theta)$$
$$=\frac{3}{2}(10-2x)\sin\theta+\frac{3}{2}x\sin\theta$$

$$= \frac{3}{2}(10-x)\sin\theta$$

$$= \frac{3}{2}(10-x)\cdot\frac{4\sqrt{(2+x)(7-x)}}{3(10-x)}$$

$$= 2\sqrt{(2+x)(7-x)}$$

$$= 2\sqrt{-x^2+5x+14}$$

$$= 2\sqrt{-\left(x-\frac{5}{2}\right)^2+\frac{81}{4}}$$

◀ $\sqrt{}$ の中が 2 次関数になりました.

とでき, $0<x<5$ に注意すると, $x=\dfrac{5}{2}$ のとき

最大で, その値は

$$S\left(\frac{5}{2}\right)=2\sqrt{\frac{81}{4}}=9$$

参考 円の内接四角形 ABCD を, 対角線 BD で切り分けた 2 つの三角形の面積の比は

$$\triangle\text{ABD}:\triangle\text{BCD}$$

$$= \frac{1}{2}\text{AB}\cdot\text{AD}\cdot\sin A : \frac{1}{2}\text{BC}\cdot\text{CD}\cdot\sin C$$

$$= \text{AB}\cdot\text{AD}:\text{BC}\cdot\text{CD} \quad (\because \quad \sin C=\sin(\pi-A)=\sin A)$$

となります. つまり, 対角線以外の **2 辺の積の比**になっています.

したがって, 対角線 BD と AC の交点を E とするとき, $\triangle$ABD と $\triangle$BCD は底辺 BD を共有していると見て

$$\text{AE}:\text{EC}=(\triangle\text{ABD の高さ}):(\triangle\text{BCD の高さ})$$

$$=\triangle\text{ABD}:\triangle\text{BCD}$$

$$=\text{AB}\cdot\text{AD}:\text{BC}\cdot\text{CD}$$

となります.

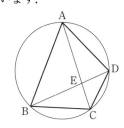

第5章

━ **メインポイント** ━

円の内接四角形は対角の和が $180°$

53 方べきの定理

　円が関係する三角形の相似の中でも，代表的なもの
が次の3パターンです．

ⅰ）**円の中にリボンの形**

　　円周角の定理により

　　　　∠PAD＝∠PCB

　　　　∠PDA＝∠PBC

　　　　∴　△PAD∽△PCB

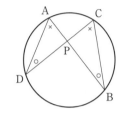

ⅱ）**内接四角形とハミ出す三角形**

　　円の内接四角形の性質（対角の和が180°）から

　　　　∠PAC＝∠PDB

　　　　∠PCA＝∠PBD

　　　　∴　△PAC∽△PDB

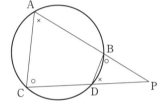

ⅲ）**接線とハミ出す三角形**

　　接弦定理により

　　　　∠PAT＝∠PTB

　　また，共通角なので

　　　　∠APT＝∠TPB

　　　　∴　△APT∽△TPB

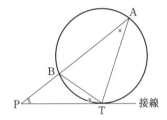

　例えば，ⅲ）において，対応する辺の比に注目して

　　　　AP：TP＝PT：PB

　　　　∴　AP・BP＝TP²

としたものが**方べきの定理**です．

　しかし，この結果だけを暗記していたら

　　　　AP：TP＝TA：BT

という比の式は出てこないことになってしまいます．

　だから，方べきの定理を暗記するのではなく，**これ
らの相似を見抜ける**ようにしておきましょう．

◀例えばBTの長さが与え
られているなら，この式の
方がいいですよね．

114

(1)　AE＝DE＝x，CD＝y とおく．

△ABC∽△DEC であるから

AB：DE＝BC：EC＝CA：CD

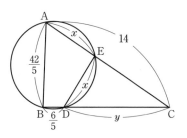

◀左ページの ⅱ）の相似です．

$\iff \dfrac{42}{5} : x = \left(\dfrac{6}{5} + y\right) : (14 - x) = 14 : y$

$\iff \begin{cases} x\left(\dfrac{6}{5} + y\right) = \dfrac{42}{5}(14 - x) & \cdots\cdots① \\ 14x = \dfrac{42}{5}y & \cdots\cdots② \end{cases}$

②から，$y = \dfrac{5}{3}x$ なので，①に代入して

$$x\left(\dfrac{6}{5} + \dfrac{5}{3}x\right) = \dfrac{42}{5}(14 - x)$$

$$\iff x(18 + 25x) = 3^2 \cdot 14(14 - x)$$

$$\iff 25x^2 + 144x - 2^2 \cdot 3^2 \cdot 7^2 = 0$$

$$\iff (25x + 294)(x - 6) = 0$$

$x > 0$ なので $x = 6$ であり，$y = \dfrac{5}{3}x$ から

$y = 10$ である．

$$\therefore \quad \textbf{AE＝6，CD＝10}$$

(2)　(1)の結果から △CDE の 3 辺の長さの比が

　　DE：EC：CD＝6：8：10＝3：4：5

なので，△CDE は ∠CED＝90° の直角三角形である．

　　よって，∠AED＝90° なので，△AED は直角二等辺三角形であり，斜辺 AD が円Oの直径である．

　　したがって，求める円Oの半径は

$$\dfrac{\text{AD}}{2} = \dfrac{6\sqrt{2}}{2} = 3\sqrt{2}$$

◀この直角に気づかなかったら，52 と同様に余弦定理を利用して cos を求め，さらに正弦定理から外接円の半径を求めることになります．

━ メインポイント ━

方べきの定理の暗記ではなく，相似を見抜く！

54 メネラウスの定理

メネラウスの定理を使うときは，どの三角形とどの直線の組合せに適用しているのかを，はっきりさせましょう.

メネラウスの定理

下図のとき，$\triangle$ABC と直線 PQR について
$$\frac{AR}{RB} \cdot \frac{BP}{PC} \cdot \frac{CQ}{QA} = 1$$
が成り立つ.

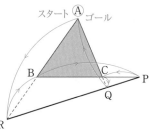

◀三角形と直線が交わっている必要はありません.

解答

(1) 直線 AG と辺 BC の交点を M とすれば，M は BC の中点であり
$$AG : GM = 2 : 1$$
である.

$\triangle$AMC と直線 EHG に関するメネラウスの定理により
$$\frac{AG}{GM} \cdot \frac{ME}{EC} \cdot \frac{CH}{HA} = 1$$
$$\iff \frac{2}{1} \cdot \frac{3}{2} \cdot \frac{CH}{HA} = 1$$
$$\iff \frac{CH}{HA} = \frac{1}{3}$$
$$\therefore \quad \mathbf{CH : HA = 1 : 3}$$

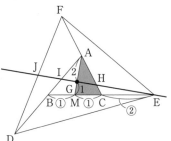

(2)　△ABC と直線 EHI に関するメネラウスの定理
によって

$$\frac{AI}{IB} \cdot \frac{BE}{EC} \cdot \frac{CH}{HA} = 1$$

$$\Longleftrightarrow \frac{AI}{IB} \cdot \frac{2}{1} \cdot \frac{1}{3} = 1$$

$$\Longleftrightarrow \frac{AI}{IB} = \frac{3}{2}$$

$$\therefore \quad \textbf{BI} : \textbf{IA} = \textbf{2} : \textbf{3}$$

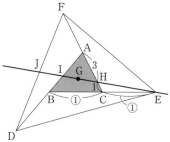

(3)　△AFD と直線 HIJ に関するメネラウスの
定理によって

$$\frac{DJ}{JF} \cdot \frac{FH}{HA} \cdot \frac{AI}{ID} = 1$$

$$\Longleftrightarrow \frac{DJ}{JF} \cdot \frac{7}{3} \cdot \frac{3}{7} = 1$$

$$\Longleftrightarrow \frac{DJ}{JF} = 1$$

$$\therefore \quad \textbf{DJ} : \textbf{JF} = \textbf{1} : \textbf{1}$$

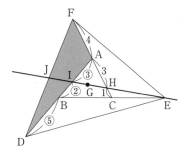

補足　ベクトルを利用するのも有効です．例えば(1)は

$$\overrightarrow{AG} = \frac{1}{3}(\overrightarrow{AB} + \overrightarrow{AC}), \quad \overrightarrow{AE} = -\overrightarrow{AB} + 2\overrightarrow{AC}$$

であり，点Hが直線 EG 上にあるから

$$\overrightarrow{AH} = \overrightarrow{AE} + k\overrightarrow{EG} = (1-k)\overrightarrow{AE} + k\overrightarrow{AG}$$

$$= (1-k)(-\overrightarrow{AB} + 2\overrightarrow{AC}) + k \cdot \frac{1}{3}(\overrightarrow{AB} + \overrightarrow{AC})$$

$$= \left(-1 + \frac{4}{3}k\right)\overrightarrow{AB} + \left(2 - \frac{5}{3}k\right)\overrightarrow{AC}$$

と表せて，点Hは直線 AC 上でもあるから

$$-1 + \frac{4}{3}k = 0$$

$$\therefore \quad k = \frac{3}{4}, \quad \overrightarrow{AH} = \frac{3}{4}\overrightarrow{AC}$$

◣◢ **メインポイント** ◣◢

三角形の周りの線分比はメネラウスの定理！

本問のような立体 (空間図形) の問題であっても,

ひとつひとつの処理は平面図形を取り出して行う

ことになります.

したがって, 空間を把握するのが苦手であっても, まずはそのつど注目する平面を正確に取り出す練習をしましょう.

解答

(1) △ABD における余弦定理から

$$AD^2=3^2+1^2-2\cdot3\cdot1\cos60°=7$$

$$\therefore \quad \mathbf{AD}=\sqrt{7}$$

◀△ACD でも OK.

(2) △OAE, △CDE における余弦定理から

$$AE^2=3^2+(3-t)^2-2\cdot3(3-t)\cos60°$$
$$=t^2-3t+9$$
$$DE^2=2^2+t^2-2\cdot2\cdot t\cos60°$$
$$=t^2-2t+4$$

よって, △ADE における余弦定理から

$$\cos\angle DAE=\frac{AD^2+AE^2-DE^2}{2\cdot AD\cdot AE}$$
$$=\frac{7+(t^2-3t+9)-(t^2-2t+4)}{2\sqrt{7}\sqrt{t^2-3t+9}}$$
$$=\frac{\mathbf{12-t}}{2\sqrt{7}\sqrt{t^2-3t+9}}$$

◀プロセスを誘導している設問なので, 答えは少しキタナイですね.

(3) (2)より

$$\sin\angle DAE=\sqrt{1-\left(\frac{12-t}{2\sqrt{7}\sqrt{t^2-3t+9}}\right)^2}$$
$$=\frac{\sqrt{4\cdot7(t^2-3t+9)-(12-t)^2}}{2\sqrt{7}\sqrt{t^2-3t+9}}$$
$$=\frac{\sqrt{27t^2-60t+108}}{2\sqrt{7}\sqrt{t^2-3t+9}}$$

なので

$$\triangle ADE=\frac{1}{2}AD\cdot AE\sin\angle DAE$$

$$= \frac{1}{2} \cdot \sqrt{7} \cdot \sqrt{t^2 - 3t + 9} \cdot \frac{\sqrt{27t^2 - 60t + 108}}{2\sqrt{7}\sqrt{t^2 - 3t + 9}}$$

$$= \frac{1}{4}\sqrt{27t^2 - 60t + 108}$$

$$= \frac{1}{4}\sqrt{27\left(t - \frac{10}{9}\right)^2 + \frac{224}{3}}$$

図から $0 < t < 3$ であることに注意して，$\triangle$ADE の

面積は $t = \dfrac{10}{9}$ のとき最小値をとり，その最小値は

$$\frac{1}{4}\sqrt{\frac{224}{3}} = \sqrt{\frac{14}{3}}$$

補足 前問と同様，やはりこの問題も，ベクトルを利用して次のように解くことができます．

内分の公式より

$$\overrightarrow{AD} = \frac{2\overrightarrow{AB} + \overrightarrow{AC}}{3}, \quad \overrightarrow{AE} = \frac{t\overrightarrow{AO} + (3-t)\overrightarrow{AC}}{3}$$

であり，$|\overrightarrow{AB}|^2 = |\overrightarrow{AC}|^2 = |\overrightarrow{AO}|^2 = 9$，$\overrightarrow{AB} \cdot \overrightarrow{AC} = \overrightarrow{AC} \cdot \overrightarrow{AO} = \overrightarrow{AO} \cdot \overrightarrow{AB} = \dfrac{9}{2}$ なので

$$|\overrightarrow{AD}|^2 = \frac{1}{9}(4|\overrightarrow{AB}|^2 + 4\overrightarrow{AB} \cdot \overrightarrow{AC} + |\overrightarrow{AC}|^2) = 7$$

$$|\overrightarrow{AE}|^2 = \frac{1}{9}\{t^2|\overrightarrow{AO}|^2 + 2t(3-t)\overrightarrow{AO} \cdot \overrightarrow{AC} + (3-t)^2|\overrightarrow{AC}|^2\}$$

$$= t^2 - 3t + 9$$

$$\overrightarrow{AD} \cdot \overrightarrow{AE} = \frac{1}{9}\{(3-t)|\overrightarrow{AC}|^2 + 2(3-t)\overrightarrow{AB} \cdot \overrightarrow{AC} + t\overrightarrow{AC} \cdot \overrightarrow{AO} + 2t\overrightarrow{AO} \cdot \overrightarrow{AB}\}$$

$$= -\frac{1}{2}t + 6$$

$$\therefore \quad \triangle ADE = \frac{1}{2}\sqrt{|\overrightarrow{AD}|^2|\overrightarrow{AE}|^2 - (\overrightarrow{AD} \cdot \overrightarrow{AE})^2}$$

$$= \frac{1}{2}\sqrt{7(t^2 - 3t + 9) - \left(-\frac{1}{2}t + 6\right)^2}$$

$$= \frac{1}{4}\sqrt{27t^2 - 60t + 108}$$

（以下省略）

■**メインポイント**■

注目する平面を取り出して処理する！

56 四面体の埋め込み

アプローチ

1つの頂点から出ている3辺の長さが等しい四面体は**直円錐**に埋め込めます．すると，垂線が底面の中心に下りることがイメージしやすいですね．

◀筆者は**三脚型四面体**と呼んでいます．

また，4つの面がすべて合同であるような四面体のことを**等面四面体**といいます．この等面四面体は，**直方体**に埋め込めます．

 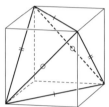

解答

[A] △ABC における余弦定理から

$$\cos\angle CAB=\frac{3^2+4^2-(\sqrt{13})^2}{2\cdot3\cdot4}=\frac{1}{2}$$

よって，$\angle CAB=60°$ である．

△ABC の外接円の半径を R とすると，正弦定理から

$$2R=\frac{\sqrt{13}}{\sin60°}\qquad\therefore\quad R=\sqrt{\frac{13}{3}}$$

DA＝DB＝DC から，四面体 ABCD は右図のように円錐に埋め込むことができるので，△DAH における三平方の定理から

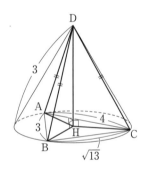

$$DH=\sqrt{DA^2-R^2}$$
$$=\sqrt{3^2-\left(\sqrt{\frac{13}{3}}\right)^2}$$
$$=\sqrt{\frac{14}{3}}$$

したがって，四面体 ABCD の体積は

$$\frac{1}{3}△ABC\cdot DH=\frac{1}{3}\cdot\frac{1}{2}\cdot3\cdot4\sin60°\cdot\sqrt{\frac{14}{3}}$$
$$=\sqrt{14}$$

［B］　題意の四面体は等面四面体なので，右図のように 3 辺の長さが x, y, z である直方体に埋め込める．

　このとき

$$\begin{cases} x^2+y^2=49 & \cdots\cdots① \\ y^2+z^2=64 & \cdots\cdots② \\ z^2+x^2=81 & \cdots\cdots③ \end{cases}$$

3 式を加えて，2 で割れば

$$x^2+y^2+z^2=97 \quad\cdots\cdots④$$

②，④から

$$x^2+64=97 \quad \therefore \quad x^2=33$$
$$\therefore \quad x=\sqrt{33} \quad (\because \quad x>0)$$

③，④から

$$y^2+81=97 \quad \therefore \quad y^2=16$$
$$\therefore \quad y=4 \quad (\because \quad y>0)$$

①，④から

$$z^2+49=97 \quad \therefore \quad z^2=48$$
$$\therefore \quad z=4\sqrt{3} \quad (\because \quad z>0)$$

　求める体積は，直方体の体積から周りの 4 つの四面体の体積を除いたものだから

$$xyz-4\cdot\frac{1}{3}\cdot\frac{1}{2}xy\cdot z=\frac{1}{3}xyz$$
$$=\frac{1}{3}\cdot\sqrt{33}\cdot4\cdot4\sqrt{3}$$
$$=\boldsymbol{16\sqrt{11}}$$

補足　**正四面体**は，三脚型と見ることも，等面四面体と見る（立方体に埋め込む）ことも，どちらでもできます．

特別な四面体は埋め込んで考える！

57 展開図からの組み立て

アプローチ

　3辺の長さが3:4:5になっている △ABC が直角三角形であることには気付きたいところです．この直角が見えれば，座標軸を設定しやすいですね．

▶△ACDも直角三角形なので，こちらを基準にしてもよいのですが，組み立てるイメージがやや難しくなります．

　展開図から立体を組み立てるときには，**谷折る辺に対する垂直面上を点が動いていくことに注意しましょう**．

[解答]

　AB＝4，AC＝3，BC＝5 から，△ABC は
∠CAB＝90° の直角三角形である．

　よって，xyz 座標空間に A(0, 0, 0)，B(4, 0, 0)，C(0, 3, 0) とおき，三角錐 V を組み立てる．

　△ABE は正三角形だから，点Eは平面 $x=2$ 上を動く．

　∠ACD＝90° だから，点Dは平面 $y=3$ 上を動く．

　よって，三角錐 V を組み立てたときの3点D，E，Fが重なる点をGとするとき

$$G(2, 3, z) \quad (z>0)$$

とおける．

▶真上から見たときの，点D，Eの動き．

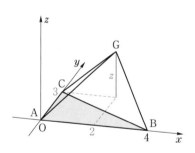

　辺 GA の長さは辺 EA の長さに等しく4だから

$$\sqrt{2^2+3^2+z^2}=4$$
$$\iff 4+9+z^2=16$$
$$\iff z^2=3$$
$$\iff z=\sqrt{3} \quad (\because \quad z>0)$$

したがって，三角錐 V の体積は

$$\frac{1}{3}\cdot\triangle\text{ABC}\cdot z=\frac{1}{3}\cdot\frac{1}{2}\cdot4\cdot3\cdot\sqrt{3}$$
$$=2\sqrt{3}$$

補足 展開図から立体を組み立てるイメージが苦手で，点Gの x 座標が 2，y 座標が 3 であることが見えなかった場合，単純に

$$\text{G}(x,\ y,\ z)$$

とおいて

$$\text{GA}=\text{EA}=4$$
$$\text{GB}=\text{EB}=4$$
$$\text{GC}=\text{DC}=\sqrt{\text{AD}^2-\text{AC}^2}=\sqrt{7}$$

から

$$\begin{cases} x^2+y^2+z^2=4^2 \\ (x-4)^2+y^2+z^2=4^2 \\ x^2+(y-3)^2+z^2=(\sqrt{7})^2 \end{cases}$$

として，これを解いてもすぐに点Gの座標を得られます.

第5章

━■ メインポイント ■━

直角を見つけたら，座標空間に設置する！

アプローチ

立体を処理するときの1つの手段として,

対称面で切る

という方法があります.

対称面とは,立体をその面で切って2つに分けたとき,その2つが鏡写しの状態になるような面のことです.例えば球の場合,中心を通るように切れば,必ず鏡写しの状態になります.

なお,1つの立体に対称面は複数存在することもあるので,**どの対称面で切るかは何を求めるかによって変わります**.

◄ もちろん,対称面をもたない立体もあります.(というより,もつ場合が特殊なのです.)

解答

図①〜④のように各点をとる.ここで,M,Nはそれぞれ辺BE,CDの中点である.

図①

図②

◄ 内接球は辺や頂点でなく,面に接することに注意しましょう.

図③

図④
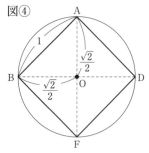

◄ 外接球は頂点に接します.

△ABE は 1 辺の長さが 1 の正三角形なので
$$AM = \frac{\sqrt{3}}{2}$$

また，図④のように，△OAB は斜辺の長さが 1 の直角二等辺三角形なので
$$OA = \frac{\sqrt{2}}{2}$$

題意の内接球と面 ABE の接点は，線分 AM 上にあり，その点を H とする．

内接球の半径を r，$\angle OAH = \theta$ とおいて，図②から
$$r = OH$$
$$= OA \sin\theta$$
$$= OA \cdot \frac{OM}{AM}$$
$$= \frac{\sqrt{2}}{2} \cdot \frac{1}{\sqrt{3}} = \frac{\sqrt{6}}{6}$$

よって，内接球の体積は
$$\frac{4}{3}\pi r^3 = \frac{4}{3}\pi\left(\frac{\sqrt{6}}{6}\right)^3 = \frac{\sqrt{6}}{27}\pi$$

◀半径 r の球の体積 V は
$$V = \frac{4}{3}\pi r^3$$

図④から外接球の半径は $\frac{\sqrt{2}}{2}$ なので，その表面積は

◀半径 r の球の表面積 S は
$$S = 4\pi r^2$$

$$4\pi\left(\frac{\sqrt{2}}{2}\right)^2 = 2\pi$$

第5章

◣ メインポイント ◢

立体は対称面で切る！

図形と方程式

59 直線に関する対称点

この問題は「直線 l_1，l_2 が鏡になっていて，O から発射されたレーザー光が2点C，Bで反射して点Aに届く」と考えるとわかりやすいです．

鏡に反射された光は，鏡の中から直進してくるように見えますよね．鏡 l_2 の中の世界にOの像 O′ があって，そこから鏡 l_1 の中の世界にあるAの像 A′ まで**直進する光をイメージする**のです．

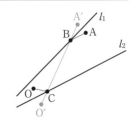

解答

$$l_1 : x - y + 1 = 0 \quad すなわち \quad y = x + 1$$

に関して A(5, 5) と対称な点を A′(p, q) とおくと，AA′ の中点 $\left(\dfrac{5+p}{2}, \dfrac{5+q}{2}\right)$ が l_1 上にあることから

$$\frac{5+q}{2} = \frac{5+p}{2} + 1 \quad \therefore \quad q = p + 2 \quad \cdots\cdots ①$$

また，AA′ と l_1 が直交することから

$$\frac{q-5}{p-5} \cdot 1 = -1 \quad \therefore \quad q = -p + 10 \quad \cdots\cdots ②$$

①，②を連立して

$$p = 4, \quad q = 6 \quad \therefore \quad A′(4, 6)$$

次に

$$l_2 : x - 2y - 2 = 0 \quad すなわち \quad y = \frac{1}{2}x - 1$$

に関して原点Oと対称な点を O′(r, s) とおくと，OO′ の中点 $\left(\dfrac{r}{2}, \dfrac{s}{2}\right)$ が l_2 上にあることから

$$\frac{s}{2} = \frac{1}{2} \cdot \frac{r}{2} - 1 \quad \therefore \quad s = \frac{1}{2}r - 2 \quad \cdots\cdots ③$$

また，OO′ と l_2 が直交することから

$$\frac{s}{r} \cdot \frac{1}{2} = -1 \quad \therefore \quad s = -2r \quad \cdots\cdots ④$$

③, ④を連立して

$$r = \frac{4}{5}, \quad s = -\frac{8}{5} \qquad \therefore \quad O'\left(\frac{4}{5}, \ -\frac{8}{5}\right)$$

よって, 直線 O'A' の傾きは

$$\frac{6 - \left(-\dfrac{8}{5}\right)}{4 - \dfrac{4}{5}} = \frac{38}{16} = \frac{19}{8}$$

であり, 直線 O'A' の方程式は

$$y = \frac{19}{8}x - \frac{7}{2}$$

となる.

◀この直線と l_1, l_2 との交点がそれぞれ B, C ということになります.

これと l_1 を連立して

$$\frac{19}{8}x - \frac{7}{2} = x + 1 \qquad \therefore \quad x = \frac{36}{11}$$

$$\therefore \quad \mathbf{B\left(\frac{36}{11}, \ \frac{47}{11}\right)}$$

l_2 と連立して

$$\frac{19}{8}x - \frac{7}{2} = \frac{1}{2}x - 1 \qquad \therefore \quad x = \frac{4}{3}$$

$$\therefore \quad \mathbf{C\left(\frac{4}{3}, \ -\frac{1}{3}\right)}$$

補足 問題が「AB＋BC＋CO の長さが最小となるような点 B, C を求めよ」となっていてもまったく同様の解答になります.

なぜなら, 左ページの図から

$$AB = A'B, \quad CO = CO'$$

となるので, AB＋BC＋CO の長さが最小となるのは, A'B＋BC＋CO' の長さが最小となるときで, それは結局 4 点 A', B, C, O' が一直線上に並ぶときだからです.

第6章

▐ メインポイント ▐

鏡による反射は, 鏡の中の像を考えよ！

60 円の方程式

(2)　k の値によらず通る定点とは,

> 任意の k の値に対して等式を成り立たせるような (x, y) のこと

です. したがって, 円の方程式を k についての恒等式と見て処理します.

(4)　円と直線の位置関係は,

> 円の中心と直線の距離 d と半径 r の大小に注目する

のがセオリーです.

◀点 (x_0, y_0) と
直線 $ax+by+c=0$ の距離 d は
$$d=\frac{|ax_0+by_0+c|}{\sqrt{a^2+b^2}}$$
で求められます.

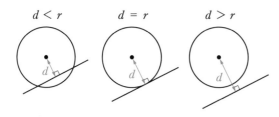

$d < r$　　$d = r$　　$d > r$

解答

(1)　$x^2+y^2+3kx-ky-10k-20=0$ から
$$\left(x+\frac{3}{2}k\right)^2+\left(y-\frac{1}{2}k\right)^2=\frac{5}{2}k^2+10k+20$$

ここで
$$\frac{5}{2}k^2+10k+20=\frac{5}{2}(k+2)^2+10>0$$

であるから, 確かに円を表し, その中心は
$$\left(-\frac{3}{2}k, \ \frac{1}{2}k\right)$$

例えば
$(x-1)^2+(y+3)^2=0$
◀は円ではなく, 点 $(1, -3)$ を表します. だから, 右辺が正になることを確認しました. (**補足** 参照.)

(2)　$x^2+y^2+3kx-ky-10k-20=0$ から
$$k(3x-y-10)+(x^2+y^2-20)=0$$

とでき, これを k についての恒等式と見ると
$$3x-y-10=0 \ \text{かつ} \ x^2+y^2-20=0$$

これらから y を消去すれば
$$x^2+(3x-10)^2-20=0$$
$$\Longleftrightarrow \ x^2-6x+8=0$$
$$\Longleftrightarrow \ (x-2)(x-4)=0 \quad \therefore \quad x=2, \ 4$$

◀k について整理しました.

よって，求める定点は
$$(x, \ y) = (2, \ -4), \ (4, \ 2)$$

⑶　円 C の半径を r とすると，⑴から
$$r^2 = \frac{5}{2}(k+2)^2 + 10$$
なので，円 C の面積 S は **$k=-2$** のとき
最小値：$S = \pi r^2 = \mathbf{10\pi}$
をとる.

◀円の面積が最小になるのは
　半径が最小になるときです.

⑷　直線 $y = \dfrac{1}{2}x$ すなわち $x-2y=0$ と円 C が接す

るのは，中心 $\left(-\dfrac{3}{2}k, \ \dfrac{1}{2}k\right)$ からの距離が半径に等

しいときだから
$$\frac{\left|\left(-\dfrac{3}{2}k\right) - 2\cdot\dfrac{1}{2}k\right|}{\sqrt{1^2+(-2)^2}} = \sqrt{\frac{5}{2}k^2 + 10k + 20}$$
$$\Longleftrightarrow \frac{\sqrt{5}}{2}|k| = \sqrt{\frac{5}{2}k^2 + 10k + 20}$$

両辺ともに 0 以上なので，2 乗して
$$\frac{5}{4}k^2 = \frac{5}{2}k^2 + 10k + 20$$
$$\Longleftrightarrow k^2 + 8k + 16 = 0$$
$$\Longleftrightarrow (k+4)^2 = 0$$
$$\therefore \quad \mathbf{k=-4}$$

補足　⑴で「円であることが前提で与えられているので，円になることの確認は必要ない」と考えた読者もいるかもしれません．⑴だけなら確かにそうなのですが，例えば，その「確認」の結果が $0 < k < 2$ となり，⑷の計算結果が $k=1, \ 4$ であれば，もちろん答えは $k=1$ になります．よって「円になることの確認」は解答のどこかでは実行しておくべきことなので，筆者は最初にしておいたのです．（本問はすべての実数 k で円です．）

■■ **メインポイント** ■■

円と直線の位置関係は，中心から直線までの距離と半径の大小で調べる！

61 弦の長さ

アプローチ

前問と同様，円と直線の位置関係は中心からの距離に注目して考えます．

そして，(3)では弦の長さを考えるのですが，これは弦の中点，円の中心，円と直線の交点で作られる**直角三角形**に注目して**三平方の定理**を利用します．

◀円と直線の交点を求め，弦の長さを直接求めるのはメンドウです．
（が… **別解** 参照.）

解答

(1) 円の方程式は $(x-2)^2+(y-4)^2=5$ とできるので，これは中心 $(2, 4)$，半径 $\sqrt{5}$ の円である．

中心 $(2, 4)$ と直線 $ax-y+1=0$ の距離 d は

$$d=\frac{|a\cdot2-4+1|}{\sqrt{a^2+(-1)^2}}=\frac{|2a-3|}{\sqrt{a^2+1}}$$

と表せる．

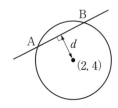

円と直線が異なる 2 点で交わるのは，d が半径より短いときだから

$$\frac{|2a-3|}{\sqrt{a^2+1}}<\sqrt{5}$$

$$\Longleftrightarrow |2a-3|<\sqrt{5a^2+5}$$

◀$\sqrt{a^2+1}>0$

両辺ともに 0 以上だから，両辺を 2 乗して

$$4a^2-12a+9<5a^2+5$$

$$\Longleftrightarrow a^2+12a-4>0$$

$$\therefore \quad a<-6-2\sqrt{10},\ -6+2\sqrt{10}<a$$

(2) 弦 AB の長さが最大になるのは，AB が直径のとき，すなわち直線 $y=ax+1$ が円の中心を通るときだから

$$4=a\cdot2+1$$

$$\therefore \quad a=\frac{3}{2}$$

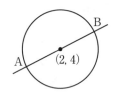

(3) 円の中心を C，弦 AB の中点を M とする．

弦 AB の長さが 2 になるとき，直角三角形 CMA
における三平方の定理により
$$CM = \sqrt{CA^2 - AM^2} = \sqrt{(\sqrt{5})^2 - 1^2} = 2$$
これが，(1)で求めた d と一致するとき
$$\frac{|2a-3|}{\sqrt{a^2+1}} = 2$$
$$\iff |2a-3| = 2\sqrt{a^2+1}$$
両辺ともに 0 以上だから，両辺を 2 乗して
$$4a^2 - 12a + 9 = 4(a^2+1)$$
$$\therefore \quad a = \frac{5}{12}$$

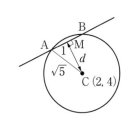

別解

円と直線の方程式から y を消去して
$$x^2 + (ax+1)^2 - 4x - 8(ax+1) + 15 = 0$$
$$\iff (1+a^2)x^2 + (-6a-4)x + 8 = 0$$
$$\iff x = \frac{3a + 2 \pm \sqrt{a^2+12a-4}}{1+a^2}$$
この値を α，β $(\alpha < \beta)$ とするとき，弦 AB の長さは
$$\sqrt{1+a^2}(\beta - \alpha) = 2\sqrt{\frac{a^2+12a-4}{1+a^2}}$$
と表せるので，題意から
$$2\sqrt{\frac{a^2+12a-4}{1+a^2}} = 2$$
$$\iff a^2 + 12a - 4 = 1 + a^2$$
$$\therefore \quad a = \frac{5}{12}$$

◀ 傾きが a なので，下図のような比になっています．

┣━ **メインポイント** ━┫

弦の長さは直角三角形を作って求める！

62 円群の理論 (束の理論)

アプローチ

右図のように，2つの円 $f(x, y)=0$，$g(x, y)=0$ が2点P，Qで交わっているとき

$$f(\text{P})=f(\text{Q})=g(\text{P})=g(\text{Q})=0$$

が成り立ちます．このとき，k を実数として

$$f(x, y)+kg(x, y)=0 \quad \cdots\cdots①$$

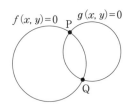

とすると，k の値に関係なく

$$f(\text{P})+kg(\text{P})=0 \quad \text{かつ} \quad f(\text{Q})+kg(\text{Q})=0$$

が成り立つので，①は2点P，Qを通る図形を表していることになります．そして，それはどのような図形かというと

(イ) ほとんどの場合，円を表す．

(ロ) x^2+y^2 を消去するような k の値を選べば，直線PQを表す．

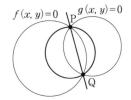

となります．

しかし，**注意しなければいけないことがあります．**

この①は，P，Qを通るすべての円を表せるわけではないのです．どのような k の値を選んでも，①が $g(x, y)=0$ を表すことはありません．

そこで，直線PQの方程式を $h(x, y)=0$ として

$$f(x, y)+kh(x, y)=0 \quad \cdots\cdots②$$

とすると，**これは2点P，Qを通るすべての円を表す**ことができます！（しかも，k の値を求めるときの計算と，その後の式の整理がラクになります．）

結局のところ，上記の内容は

連立方程式をどれだけイジっても
解 (交点) は変わらない

ということです．

◀ **補足** 参照．

このような考え方を**円群の理論**，または**束の理論**といいます．

◀ 円でなくても同様の議論ができるので，一般的には束の理論といいます．

(1)　$C_1 : x^2 + y^2 = 25$

　　$C_2 : (x-4)^2 + (y-3)^2 = 2$

　　　　すなわち　$x^2 + y^2 - 8x - 6y + 23 = 0$

　　これらから $x^2 + y^2$ を消去すると

　　　　$25 - 8x - 6y + 23 = 0$

　　　∴　$4x + 3y - 24 = 0$

◀ C_2 の中心 $(4, 3)$ が、ちょうど C_1 上にあり、なおかつ（C_2 の半径）＜（C_1 の直径）なので、2つの円は異なる2点で交わります。

◀ 左ページの(ロ)です。

(2)　2つの交点を通る円の方程式は、実数 k を用いて

　　　　$x^2 + y^2 - 25 + k(4x + 3y - 24) = 0$

　　と表せる。これが $(3, 1)$ を通るとき

　　　　$3^2 + 1^2 - 25 + k(4\cdot3 + 3\cdot1 - 24) = 0$

　　　∴　$k = -\dfrac{5}{3}$

　　よって、求める円の方程式は

　　　　$x^2 + y^2 - 25 - \dfrac{5}{3}(4x + 3y - 24) = 0$

　　　∴　$\left(x - \dfrac{10}{3}\right)^2 + \left(y - \dfrac{5}{2}\right)^2 = \dfrac{85}{36}$

◀ 左ページの②です。

補足　C_1, C_2 の交点を求めることを考えてみましょう。

　C_1, C_2 の方程式を連立して、辺々を引いて整理すれば

　　　　$4x + 3y - 24 = 0$　……(＊)

が得られます。これと C_1（C_2 でも OK）の方程式から y を消去すれば、x の2次方程式になり、交点の x 座標が求められますが、何を思ったか

　　　　$x^2 + y^2 - 25 + 3(4x + 3y - 24) = 0$　……(＊＊)

という式を作ってしまったとしましょう。

　このとき、(＊)と(＊＊)から y を消去して解いても、同じ解（交点）が得られますよね。

　だから(＊＊)も、C_1, C_2 の2交点を通る円を表していることになるのです。

第6章

メインポイント

交点を通る図形には、束の理論！

63 軌跡①

アプローチ

　軌跡を（幾何的にでなく）計算で求めるときの基本
の手順は

　　① 軌跡を描く点を (X, Y) とおく.

　　② すべての条件を数式化する.

　　③ 目標は X と Y の関係式.

です.

　本問においては，手順②で

　　(イ) 点Pが円 C 上を動くこと

　　(ロ) 点Qは $\triangle$PAB の重心であること

の 2 条件を数式化することになります.

◀得られた関係式が等式の場合を軌跡と呼び，不等式の場合を領域と呼びます.

◀P(s, t) とおいて，円 C 上にあることから
$(s-2)^2+(t-1)^2=4$
としてもいいのですが….

解答

(1) 円 C の方程式は $(x-2)^2+(y-1)^2=4$ とできる
　から，中心は $(2, 1)$，半径は 2 である.

　　$l : y=-\dfrac{1}{2}x+k$ すなわち $x+2y-2k=0$ と中

　心 $(2, 1)$ の距離に注目して

　　　　$\dfrac{|2+2\cdot1-2k|}{\sqrt{1^2+2^2}}>2$

　　$\iff |k-2|>\sqrt{5}$

　　$\iff k<2-\sqrt{5},\ 2+\sqrt{5}<k$

　　k は正なので

　　　　$\boldsymbol{2+\sqrt{5}<k}$

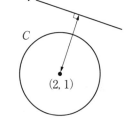

(2) P$(2\cos\theta+2, 2\sin\theta+1)$，Q$(X, Y)$ とおく.
　ただし，$0\leqq\theta<2\pi$ とする.

　　点Qは $\triangle$PAB の重心だから

　　$X=\dfrac{(2\cos\theta+2)+2+(2k-2)}{3}$

　　　$=\dfrac{2}{3}\cos\theta+\dfrac{2k+2}{3}$

　　$Y=\dfrac{(2\sin\theta+1)+(k-1)+1}{3}$

　　　$=\dfrac{2}{3}\sin\theta+\dfrac{k+1}{3}$

◀円周上の点は三角関数でおくと処理しやすいです.
（ 28 参照.）

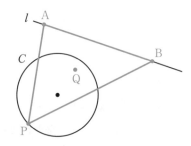

したがって

$$\left(X - \frac{2k+2}{3}\right)^2 + \left(Y - \frac{k+1}{3}\right)^2$$

$$= \frac{4}{9}\cos^2\theta + \frac{4}{9}\sin^2\theta = \frac{4}{9}$$

よって，点Qは

中心 $\left(\dfrac{2k+2}{3},\ \dfrac{k+1}{3}\right)$, 半径 $\dfrac{2}{3}$ の円

上にあり，$0 \leq \theta < 2\pi$ から Q$(X,\ Y)$ はこの円上の
すべてを動く.

◀この式変形をしなくても
$$\begin{pmatrix} x \\ y \end{pmatrix} = r\begin{pmatrix} \cos\theta \\ \sin\theta \end{pmatrix} + \begin{pmatrix} a \\ b \end{pmatrix}$$
の形から中心 $(a,\ b)$, 半径
r の円上にあると結論して
よいです.

(3) A，B は円 C の外側にあるので，(2)で求めた円が
円 C と内接することはない.

　　よって，2 円がただ 1 点を共有するのは，中心間
の距離が半径の和に等しいときだから

◀2 つの円の位置関係は，中
心間の距離に注目します.

$$\sqrt{\left(\frac{2k+2}{3} - 2\right)^2 + \left(\frac{k+1}{3} - 1\right)^2} = 2 + \frac{2}{3}$$

$$\Longleftrightarrow \sqrt{4\left(\frac{k+1}{3} - 1\right)^2 + \left(\frac{k+1}{3} - 1\right)^2} = \frac{8}{3}$$

$$\Longleftrightarrow \sqrt{5\left(\frac{k-2}{3}\right)^2} = \frac{8}{3}$$

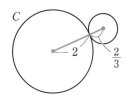

(1)の結果から $k-2$ は正なので

$$\sqrt{5} \cdot \frac{k-2}{3} = \frac{8}{3}$$

$$\therefore\quad k = 2 + \frac{8}{\sqrt{5}}$$

第6章

━■ メインポイント ■━

軌跡を描く点を $(X,\ Y)$ とおいて，X と Y の関係式を作ることが目標！

64 軌跡②

アプローチ

2交点の座標を実際に求めてから，中点の座標を求めても構いませんが，2交点の x 座標を α, β とするとき，中点の x 座標は $\dfrac{\alpha+\beta}{2}$ なので，**$\alpha+\beta$ の値を知りたい**のです．

交点を求める2次方程式（**解答** の①式）の解が α, β のときの $\alpha+\beta$ だから，**解と係数の関係の出番**です．

また，(1)で t の値の範囲に制限があることがわかるので，(2)の軌跡も**範囲の制限**に注意しましょう．

解答

(1) C_1，C_2 の方程式から y を消去すると

$$(x-t)^2+t=-x^2+4$$
$$\therefore\quad 2x^2-2tx+t^2+t-4=0 \quad \cdots\cdots①$$

C_1，C_2 が異なる2点で交わるとき，x についての2次方程式①が異なる2つの実数解をもつので

$$判別式: \frac{D}{4}>0$$

である．つまり

$$(-t)^2-2(t^2+t-4)>0$$
$$\Longleftrightarrow\quad t^2+2t-8<0$$
$$\Longleftrightarrow\quad (t+4)(t-2)<0$$
$$\therefore\quad \boldsymbol{-4<t<2}$$

(2) 題意の中点を M$(X,\ Y)$ とおく．また，C_1 と C_2 の2つの交点の x 座標を α, β とおくと，これらは①の2解だから，解と係数の関係より

$$\alpha+\beta=-\frac{-2t}{2}=t$$

であり，M が2交点の中点だから

$$X=\frac{\alpha+\beta}{2}=\frac{t}{2} \quad \cdots\cdots②$$

C_1，C_2 の方程式の辺々を加えて

$$2y=-2tx+t^2+t+4$$

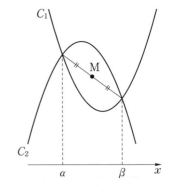

$$\therefore \quad y = -tx + \frac{t^2 + t + 4}{2}$$

これが2交点を通る直線の方程式であり，点Mはこの直線上にあるから

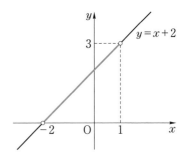

◀62 と同様の考え方です.

$$Y = -tX + \frac{t^2 + t + 4}{2} \quad \cdots\cdots ③$$

②，③からtを消去すると

$$Y = -2X \cdot X + \frac{(2X)^2 + 2X + 4}{2}$$

$$= X + 2$$

(1)の結果 $-4 < t < 2$ と②から

$$-2 < X < 1$$

なので，求める軌跡は

　　直線 $y = x + 2$ の $-2 < x < 1$ の部分

となり，右図の青線部である.

補足 2交点はC_2上にあるので，そのy座標は $-\alpha^2 + 4$, $-\beta^2 + 4$ と表せます.

　よって

$$Y = \frac{(-\alpha^2 + 4) + (-\beta^2 + 4)}{2}$$

$$= \frac{-(\alpha + \beta)^2 + 2\alpha\beta + 8}{2}$$

$$= \frac{-t^2 + 2 \cdot \frac{t^2 + t - 4}{2} + 8}{2} \quad \left(\because \quad \alpha + \beta = t, \ \alpha\beta = \frac{t^2 + t - 4}{2} \right)$$

$$= \frac{t + 4}{2}$$

とすることで，中点Mのy座標をtで表すこともできます.

━■ **メインポイント** ■━

中点の軌跡には，解と係数の関係が有効

アプローチ

(1)の結果を (X, Y) とおくと，パラメータ t を消去しにくい形になってしまいます．（できないわけではないけど…）

そこで，(1)の結果は無視して，交点 $\mathrm{P}(X, Y)$ は**もともとの2直線の式をともに満たすはず**と考えて，X, Y, t の関係式を作ると t を消去しやすい形になります．

なお，パラメータ t は「すべての実数値をとる」ので，実数 t が存在しないような点 (X, Y) は点Pとして不適切です．

▶例えば
$$\begin{cases} X=t^2 \\ Y=t^4 \end{cases} (t：実数)$$
は，単純に t を消去すると $Y=X^2$ となりますが，$X<0$ の点は
$$t^2<0$$
となり，t が実数であることに不適切です．
したがって，この場合の軌跡は
$$y=x^2 \ (x≧0)$$
◀となります．

解答

(1) $x-ty=0$ と $tx+y=2$ を連立して解けば
$$\left(\frac{2t}{1+t^2}, \ \frac{2}{1+t^2} \right)$$

(2) 交点Pの座標を (X, Y) とおくと
$$\begin{cases} X-tY=0 \\ tX+Y=2 \end{cases} \cdots\cdots(*)$$

ⅰ) $Y \neq 0$ の場合

$$(*) \Longleftrightarrow \begin{cases} \dfrac{X}{Y}=t \\ \dfrac{X^2}{Y}+Y=2 \end{cases}$$

$$\Longleftrightarrow \begin{cases} \dfrac{X}{Y}=t \\ X^2+Y^2-2Y=0 \end{cases} \cdots\cdots(**)$$

$(**)$ を満たす実数 t が存在するので，X, Y が満たす条件は
$$\begin{cases} Y \neq 0 \\ X^2+Y^2-2Y=0 \end{cases}$$
$$\therefore \begin{cases} Y \neq 0 \\ X^2+(Y-1)^2=1 \end{cases}$$
である．

◀交点は2直線の両方に乗っている点ですね．

◀ t を消すために，$t=$ の形にしようとすると Y で割ることになるので，その Y が「0 にならない場合」と「0 になる場合」に分けて考えます．

円 $x^2+(y-1)^2=1$ 上で $y=0$ となるのは原点だけなので，これは「原点を除く」ことを意味しています．

ⅱ) $Y=0$ の場合

$$(*) \iff \begin{cases} X=0 \\ t\cdot 0+0=2 \end{cases}$$

であり，これを満たす実数 t は存在しない．

つまり，直線 $y=0$ 上には交点Pが来ないということです．

以上から，求める点Pの軌跡は

円 $x^2+(y-1)^2=1$ （ただし，原点を除く）

◀下図の青線部分．

(3) $x^2+(y-1)^2=1$ と $y=\sqrt{2}\,x^2+1$ から y を消去すると

$$x^2+(\sqrt{2}\,x^2)^2=1$$
$$\iff 2x^4+x^2-1=0$$
$$\iff (2x^2-1)(x^2+1)=0$$

x は実数なので，$x^2 \geqq 0$ である．したがって

$$x^2=\frac{1}{2} \qquad \therefore \quad x=\pm\frac{1}{\sqrt{2}}$$

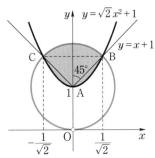

よって，求める面積は右図の灰色部分の面積である．点Aを中心とする扇形ABC（中心角 $90°$）の面積は $\dfrac{\pi}{4}$ であり，直線 $y=x+1$ と放物線 $y=\sqrt{2}\,x^2+1$ で囲まれた部分の面積は

$$\int_0^{\frac{1}{\sqrt{2}}}\{(x+1)-(\sqrt{2}\,x^2+1)\}dx$$
$$=-\sqrt{2}\int_0^{\frac{1}{\sqrt{2}}}x\left(x-\frac{1}{\sqrt{2}}\right)dx$$
$$=\sqrt{2}\cdot\frac{1}{6}\left(\frac{1}{\sqrt{2}}\right)^3$$
$$=\frac{1}{12}$$

◀ $\displaystyle\int_\alpha^\beta (x-\alpha)(x-\beta)\,dx$
$=-\dfrac{1}{6}(\beta-\alpha)^3$

なので，図の対称性にも注目して，求める面積は

$$\frac{\pi}{4}+2\cdot\frac{1}{12}=\frac{\pi}{4}+\frac{1}{6}$$

╺ メインポイント ╸

パラメータを消去するときは，パラメータの「存在」に注意！

66 実数条件と領域

アプローチ

本問は(2)があるので、なんとなく答えにたどり着いてしまうかもしれませんが、(3)だけが問われたとしても同じような議論ができますか？

求めるものが点 $(a+b, ab)$ の動く領域なので
$$X=a+b, \quad Y=ab$$
とおき、X と Y の関係式を作ることが目標になるのは 63 ～ 65 と同様です。

◀ 解答 では(2)とのつながりを考慮して u, v を使いました。

すると、初見の場合、ほとんどの人が「原点を中心とする半径1の円の内部」という条件から
$$a^2+b^2<1 \iff (a+b)^2-2ab<1$$
$$\iff X^2-2Y<1$$
$$\iff Y>\frac{1}{2}X^2-\frac{1}{2}$$
として終わらせてしまいます。

◀ 点 (X, Y) がこの関係式を満たすことは事実ですが、この不等式の表す領域のすべての点を (X, Y) がとれるかわかりません。

しかし、例えば $(X, Y)=(0, 1)$ は上の不等式を満たしますが、$a+b=0$, $ab=1$ から b を消去して
$$a\cdot(-a)=1 \iff a^2=-1$$
とすると、**a が実数にならないことがわかります**。

問題文に「平面上の点 (a, b)」とあるので、**a, b は実数でなければいけません**。つまり、**a, b が実数になる条件**も求める必要があるのです。

そして、これは **a, b を解とする2次方程式が実数解をもつ条件**として求められます。

◀ (2)が何のためにあるのかわかりましたね。

解答

(1) 解と係数の関係から
$$\alpha+\beta=-5, \quad \alpha\beta=2$$
なので
$$\alpha^2+\beta^2=(\alpha+\beta)^2-2\alpha\beta=\mathbf{21}$$

(2)　2次方程式 $t^2-ut+v=0$ が実数解をもつとき

　　　判別式：$D \geqq 0$

　つまり

　　　$(-u)^2-4v \geqq 0$

　　　$\therefore \quad v \leqq \dfrac{u^2}{4}$

　よって，点 $(u,\ v)$ の存在範囲は右図の斜線部分.
　ただし境界をすべて含む.

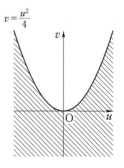

(3)　$u=a+b,\ v=ab$ とおく．このとき，点 $(a,\ b)$
　が原点を中心とする半径1の円の内部を動くための
　条件は

　　　$a^2+b^2<1$ すなわち $(a+b)^2-2ab<1$

　　　$\therefore \quad v>\dfrac{1}{2}u^2-\dfrac{1}{2}$ ……①

　また，$a,\ b$ を解とする t の2次方程式の1つは

　　　$(t-a)(t-b)=0 \quad \therefore \quad t^2-ut+v=0$

　であり，これが実数解をもつ条件は(2)から

　　　$v \leqq \dfrac{u^2}{4}$ ……②

◀これで $a,\ b$ が実数である
　ことが保証されました.

　よって，求める領域は①，②の共通部分だから，
　下図の斜線部分．ただし，境界は青線部のみ含む.

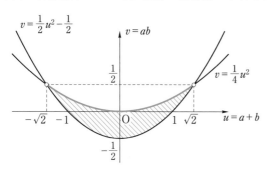

第6章

メインポイント

式変形だけでなく，実数条件に注意！

67 領域と最大・最小

アプローチ

ある領域内の点 (x, y) に対して，$ax+by$ の最大値または最小値を求めるときは

$$ax+by=k$$

とおいて，これを直線の方程式とみなし，その領域とこの直線が交わるような k の最大値・最小値を考えるのがセオリーです.

(2)では，$x+2y=k$ とおくと $y=-\dfrac{1}{2}x+\dfrac{1}{2}k$ となるので，傾きは $-\dfrac{1}{2}$ のまま直線を平行移動させて，**これ以上動かすと領域 D から離れてしまう限界の点を探す**ことになります.

◀ $y=2x$ に垂直なまま動かすイメージ.

(3)は，$ax+y=k$ とおくと $y=-ax+k$ となるので，傾き $-a$ の値の範囲によって最大をとる点が変わります. したがって，**どのような傾きなら題意に適するのか**を考えます.

◀傾きが小さすぎると(2)のようになり，大きすぎると $(-5, 0)$ で最大値をとることになります.

解答

(1) $x^2+y^2 \leqq 25$ は中心 $(0, 0)$，半径 5 の円の周および内部を表す.

また，$(y-2x-10)(y+x+5) \leqq 0$ から

$$\begin{cases} y-2x-10 \geqq 0 \\ y+x+5 \leqq 0 \end{cases} \quad \text{または} \quad \begin{cases} y-2x-10 \leqq 0 \\ y+x+5 \geqq 0 \end{cases}$$

$$\Longleftrightarrow \begin{cases} y \geqq 2x+10 \\ y \leqq -x-5 \end{cases} \quad \text{または} \quad \begin{cases} y \leqq 2x+10 \\ y \geqq -x-5 \end{cases}$$

したがって，領域 D は右図の斜線部分である. ただし，境界はすべて含む.

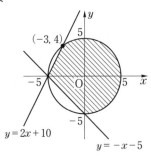

(2) $x+2y=k$ とおくと，$y=-\dfrac{1}{2}x+\dfrac{1}{2}k$ であり，この直線が領域 D と交わるときを考える.

ⅰ） y 切片 $\dfrac{1}{2}k$ が最大となるのは，円と第 1

象限で接するときである．右図からその接点
は

$$(x,\ y)=(\sqrt{5},\ 2\sqrt{5})$$

なので

$$M=\sqrt{5}+2\cdot2\sqrt{5}=5\sqrt{5}$$

ⅱ） y 切片 $\dfrac{1}{2}k$ が最小となるのは，

点 $(0,\ -5)$ を通るときなので

$$(x,\ y)=(0,\ -5)$$

において

$$m=0+2\cdot(-5)=-10$$

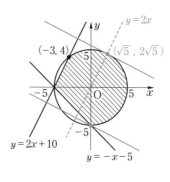

(3) $ax+y=k$ とおくと，$y=-ax+k$ であり，
この直線が領域 D と交わるときを考える．

点 $(-3,\ 4)$ と原点を結ぶ直線の傾きが $-\dfrac{4}{3}$

なので点 $(-3,\ 4)$ における円の接線の傾きは
$\dfrac{3}{4}$ である．

点 $(-3,\ 4)$ において k の値が最大になるの
は右図の青実線のようになるときだから，傾き
に注目して

$$\dfrac{3}{4}\leqq-a\leqq2 \qquad \therefore\quad -2\leqq a\leqq-\dfrac{3}{4}$$

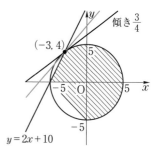

補足　「＝k とおいて解く」のがすべてではありません．

例えば $(x+4)^2+(y+3)^2$ の最大・最小は「点 $(-4,\ -3)$ からの距離の 2 乗」の
最大・最小と考えます．（本問においては，最大値：100，最小値：2 となります．）

他にも $\dfrac{y-5}{x+6}$ の最大・最小は「点 $(-6,\ 5)$ からの傾き」の最大・最小と考えま

す．（本問においては，最大値：0，最小値：-5 となります．）

■**メインポイント**■

$ax+by$ の値の範囲は，直線 $ax+by=k$ が領域と交わるような k の値の
範囲！

アプローチ

直線 $L：y=2tx-t^2$（t：実数）の通過領域を求め
てみましょう.

（考え方①）　実数条件

直線 L は，例えば点 $(0,1)$ を通るのでしょうか？
代入してみると

$$1=2t \cdot 0-t^2 \quad \therefore \quad t^2=-1$$

となり，適する実数 t が存在しないので，どのような
実数 t に対しても点 $(0,1)$ は通らないのです.

つまり，**実数 t が存在するような点 (x,y) の集合**
を求めれば，それが直線 L の通過領域となります. し
たがって

$$y=2tx-t^2 \quad \text{すなわち} \quad t^2-2xt+y=0$$

を，t についての 2 次方程式と見て，実数解をもつ条
件を考えると，判別式に注目して

$$(-x)^2-1 \cdot y \geqq 0$$
$$\therefore \quad y \leqq x^2$$

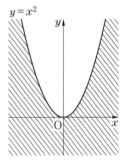

ゆえに，直線 L の通過領域は右図の斜線部分になり
ます.（境界も含む.）

この方法なら，考える図形が直線である必要もなく，
円や放物線の通過領域であっても求められますので，
まずはこの方法をマスターしてください.

（考え方②）　包絡線

上記の結果の境界線 $y=x^2$ と直線 L の方程式から
y を消去すると

$$x^2=2tx-t^2 \iff x^2-2tx+t^2=0$$
$$\iff (x-t)^2=0$$

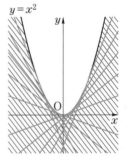

となり，重解 $x=t$ をもつことから，$y=x^2$ と直線
L は $x=t$ において接していることがわかります.

このような，接する相手のことを**包絡線**といいます.
いいかえれば，包絡線とは**接点の軌跡**のことです.

直線の通過領域を求める場合には，この接点の軌跡がわかれば，直線全体の動きがイメージできて，ラクに結果を得られます．したがって，少しズルいのですが，まず判別式：$D=0$ で包絡線を求めてしまい，直線 L がこの曲線と必ず接することを示してから，領域を図示すれば速いのです．

◀パラメータの 2 次式でないと判別式は使えませんが，出題されるものの多くはパラメータの 2 次式です．

　この方法は，円や放物線などの「曲線の通過領域」には使えませんが，実際の入試で出題される頻度は圧倒的に「直線の通過領域」の方が高いので，現実的な得点力となります．

(考え方③)　ファクシミリ論法
　例えば $x=1$ に固定すると，直線 L の方程式から
$$y=2t-t^2$$
となります．この右辺を t についての 2 次関数 $f(t)$ と見ると
$$f(t)=-(t-1)^2+1$$
とでき，実数 t の範囲に制限がないことから
$$f(t)\leqq 1 \quad \therefore \quad y\leqq 1$$
という y の範囲を得られます．

$x=2$ なら
$$y=4t-t^2=-(t-2)^2+4$$
$$\therefore \quad y\leqq 4$$
$x=3$ なら
$$y=6t-t^2=-(t-3)^2+9$$
$$\therefore \quad y\leqq 9$$
$x=x$ なら
$$y=2xt-t^2=-(t-x)^2+x^2$$
$$\therefore \quad y\leqq x^2$$

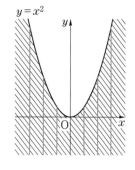

　このように，**x を固定したときの y の範囲**を調べることで，全体の通過領域を調べる方法を**ファクシミリ論法**といいます．

◀なぜ「ファクシミリ」なのか，今の受験生にはわかりにくいでしょう．何かいいネーミングがあれば….

　この方法なら，多くの場合には 2 次関数の最大・最小に帰着できるので，解きなれた問題に見えます．

解答

(1) 右図の b は, 三平方の定理から

$$b=\sqrt{(2+1)^2-2^2}=\sqrt{5}$$

であり, 円 C と円 D が異なる 2 点で交わるのは, 円 D の中心 $(a,\ 0)$ が右図の青線部分にあるときだから, a の値の範囲は

$$-\sqrt{5}<a<\sqrt{5}$$

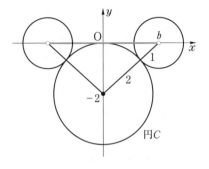

(2) $-\sqrt{5}<a<\sqrt{5}$ において, 2 つの円の方程式

$$C:x^2+y^2+4y=0$$
$$D:(x-a)^2+y^2=1 \quad \text{すなわち} \quad x^2+y^2-2ax+a^2-1=0$$

から, x^2+y^2 を消去して

◀ 62 と同様です.

$$2ax+4y-a^2+1=0$$

(3) (2)の結果を a について整理すると

$$a^2-2xa-4y-1=0$$

これが, $-\sqrt{5}<a<\sqrt{5}$ の範囲に実数解をもつような条件を求める.

$f(a)=a^2-2xa-4y-1$ とすると

$$f(a)=(a-x)^2-x^2-4y-1$$

ⅰ) $f(-\sqrt{5})\cdot f(\sqrt{5})<0$ の場合

$$(2\sqrt{5}\,x-4y+4)(-2\sqrt{5}\,x-4y+4)<0$$
$$\therefore \quad (\sqrt{5}\,x-2y+2)(\sqrt{5}\,x+2y-2)>0$$

このとき, $f(a)=0$ は $-\sqrt{5}<a<\sqrt{5}$ の範囲に実数解をもつ.

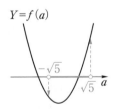

146

ii） $f(-\sqrt{5})\cdot f(\sqrt{5})\geqq 0$ の場合

$f(a)=0$ が $-\sqrt{5}<a<\sqrt{5}$ の範囲に実数解を
もつ条件は

$$\begin{cases} -\sqrt{5}<(\text{頂点の }a\text{ 座標})<\sqrt{5} \\ (\text{頂点の }Y\text{ 座標})\leqq 0 \\ f(-\sqrt{5})\geqq 0 \\ f(\sqrt{5})\geqq 0 \end{cases}$$

ただし，「$f(-\sqrt{5})=0$ かつ $f(\sqrt{5})=0$」となる
場合は除外する．よって

$$-\sqrt{5}<x<\sqrt{5}, \quad y\geqq -\frac{1}{4}x^2-\frac{1}{4}$$

$$y\leqq \frac{\sqrt{5}}{2}x+1, \quad y\leqq -\frac{\sqrt{5}}{2}x+1$$

ただし，$(0, 1)$ は除外する．

以上から，求める領域は右図の斜線部分である．
ただし，境界は太線部分だけ含む．

別解 1

(3) (2)の結果を a についての 2 次方程式と見て

判別式：$\dfrac{D}{4}=0$ すなわち $(-x)^2-1\cdot(-4y-1)=0$

とすると $y=-\dfrac{1}{4}x^2-\dfrac{1}{4}$ となる．これと，

$2ax+4y-a^2+1=0$ から y を消去すると

$$2ax+4\left(-\frac{1}{4}x^2-\frac{1}{4}\right)-a^2+1=0$$

$$\Longleftrightarrow x^2-2ax+a^2=0$$

$$\Longleftrightarrow (x-a)^2=0$$

よって，重解 $x=a$ となるので，2 つのグラフ
は $x=a$ において接している．

したがって，$-\sqrt{5}<a<\sqrt{5}$ に注意して，求
める領域は右図の通り．ただし，境界は

$y=-\dfrac{1}{4}x^2-\dfrac{1}{4}$ の $-\sqrt{5}<x<\sqrt{5}$ の部分の

み含む．

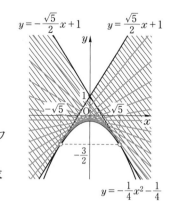

(3) (2)の結果から

$$2ax+4y-a^2+1=0$$

$$\therefore \quad y=\frac{1}{4}a^2-\frac{x}{2}a-\frac{1}{4}$$

この右辺を $g(a)$ とすると

$$g(a)=\frac{1}{4}(a-x)^2-\frac{1}{4}x^2-\frac{1}{4}$$

であり，$-\sqrt{5}<a<\sqrt{5}$ における $y=g(a)$ のとりうる値の範囲を調べる．

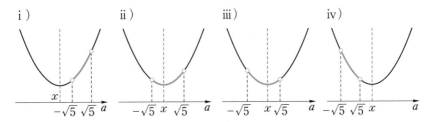

i) $x\leqq -\sqrt{5}$ の場合

$$g(-\sqrt{5})<g(a)<g(\sqrt{5})$$

$$\therefore \quad \frac{\sqrt{5}}{2}x+1<y<-\frac{\sqrt{5}}{2}x+1$$

ii) $-\sqrt{5}<x\leqq 0$ の場合

$$g(x)\leqq g(a)<g(\sqrt{5})$$

$$\therefore \quad -\frac{1}{4}x^2-\frac{1}{4}\leqq y<-\frac{\sqrt{5}}{2}x+1$$

iii) $0\leqq x<\sqrt{5}$ の場合

$$g(x)\leqq g(a)<g(-\sqrt{5})$$

$$\therefore \quad -\frac{1}{4}x^2-\frac{1}{4}\leqq y<\frac{\sqrt{5}}{2}x+1$$

iv) $\sqrt{5}\leqq x$ の場合

$$g(\sqrt{5})<g(a)<g(-\sqrt{5})$$

$$\therefore \quad -\frac{\sqrt{5}}{2}x+1<y<\frac{\sqrt{5}}{2}x+1$$

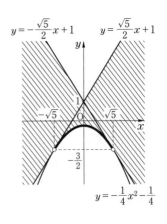

以上から，求める領域は右図の斜線部分．
ただし，境界は太線部分のみ含む．

直線の方程式がパラメータの2次式になっていなくても、次の方法で包絡線を求めることができます。

① 直線の方程式を、パラメータについて微分する。（x, y は定数と見る。）
② ①で得られた式をパラメータについて解く。
③ ②の結果をもとの直線の方程式に代入して、パラメータを消去する。

本問の場合は

① $2ax+4y-a^2+1=0$ を a について微分すると
$$2x-2a=0$$

② これを a について解くと
$$a=x$$

③ これを $2ax+4y-a^2+1=0$ に代入すると
$$2x^2+4y-x^2+1=0 \qquad \therefore \quad y=-\frac{1}{4}x^2-\frac{1}{4}$$

この方法の厳密な理屈は少し難しいのですが、ファクシミリ論法で求めた境界線（の一部）が $g(a)$ の極値（2次関数の頂点は極値と見ることもできます）になっていることを考えれば、上記の計算が納得できるのではないでしょうか。

曲線の方程式に対しても、上記の方法で包絡線を求めることができますが、曲線の場合には、包絡線の情報だけでは通過領域が得られません。かならず実数条件への帰着、あるいはファクシミリ論法で方針を立ててください。

第6章

■メインポイント■

通過領域は3つの解法

① 適切なパラメータが存在する条件
② 包絡線の利用
③ ファクシミリ論法

69 等差数列・等比数列

アプローチ

[A]　等差数列 $\{a_n\}$ の一般項は，初項（第 1 項）を a_1，
公差を d として

$$a_n = a_1 + (n-1)d$$

の形で表されることが多いですが，より一般的に

$$a_n = a_k + (n-k)d$$

と表すこともできます．要するに，基準を第 1 項
でなく**自由に設定する**ことができます．

　(2)は，負の数からスタートして増えていく数列
だから，**和が最小になるのは，負の数の項を全部
足したとき**です．

◀ 例えば
$$a_{10} = a_8 + 2d$$
$$a_{25} = a_{28} - 3d$$
◀ **補足** 参照.

[B]　初項 a_1，公比 r の等比数列 $\{a_n\}$ の一般項も

$$a_n = a_1 r^{n-1}$$

だけでなく

$$a_n = a_k r^{n-k}$$

とできます．

◀ 例えば
$$a_{13} = a_9 r^4$$

解答

[A]

(1)　公差を d とすると，$a_{15} + a_{16} + a_{17} = -2622$ から

$$(a_{16} - d) + a_{16} + (a_{16} + d) = -2622$$
$$\iff 3a_{16} = -2622$$
$$\iff a_{16} = -874 \quad \cdots\cdots ①$$

$a_{99} + a_{103} = -1238$ から

$$(a_{101} - 2d) + (a_{101} + 2d) = -1238$$
$$\iff 2a_{101} = -1238$$
$$\iff a_{101} = -619 \quad \cdots\cdots ②$$

①，②より，$85d = 255$ なので公差は

$$d = 3$$

であり，初項は

$$a_1 = -874 - 15d = -\mathbf{919}$$

◀ 項が奇数個の等差数列は中
央の項を基準にすると，う
まくいくことが多いです.

◀ 99, 100, 101, 102, 103 だ
から，中央の 101 を基準に
してみました.

◀ a_{16} から a_{101} までは，公差 d
を 85 回足しています. つ
まり，$a_{101} = a_{16} + d \times 85$ で
す.

(2)　一般項 a_n は
$$a_n = -919 + 3(n-1) = 3n - 922$$
であるから
$$a_n < 0 \iff 3n - 922 < 0$$
$$\iff n < \frac{922}{3} = 307 + \frac{1}{3}$$

◀ $a_1, \cdots, a_{307}, a_{308}, \cdots$
　　ここまで負　こっちは正

したがって，和 S_n が最小となる n は **$n = 307$** である．

[B]　公比を r として
$$a_{10} + a_{11} + a_{12} + a_{13} = -2$$
$$\iff a_5 r^5 + a_6 r^5 + a_7 r^5 + a_8 r^5 = -2$$
$$\iff r^5(a_5 + a_6 + a_7 + a_8) = -2$$

◀ 2つの条件式を見比べてみると，すべての項の番号がちょうど5ずつズレてます．

ここで，$a_5 + a_6 + a_7 + a_8 = 64$ なので
$$r^5 \cdot 64 = -2 \qquad \therefore \quad r^5 = -\frac{1}{32}$$

公比 r は実数なので
$$r = -\frac{1}{2}$$

また
$$a_{10} + a_{11} + a_{12} + a_{13} = -2$$
$$\iff a_9 r + a_9 r^2 + a_9 r^3 + a_9 r^4 = -2$$
$$\iff a_9(r + r^2 + r^3 + r^4) = -2$$
$$\iff a_9 \cdot \left(-\frac{5}{16}\right) = -2$$
$$\therefore \quad a_9 = \frac{32}{5}$$

◀ a_1 を求める必要はありません．

補足　第 n 項は，第 k 項に d を $n-k$ 回加えることで求めることができます．

メインポイント

第 k 項から第 n 項までの変化は $n-k$ 回！

70 (等差)×(等比) の和

アプローチ

(2)で (等差)×(等比) の和を求めることになります.

つまり，等差数列 $\{a_n\}$ と等比数列 $\{b_n\}$ に対して，

和 $S = \displaystyle\sum_{k=1}^{n} a_k b_k$ の形が出てきます．これは，$\{b_n\}$ の公

比 r をかけた rS との差をとることで計算する方法を
用います．$\{a_n\}$ の公差を d として

$$
\begin{array}{l}
\ \ S = a_1 b_1 + a_2 b_2 + a_3 b_3 + \cdots\cdots + a_n b_n \\
\underline{-)\ \ \ rS = a_1 b_2 + a_2 b_3 + \cdots\cdots + a_{n-1} b_n + a_n b_{n+1}} \\
(1-r)S = a_1 b_1 + \underline{db_2 + db_3 + \cdots\cdots + db_n} \ \ -a_n b_{n+1}
\end{array}
$$

◀ rb_1 は b_2 に，rb_2 は b_3 に変
わります.

こうすると，青の波線部が**等比数列の和**なのでまと
めることができます.

◀ $a_1 b_1$ も一緒にまとめられる
場合もあります.

この計算方法は覚えておくべきです.

《別解》では，次の 71 で解説する**差分解**を利用した
和の求め方を載せています.

解答

(1) $f(x) = \dfrac{k}{2}(f(1) - f(0))$ から

$$\log_2(x+1) = \frac{k}{2}(\log_2 2 - \log_2 1)$$

$$\Longleftrightarrow \log_2(x+1) = \frac{k}{2}$$

$$\Longleftrightarrow x+1 = 2^{\frac{k}{2}}$$

$$\therefore \ \ x = 2^{\frac{k}{2}} - 1$$

(2) (1)の結果から $x_k = 2^{\frac{k}{2}} - 1 = (\sqrt{2})^k - 1$ なので

$$
\begin{aligned}
k(x_k - x_{k-1}) &= k\{(\sqrt{2})^k - (\sqrt{2})^{k-1}\} \\
&= (\sqrt{2} - 1)k(\sqrt{2})^{k-1}
\end{aligned}
$$

$$T_n = \sum_{k=1}^{n} k(\sqrt{2})^{k-1} \text{ とおくと}$$

$$T_n = 1 \cdot (\sqrt{2})^0 + 2 \cdot (\sqrt{2})^1 + 3 \cdot (\sqrt{2})^2 + \cdots\cdots + \qquad n(\sqrt{2})^{n-1}$$

$$\underline{-)\quad \sqrt{2}\,T_n = \qquad\qquad 1 \cdot (\sqrt{2})^1 + 2 \cdot (\sqrt{2})^2 + \cdots\cdots + (n-1)(\sqrt{2})^{n-1} + n(\sqrt{2})^n}$$

$$(1-\sqrt{2})T_n = (\sqrt{2})^0 + (\sqrt{2})^1 + (\sqrt{2})^2 + \cdots\cdots + \qquad (\sqrt{2})^{n-1} - n(\sqrt{2})^n$$

公比 $\sqrt{2}$ の等比数列の和

$$= \frac{(\sqrt{2})^n - 1}{\sqrt{2} - 1} - n(\sqrt{2})^n$$

$$= (-n + \sqrt{2} + 1)(\sqrt{2})^n - \sqrt{2} - 1$$

$$S_n = (\sqrt{2}-1)T_n = -(1-\sqrt{2})T_n \text{ なので}$$
$$\boldsymbol{S_n = (n - \sqrt{2} - 1)(\sqrt{2})^n + \sqrt{2} + 1}$$

別解

$$k(x_k - x_{k-1}) = -kx_{k-1} + kx_k$$
$$= \boxed{-(k-1)x_{k-1} + kx_k} - x_{k-1}$$
これが差分解

◀ 差分解の形を作っておいて
後ろの $-x_{k-1}$ でツジツマ
をあわせる.

と式変形できるから

$$S_n = \sum_{k=1}^{n} k(x_k - x_{k-1})$$

$$= \sum_{k=1}^{n} \{-(k-1)x_{k-1} + kx_k\} - \sum_{k=1}^{n} x_{k-1}$$

$$= -0 \cdot x_0 + nx_n - \sum_{k=1}^{n} \{(\sqrt{2})^{k-1} - 1\}$$

◀ 差分解からの和の計算につ
いては, 次の **71** を参照.

$$= n\{(\sqrt{2})^n - 1\} - \frac{(\sqrt{2})^n - 1}{\sqrt{2} - 1} + n$$

$$= (n - \sqrt{2} - 1)(\sqrt{2})^n + \sqrt{2} + 1$$

補足 初項 a_1, 公比 r の等比数列 $\{a_n\}$ の, 初項から第 n 項までの和 S_n の公式

$$S_n = \frac{a_1(r^n - 1)}{r - 1} = \frac{a_1(1 - r^n)}{1 - r}$$

も, **解答** と同様の計算方法で証明されます.

■ **メインポイント** ■

(等差)×(等比) は, 公比をかけて, ズラして引く!

71 差分解

アプローチ

第 k 項 a_k を
$$a_k = f(k) - f(k+1)$$
と式変形することを**差分解**といいます.

◀番号がズレただけの, 同じ
形の式の差.

差分解できたら, 和を

$$\sum_{k=1}^{n} a_k = \sum_{k=1}^{n} \{f(k) - f(k+1)\}$$

$$= \{f(1) - \underset{\text{合計0}}{\underline{f(2)}}\} + \{\underset{\text{合計0}}{\underline{f(2)} - \underline{f(3)}}\} + \{\underset{\text{合計0}}{\underline{f(3)} - \underline{f(4)}}\} + \cdots + \{\underset{\text{合計0}}{\underline{f(n)} - f(n+1)}\}$$

$$= f(1) - f(n+1)$$

◀番号のズレが 2 なら, 最初
と最後に 2 個ずつ残ります.

と簡単な形にまとめることができます.

すぐに足すことができない $\sum$ が出てきたら, この
差分解を疑いましょう.

解答

(1) 等式の両辺に $(n+1)(n+2)$ をかけて
$$(n+1)(n+2)(n+3)a_{n+1} - n(n+1)(n+2)a_n = (n+2) - (n+1)$$
ここで $b_n = n(n+1)(n+2)a_n$ とおくと
$$b_{n+1} - b_n = 1, \quad b_1 = 1 \cdot 2 \cdot 3 \cdot a_1 = 6$$

◀等差数列の漸化式です.

よって, $\{b_n\}$ は初項 $b_1 = 6$, 公差 1 の等差数列な
ので
$$b_n = 6 + 1 \cdot (n-1)$$
$$\therefore \quad \boldsymbol{b_n = n + 5}$$

(2) 等式の左辺を展開して整理すると
$$p(n+1)(n+2) + qn(n+2) + rn(n+1)$$
$$= (p+q+r)n^2 + (3p+2q+r)n + 2p$$
であり, これが $b_n = n + 5$ と一致する条件は

◀つまり, n についての恒等
式になる条件.

$$\begin{cases} p+q+r=0 \\ 3p+2q+r=1 \\ 2p=5 \end{cases}$$
$$\therefore \quad \boldsymbol{p = \frac{5}{2}, \quad q = -4, \quad r = \frac{3}{2}}$$

(3) 以上から

$$\frac{5}{2}(n+1)(n+2)-4n(n+2)+\frac{3}{2}n(n+1)=n(n+1)(n+2)a_n$$

となるので，両辺を $n(n+1)(n+2)$ で割って

$$a_n=\frac{5}{2n}-\frac{4}{n+1}+\frac{3}{2(n+2)}$$

$$=\frac{5}{2}\left(\frac{1}{n}-\frac{1}{n+1}\right)-\frac{3}{2}\left(\frac{1}{n+1}-\frac{1}{n+2}\right)$$

◀中央の 4 を
$$\frac{8}{2}=\frac{5}{2}+\frac{3}{2}$$
と見るのがポイント！

とできる．

よって，求める和は

$$\sum_{k=1}^{n}a_k=\frac{5}{2}\sum_{k=1}^{n}\left(\frac{1}{k}-\frac{1}{k+1}\right)-\frac{3}{2}\sum_{k=1}^{n}\left(\frac{1}{k+1}-\frac{1}{k+2}\right)$$

$$=\frac{5}{2}\left(1-\frac{1}{n+1}\right)-\frac{3}{2}\left(\frac{1}{2}-\frac{1}{n+2}\right)$$

◀それぞれの $\sum$ で，最初と最後だけが残ります．

$$=\frac{7}{4}-\frac{5}{2(n+1)}+\frac{3}{2(n+2)}$$

$$=\frac{7(n+1)(n+2)-10(n+2)+6(n+1)}{4(n+1)(n+2)}$$

$$=\frac{n(7n+17)}{4(n+1)(n+2)}$$

補足 $\sum$ 計算には優先順位があります．

① 足し方がわかるもの（定数，等差数列，等比数列など）

② $\displaystyle\sum_{k=1}^{n}k^2=\frac{1}{6}n(n+1)(2n+1),\ \sum_{k=1}^{n}k^3=\left\{\frac{1}{2}n(n+1)\right\}^2$

③ 差分解

この順番で考えておくのがよいでしょう．

第7章

■■ **メインポイント** ■■

足せない $\sum$ は差分解を疑え！

アプローチ

　群数列では，下の **解答** の表のように，4つの数の列を同時に考えることが必要になります．

　そして最大のポイントは

　各群の末項の通し番号（表の○がついた数字）は，そこまでの群の項数の和である

◀第3群の末項の通し番号は
　$1+2+3=6$

ということです．

　通し番号というのは，そこまでの項の総数だから当然ですね．

解答

　次の表のような群数列であると考える．

群の番号	1	2		3			4				⋯
群の項数	1	2		3			4				⋯
通し番号	①	2	③	4	5	⑥	7	8	9	⑩	⋯
数　列	1	3	5	7	9	11	13	15	17	19	⋯

◀通し番号 k に対して，数列の値は $2k-1$ です．

(1)　$a_{1,n}$ は第 n 群の初項であり，その通し番号は

$$1+2+3+\cdots+(n-1)+1=\frac{1}{2}(n-1)n+1$$

◀第 $n-1$ 群の末項の通し番号に 1 を加えます．

であるから

$$a_{1,n}=2\left\{\frac{1}{2}(n-1)n+1\right\}-1=\boldsymbol{n^2-n+1}$$

(2)　第 n 群の末項の通し番号は

$$1+2+3+\cdots+n=\frac{1}{2}n(n+1)$$

であるから，第 n 群の末項は

$$2\left\{\frac{1}{2}n(n+1)\right\}-1=n^2+n-1$$

となる．

　第 n 群は等差数列をなすから，求める和は

$$\frac{1}{2}n\{(n^2-n+1)+(n^2+n-1)\}=\boldsymbol{n^3}$$

◀等差数列 $\{a_n\}$ の初項から第 n 項までの和は
$$\frac{1}{2}n(a_1+a_n)$$

⑶　251 の通し番号を k とすれば

$$2k-1=251 \qquad \therefore \quad k=126$$

である.

　よって，251 が第 l 群にあるとすれば，次の表の
ようになる.

$l-1$		l		
$l-1$		l		
⋯ ⋯ ■		⋯ 126 ⋯	●	
⋯ ⋯		⋯ 251 ⋯		

◀かならず，末項の通し番号
に注目します.

　したがって，通し番号に注目して

　　■＜126≦●

　　$\therefore \quad \dfrac{1}{2}(l-1)l < 126 \leqq \dfrac{1}{2}l(l+1)$

ここで

◀あとは，この関係式を満た
す l の値を見つければいい
のですが，大雑把に
　　$\dfrac{1}{2}l^2 \fallingdotseq 126$
　　$\therefore \quad l^2 \fallingdotseq 252$
と考えると，少しは探しや
すいでしょう.

$$\dfrac{1}{2}\cdot15\cdot16=120, \quad \dfrac{1}{2}\cdot16\cdot17=136$$

であるから，適する l は $l=16$ である.

　ゆえに，251 は**第 16 群**の $126-120=6$ 番目の項
であり，**$m=6$, $n=11$** である.

群数列は，各群の末項の通し番号に注目！

73 格子点の総数

アプローチ

x座標とy座標がともに整数である点を**格子点**といいます.

ある領域内の格子点の総数を求めるときに,ランダムに数えていくのは非効率的なので

$x=1$ の格子点は a_1 個

$x=2$ の格子点は a_2 個

$x=3$ の格子点は a_3 個

と,最後のx座標 $x=n$ まで数えて

$$\sum_{k=1}^{n} a_k$$

を計算することで,格子点の総数を求めます.

◀これらを本当に全部調べるのはタイヘン(不可能)なので,代表として $x=k$ の場合を調べます.

解答

(1) $x^2=x+n(n+1)$ とすると

$$(x+n)\{x-(n+1)\}=0$$

$$\therefore \quad x=-n,\ n+1$$

よって,領域Dは右図の斜線部分である.ただし,境界をすべて含む.

kを自然数とするとき,直線 $x=k$ 上かつ領域D内にある格子点の個数は

$$k+n(n+1)-(k^2-1)$$
$$=-k^2+k+n^2+n+1 \quad \cdots\cdots①$$

である.

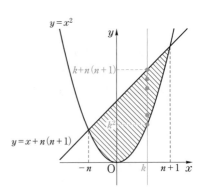

したがって

$$M=\sum_{k=1}^{n+1}(-k^2+k+n^2+n+1)$$

$$=-\sum_{k=1}^{n+1}k^2+\sum_{k=1}^{n+1}(k+n^2+n+1)$$

$$=-\frac{1}{6}(n+1)(n+2)(2n+3)$$

$$\quad +\frac{1}{2}(n+1)\{(n^2+n+2)+(n^2+2n+2)\}$$

$$=\frac{1}{6}(n+1)\{-(n+2)(2n+3)+3(2n^2+3n+4)\}$$

$$=\frac{1}{6}(n+1)(4n^2+2n+6)=\frac{1}{3}(n+1)(2n^2+n+3)$$

◀$\displaystyle\sum_{k=1}^{n+1}(k+n^2+n+1)$ は k の値が1増えるたびに1増える等差数列の和です.

(2) k を自然数とするとき，直線 $x=-k$ 上かつ領域D内にある格子点の個数は

$$-k^2-k+n^2+n+1$$

だから

◀(1)の①の k を $-k$ におきかえたものです．

$$N=\sum_{k=1}^{n}(-k^2-k+n^2+n+1)$$

と表せる．

よって

$$M-N=\sum_{k=1}^{n+1}(-k^2+k+n^2+n+1)-\sum_{k=1}^{n}(-k^2-k+n^2+n+1)$$

$$=\sum_{k=1}^{n}(-k^2+k+n^2+n+1)+\{-(n+1)^2+(n+1)+n^2+n+1\}$$

$$-\sum_{k=1}^{n}(-k^2-k+n^2+n+1)$$

$$=\sum_{k=1}^{n}2k+1$$

$$=n(n+1)+1$$

となり

$$n=31 \text{ のとき } M-N=31\cdot32+1=993$$

$$n=32 \text{ のとき } M-N=32\cdot33+1=1057$$

であるから，$M-N\geqq1000$ となる最小の n は

$n=32$

である．

補足 問題の設定によっては，$x=k$ でなく，$y=k$ 上の格子点を数える場合もあります．

ex) 領域 $1\leqq x\leqq 2^n$ かつ $0\leqq y\leqq\log_2 x$ 内にある格子点の総数を求めるときは，直線 $y=k$ を考えて

$$\sum_{k=0}^{n}(2^n-2^k+1)=-\sum_{k=0}^{n}2^k+\sum_{k=0}^{n}(2^n+1)$$

$$=-\frac{1\cdot(2^{n+1}-1)}{2-1}+(n+1)(2^n+1)$$

$$=(n-1)\cdot2^n+n+2$$

とします．

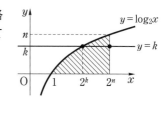

メインポイント

格子点は $x=k$ 上を数えてから $\sum$

階差数列

一般的に，数列 $\{a_n\}$ の階差数列が $\{A_n\}$ のとき，つまり $a_{n+1}-a_n=A_n$ が成り立つとき

$$a_1 \xrightarrow[+A_1]{} a_2 \xrightarrow[+A_2]{} a_3 \xrightarrow[+A_3]{} a_4 \xrightarrow[+A_4]{}$$

$$\cdots\cdots \xrightarrow[+A_{n-2}]{} a_{n-1} \xrightarrow[+A_{n-1}]{} a_n \xrightarrow[+A_n]{} a_{n+1}$$

このように並んでいるので

$$a_2=a_1+A_1$$
$$a_3=a_1+A_1+A_2$$
$$a_4=a_1+A_1+A_2+A_3$$
$$\cdots\cdots\cdots\cdots\cdots\cdots$$
$$a_n=a_1+A_1+A_2+A_3+\cdots\cdots+A_{n-1} \quad (n \geqq 2)$$

が成り立ちます．これを $\sum$ で表せば

$$a_n=a_1+\sum_{k=1}^{n-1}A_k \quad (n \geqq 2)$$

となります．

解答

(1) $a_{n+1}=(n+2)a_n+n!$ の両辺を $(n+2)!$ で割ると

$$\frac{a_{n+1}}{(n+2)!}$$

$$=\frac{(n+2)a_n}{(n+2)\cdot(n+1)!}+\frac{n!}{(n+2)(n+1)\cdot n!}$$

$$\therefore \quad \frac{a_{n+1}}{(n+2)!}=\frac{a_n}{(n+1)!}+\frac{1}{(n+2)(n+1)}$$

よって，$b_n=\dfrac{a_n}{(n+1)!}$ とおくとき

$$b_{n+1}=b_n+\frac{1}{(n+2)(n+1)}$$

◁ $b_n=\dfrac{a_n}{(n+1)!}$ というおきかえをするためには，左辺の分母に $(n+2)!$ がほしいのです．

(2) (1)の結果から，数列 $\{b_n\}$ の階差数列の一般項が

$\dfrac{1}{(n+2)(n+1)}$ なので

$$b_n=b_1+\sum_{k=1}^{n-1}\frac{1}{(k+2)(k+1)} \quad (n \geqq 2)$$

$$=\frac{a_1}{2!}+\sum_{k=1}^{n-1}\left(\frac{1}{k+1}-\frac{1}{k+2}\right)$$

◁差分解です．(**71** 参照.)

$$= \frac{3}{2} + \frac{1}{2} - \frac{1}{n+1}$$

$$= \frac{2n+1}{n+1} \quad (n=1 \text{ のときも成立})$$

$b_n = \dfrac{a_n}{(n+1)!}$ から

$$a_n = b_n(n+1)! = (2n+1)n!$$

(3) (2)の結果から

$$2^{k-1}a_k = 2^{k-1}(2k+1)k!$$
$$= 2^{k-1}\{2(k+1)-1\}k!$$
$$= -2^{k-1}k! + 2^k(k+1)!$$

とできるので

◀このまま足すことはできません. こんなときは差分解です！

$$\sum_{k=1}^{n} 2^{k-1}a_k = \sum_{k=1}^{n} \{-2^{k-1}k! + 2^k(k+1)!\}$$
$$= -1 + 2^n(n+1)!$$

補足 (1)の結果から

$$b_{n+1} = b_n + \frac{1}{n+1} - \frac{1}{n+2}$$

$$\Longleftrightarrow b_{n+1} + \frac{1}{n+2} = b_n + \frac{1}{n+1}$$

と変形できることに気づいたら，数列 $\left\{ b_n + \dfrac{1}{n+1} \right\}$ は $b_1 + \dfrac{1}{1+1} = 2$ がずっと並ぶ数列なので

$$b_n + \frac{1}{n+1} = 2 \quad \therefore \quad b_n = 2 - \frac{1}{n+1} = \frac{2n+1}{n+1}$$

とすることもできます.

第7章

■ **メインポイント** ■

階差がわかれば，すぐ一般項を求められる！

アプローチ

例えば $a_{n+1}=3a_n-4$, $a_1=3$ で定められる数列を並べてみると

$$\{a_n\}: 3,\ 5,\ 11,\ 29,\ 83,\ \cdots\cdots$$

となります.

突然ですが, この数列の各項から 2 を引いてみると

$$\{a_n-2\}: 1,\ 3,\ 9,\ 27,\ 81,\ \cdots\cdots$$

となり, 公比 3 の等比数列になります.

◀ a_n-2 を **カタマリ**で見ることが大切です.

一般的に, 漸化式 $a_{n+1}=ra_n+p$ を

$$\underset{\text{カタマリ } n+1 \text{番目}}{\underline{a_{n+1}-\alpha}}=r(\underset{\text{カタマリ } n \text{番目}}{\underline{a_n-\alpha}})$$

◀ **カタマリの等比数列！**

と変形することで, 等比数列 $\{a_n-\alpha\}$ にできます.

解答

(ア) 漸化式に $n=1$ を代入して

$$a_2=4a_1+1=\mathbf{5}$$

(イ) ① : $a_{n+1}=4a_n+1$ を

② : $\underset{\text{カタマリ } n+1 \text{番目}}{\underline{a_{n+1}-\alpha}}=4(\underset{\text{カタマリ } n \text{番目}}{\underline{a_n-\alpha}})$

に変形したい.

◀ この α を見つけることができれば, **カタマリの等比数列**にできたということです.

$$② \iff a_{n+1}=4a_n-3\alpha$$

であるから, ①と比べて

$$-3\alpha=1 \qquad \therefore\quad \alpha=-\frac{1}{3}$$

よって, 数列 $\left\{a_n+\dfrac{1}{3}\right\}$ が公比 4 の等比数列なので

$$\underset{\text{カタマリ } n \text{番目}}{\underline{a_n+\frac{1}{3}}}=(\underset{\text{カタマリ } 1 \text{番目}}{\underline{a_1+\frac{1}{3}}})\cdot 4^{n-1}=\frac{4^n}{3}$$

◀ 等比数列の一般項は
　　(初項)・(公比)$^{n-1}$
です.

$$\therefore\quad a_n=\frac{4^n-1}{3}$$

(ウ) (イ)の結果から

$$a_{n+2} - a_n = \frac{4^{n+2}-1}{3} - \frac{4^n-1}{3}$$

$$= \frac{16 \cdot 4^n - 4^n}{3}$$

$$= 5 \cdot 4^n$$

とできるので，$a_{n+2} - a_n$ を 5 で割った余りは **0** である．

(エ) (ウ)の結果から，a_{n+2} と a_n は 5 で割った余りが一致する．つまり $b_{n+2} = b_n$ が成り立つから

$$b_4 = b_2 = (a_2 = 5 \ を 5 で割った余り) = \mathbf{0}$$

(オ) (エ)と同様に

$$b_5 = b_3 = b_1 = (a_1 = 1 \ を 5 で割った余り) = \mathbf{1}$$

(カ) 以上から $b_{2n} = 0$，$b_{2n-1} = 1$ が成り立つので

$$\sum_{k=1}^{2n} a_k b_k = a_1 \cdot 1 + a_2 \cdot 0 + a_3 \cdot 1 + a_4 \cdot 0 + \cdots\cdots$$

$$+ a_{2n-1} \cdot 1 + a_{2n} \cdot 0$$

$$= \sum_{k=1}^{n} a_{2k-1}$$

$$= \sum_{k=1}^{n} \frac{4^{2k-1}-1}{3}$$

$$= \frac{1}{3}\left\{\frac{4(16^n - 1)}{16 - 1} - n\right\}$$

$$= \frac{4 \cdot 16^n - 4 - 15n}{45}$$

◀ もとの漸化式から，すべての項は整数であり，l, m を整数として
$$\begin{cases} a_n = 5l + b_n \\ a_{n+2} = 5m + b_{n+2} \end{cases}$$
とするとき
$$a_{n+2} - a_n$$
$$= 5(m - l) + (b_{n+2} - b_n)$$
となる．
$b_{n+2} - b_n$ の取りうる値は -4 から 4 までの整数だから，(ウ)の結果より
$$b_{n+2} - b_n = 0$$
である．

■■ **メインポイント** ■■

漸化式の基本は，カタマリの等比数列を作る！

前問 **75** でも学習したように，隣接2項間漸化式を
解くときは，**カタマリ**を作って

① **等差型** $a_{n+1}=a_n+d$

② **等比型** $a_{n+1}=ra_n$

③ **階差型** $a_{n+1}=a_n+A_n$

◀この3つは，ただちに一般
項を求められます．

のどれかに帰着させます．

[A]は，右辺に1次式 $-2n+3$ があるので

  カタマリ $a_n+\alpha n+\beta$

を作ります．

[B](1)は，最初に両辺の逆数をとると，等差型が見
えてきます．

[B](2)は，右辺に等比数列の式 3^n があるので

  カタマリ $a_n+\alpha\cdot3^n$

を作ります．

[A]　①：$a_{n+1}=3a_n-2n+3$ を

  ②：$a_{n+1}+\alpha(n+1)+\beta=3(a_n+\alpha n+\beta)$

  <u>カタマリ $n+1$ 番目</u>　　<u>カタマリ n 番目</u>

◀先に右辺をイメージしてか
ら，番号を1つ増やして左
辺を書きましょう．

に変形したい．

  ② $\iff a_{n+1}=3a_n+2\alpha n-\alpha+2\beta$

であるから，①と比べて

  $2\alpha=-2$ かつ $-\alpha+2\beta=3$

  $\therefore\ \alpha=-1,\ \beta=1$

よって，数列 $\{a_n-n+1\}$ が公比3の等比数列
なので

  $a_n-n+1=(a_1-1+1)\cdot3^{n-1}$

  <u>カタマリ n 番目</u>　<u>カタマリ1番目</u>

  $\therefore\ \boldsymbol{a_n=3^n+n-1}$

[B]

(1)　漸化式から，すべての n で $a_n > 0$ なので，両辺 ◀ 0 には逆数が存在しないの
　　の逆数がとれる．したがって　　　　　　　　　　　 で，すべての項が 0 にならない
　　　　　　　　　　　　　　　　　　　　　　　　　　 ないことを確認しました.

$$\frac{1}{a_{n+1}} = \frac{3a_n + 1}{a_n} \qquad \therefore \quad \frac{1}{a_{n+1}} = 3 + \frac{1}{a_n}$$

　　よって，数列 $\left\{\dfrac{1}{a_n}\right\}$ が公差 3 の等差数列なので

$$\frac{1}{a_n} = \frac{1}{a_1} + 3(n-1) = 3n + 1$$

$$\therefore \quad a_n = \frac{1}{3n+1}$$

(2)　①：$a_{n+1} = 2a_n + 3^n$ を

　　　②：$\underset{\text{カタマリ } n+1 \text{ 番目}}{\underline{a_{n+1} + \alpha \cdot 3^{n+1}}} = 2(\underset{\text{カタマリ } n \text{ 番目}}{\underline{a_n + \alpha \cdot 3^n}})$

◀ 両辺を 3^{n+1} で割るのは遠
回りです．（誘導されたと
きはしょうがないですけど
ね.）

　　に変形したい.

　　　　② $\Longleftrightarrow a_{n+1} = 2a_n - \alpha \cdot 3^n$

　　であるから，①と比べて

　　　　$-\alpha = 1 \quad \therefore \quad \alpha = -1$

　　よって，数列 $\{a_n - 3^n\}$ が公比 2 の等比数列なので

　　$\underset{\text{カタマリ } n \text{ 番目}}{\underline{a_n - 3^n}} = (\underset{\text{カタマリ } 1 \text{ 番目}}{\underline{a_1 - 3^1}}) \cdot 2^{n-1}$

　　　　$\therefore \quad a_n = -2^n + 3^n$

補足　[B](2) の漸化式の両辺を 2^{n+1} で割ると（つまり a_n の係数の $n+1$ 乗で
割ると）

$$\frac{a_{n+1}}{2^{n+1}} = \frac{a_n}{2^n} + \frac{1}{2}\left(\frac{3}{2}\right)^n \quad \text{（カタマリの階差型）}$$

となり，数列 $\left\{\dfrac{a_n}{2^n}\right\}$ の階差数列の一般項が $\dfrac{1}{2}\left(\dfrac{3}{2}\right)^n$ であることがわかります.

　　ここから一般項 a_n を求めることもできます．（[A]や 75 (イ)でも可能！）

第 7 章

┣ メインポイント ┫

漸化式は，カタマリを作る！

アプローチ

和 S_n と一般項 a_n が混在する条件式が与えられたときは

$$S_n - S_{n-1} = a_n \quad (\text{または } S_{n+1} - S_n = a_{n+1})$$

を利用して，a_n についての漸化式，または S_n についての漸化式に直します．

この関係式自体は

$$S_n = a_1 + a_2 + a_3 + \cdots + a_{n-1} + a_n$$
$$= S_{n-1} + a_n$$

であることから，成り立つことがわかりますね．

本問は a_n についての隣接 3 項間漸化式が出てきますが，隣接 2 項間のときと同様に

カタマリの等比数列

を作ることが目標です．すなわち

$$a_{n+2} + p a_{n+1} + q a_n = 0$$
$$\iff \underbrace{a_{n+2} - \alpha a_{n+1}}_{\text{カタマリ } n+1 \text{ 番目}} = \beta(\underbrace{a_{n+1} - \alpha a_n}_{\text{カタマリ } n \text{ 番目}})$$

としたいのです．

今回は，問題文に $a_n - 2a_{n-1}$ という**カタマリ**のヒントが書いてあるので，α, β をおいて求める必要はありません．

$$a_{n+2} - (\alpha + \beta)a_{n+1} + \alpha\beta a_n = 0$$
とでき，係数を比べて
$$\alpha + \beta = -p, \quad \alpha\beta = q$$
これを満たす α, β は 2 次方程式
$$x^2 + px + q = 0$$
の解です．
よって，$\alpha \neq \beta$ のとき，α と β の組は 2 組できます．

解答

(1) $n \geq 3$ のとき，$S_n - S_{n-1} = a_n$ が成り立つので

$$\frac{1}{3}(2a_n + 8a_{n-1}) - \frac{1}{3}(2a_{n-1} + 8a_{n-2}) = a_n$$

$$\therefore \quad 2a_n + 6a_{n-1} - 8a_{n-2} = 3a_n$$

$$\therefore \quad a_n = 6a_{n-1} - 8a_{n-2} \quad \cdots\cdots \text{①}$$

題意から
$$S_n = \frac{1}{3}(2a_n + 8a_{n-1})$$
$$S_{n-1} = \frac{1}{3}(2a_{n-1} + 8a_{n-2})$$
です．

(2) ①から

$$\underbrace{a_n - 2a_{n-1}}_{\text{カタマリ } n-1 \text{ 番目}} = 4(\underbrace{a_{n-1} - 2a_{n-2}}_{\text{カタマリ } n-2 \text{ 番目}}) \quad \cdots\cdots \text{①}'$$

とできるので，数列 $\{a_{n+1} - 2a_n\}$ は公比 4 の等比数列である．よって

◀展開して整理すると，ちゃんと①に戻りますね．

◀ { } の中は，**カタマリ**の n 番目を書きます．

$$a_n - 2a_{n-1} = (a_2 - 2a_1) \cdot 4^{n-2}$$

カタマリ $n-1$ 番目　カタマリ 1 番目

◀左辺が**カタマリ**の $n-1$ 番目なので，公比は $n-2$ 回かけることになります.

(3) $S_n = \dfrac{1}{3}(2a_n + 8a_{n-1})$ に $n=2$ を代入して

$a_1 + a_2 = \dfrac{1}{3}(2a_2 + 8a_1)$

◀$S_2 = a_1 + a_2$ です.

∴　$a_2 = 5a_1 = 5$

よって，(2)の結果から

$a_n - 2a_{n-1} = 3 \cdot 4^{n-2}$ ……②

◀ここから解いてもよい.

また，①から

$a_n - 4a_{n-1} = 2(a_{n-1} - 4a_{n-2})$

◀α と β を入れ替えたこの式でも，展開して整理すれば①に戻ります.

とできるので，数列 $\{a_{n+1} - 4a_n\}$ は公比 2 の等比数列である．したがって

$a_n - 4a_{n-1} = (a_2 - 4a_1) \cdot 2^{n-2} = 2^{n-2}$ ……③

②×2−③ より

$$a_n = 6 \cdot 4^{n-2} - 2^{n-2}$$

補足　(1)で $n \geqq 3$ として①式を作ったので，もちろん①′式も $n \geqq 3$ で考えることになります．すると

$n=3$ のとき　$a_3 - 2a_2 = 4(a_2 - 2a_1)$

となるので，**カタマリ**の 1 番目に公比 4 をかけて**カタマリ**の 2 番目が得られることがわかります．つまり，この**カタマリ**で見た数列は，ちゃんと 1 番目からずっと等比数列になっているといえます．だから，何も問題なく(2)の結果の式が得られます.

　正しく理解せずに，見た目だけにこだわって「$n \geqq 3$ だから $n=1, 2$ のときは確かめなければいけないはず．だから上の **解答** は不十分だ！」なんて考えちゃダメですよ.

第7章

■**メインポイント**■

　　S_n と a_n が混在するときは，$S_n - S_{n-1} = a_n$ を利用する！

アプローチ

自然数 n に関する条件 $P(n)$ について

   ① $P(1)$ **が成り立つ**

   ② $P(n)$ **が成り立つならば，$P(n+1)$ も成り立つ**

の2つを示すことで

   すべての自然数 n に対して $P(n)$ が成り立つ

と主張する証明方法を**数学的帰納法**といいます．

   [A]は $n \geq 3$ なので，①として $P(3)$ を示します．

   [B]は，条件式に $\sum$ があるので，a_{n+1} の議論をするときに a_n だけでなく，a_1, a_2, $\cdots$, a_{n-1} の値も必要になります．

   だから，②として $P(1)$, $P(2)$, $\cdots$, $P(n)$ のすべてが成り立つと仮定して $P(n+1)$ を示します. ◀これを**全段仮定**といいます.

解答

[A]   3以上の自然数 n で ◀このnを固定して考えています.

$$2^n > \frac{1}{2}n^2 + n$$

が成り立つならば

◀不等式の証明なので，差が0より大きいことを示すのが目標です.

$$2^{n+1} - \left\{ \frac{1}{2}(n+1)^2 + (n+1) \right\}$$

$$= 2 \cdot 2^n - \left\{ \frac{1}{2}(n+1)^2 + (n+1) \right\}$$

$$> 2\left(\frac{1}{2}n^2 + n \right) - \left\{ \frac{1}{2}(n+1)^2 + (n+1) \right\}$$

$$= \frac{1}{2}(n^2 - 3)$$

$$> 0 \quad (\because \quad n \geq 3)$$

$$\therefore \quad 2^{n+1} > \frac{1}{2}(n+1)^2 + (n+1)$$

$n = 3$ のとき，$2^n = 8$, $\frac{1}{2}n^2 + n = \frac{15}{2}$ から

$2^n > \frac{1}{2}n^2 + n$ が成り立つ.

以上から，数学的帰納法により，3以上のすべ
ての自然数 n に対して

$$2^n > \frac{1}{2}n^2 + n$$

が成り立つ．

[B]　自然数 n に対して

$$a_1 = a_2 = \cdots = a_n = 0$$

が成り立つならば

$$0 \leqq 3a_{n+1} \leqq \sum_{k=1}^{n+1} a_k$$

から

$$0 \leqq 3a_{n+1} \leqq a_{n+1}$$

$$\therefore \quad 0 \leqq a_{n+1} \leqq 0$$

$$\therefore \quad a_{n+1} = 0$$

また，$n=1$ のとき

$$0 \leqq 3a_1 \leqq a_1$$

$$\therefore \quad 0 \leqq a_1 \leqq 0$$

$$\therefore \quad a_1 = 0$$

よって，数学的帰納法により，すべての n に対
して $a_n = 0$ である．

◀ $a_n = 0$ だけ仮定しても，次
の $\sum$ が計算できません．

◀ この $\sum$ は
$$a_1 + a_2 + \cdots + a_n + a_{n+1}$$
$$= 0 + 0 + \cdots + 0 + a_{n+1}$$
$$= a_{n+1}$$
とできます．

■ メインポイント ■

　$n+1$ での議論において，どの番号の仮定が必要なのか考える！
　　通常は直前の n だけ．
　　$\sum$ の条件なら 1 から n まで全部．

79 同じものを含む順列

アプローチ

(1) 異なる n 個のものを1列に並べる順列は $n!$ 通りですが，同じものを含む場合には単純ではありません．

同じものを含む順列

p 個のA，q 個のB，r 個のC，… (計 n 個) の順列の総数は

$$\frac{n!}{p!\,q!\,r!\cdots} \text{ 通り}$$

または

$$_n\mathrm{C}_p \cdot {}_{n-p}\mathrm{C}_q \cdot {}_{n-p-q}\mathrm{C}_r \cdots \text{ 通り}$$

◀A, A, A, B, B, C, Dを並べる場合なら
① 全部区別して並べた $7!$ 通りの中に，Aの中で並べ替えたものやBの中で並べ替えたものなど，$3! \cdot 2!$ 通りずつ同一視するものがあるので
$$\frac{7!}{3! \cdot 2!} \text{ 通り}$$
② イスを7個並べておいて，Aの席の選び方が $_7\mathrm{C}_3$ 通り，Bの席の選び方が $_4\mathrm{C}_2$ 通り，残った2席へのC，Dの並べ方が $2!$ 通りだから
$$_7\mathrm{C}_3 \cdot {}_4\mathrm{C}_2 \cdot 2! \text{ 通り}$$

(2) 連続するものは1つにまとめてXとしておきましょう．

(3) N，R，Wの順番は確定しているから，場所だけ考えればいいのです．

(4) 隣り合わないものは，あとからスキマに入れます．でも，同じ文字が2個以上あるのはAとGの2種類なので，集合（ベン図やカルノー図）をきちんと考えましょう．

解答

(1) 同じものを含む順列の考え方で
$$_{10}\mathrm{C}_5 \cdot {}_5\mathrm{C}_2 \cdot 3! = \frac{10 \cdot 9 \cdot 8 \cdot 7 \cdot 6}{5 \cdot 4 \cdot 3 \cdot 2 \cdot 1} \cdot \frac{5 \cdot 4}{2 \cdot 1} \cdot 3 \cdot 2 \cdot 1$$
$$= 15120 \text{ (通り)}$$

(2) X，G，A，W，Aの順列と対応するから
$$_5\mathrm{C}_2 \cdot 3! = \frac{5 \cdot 4}{2 \cdot 1} \cdot 3 \cdot 2 \cdot 1$$
$$= 60 \text{ (通り)}$$

◀例えば，AWGXA は AWGNAGARAA に対応．

(3) X, X, X, G, G, A, A, A, A, A の順列と対
応するから

$$_{10}C_3 \cdot {}_7C_2 = \frac{10 \cdot 9 \cdot 8}{3 \cdot 2 \cdot 1} \cdot \frac{7 \cdot 6}{2 \cdot 1}$$
$$= 2520 \, (\text{通り})$$

(4) どの A も隣り合わないような順列は，先に N, R,
W, G, G を並べてからスキマに A を入れればよく
(A を入れるスキマを選んで)

$$_5C_2 \cdot 3! \cdot {}_6C_5 = \frac{5 \cdot 4}{2 \cdot 1} \cdot 3 \cdot 2 \cdot 1 \cdot 6$$
$$= 360 \, (\text{通り})$$

この中で 2 つの G が隣り合う順列は，
A□A□A□A□A の 4 つの□に N, R, W, X
(＝GG) を並べる順列と対応するから

$$4! = 24 \, (\text{通り})$$

よって，求める場合の数は

$$360 - 24 = 336 \, (\text{通り})$$

$${}^{G}_{\uparrow A} {}^{W}_{\uparrow A} {}^{N}_{\uparrow A} {}^{G}_{\uparrow A} {}^{R}_{\uparrow A}{}_{\uparrow}$$

A：A が 2 つ以上隣り合う
G：2 つの G が隣り合う

	G	$\overline{G}$
A		
$\overline{A}$	24 通り	Ans.

360 通り

━ メインポイント ━

隣り合わないものは，あとからスキマに入れる！

80 最短経路の総数

　例えば右図のような格子状の道路があるとき，右方向に1区画進むことをx，上方向に1区画進むことをyで表すと，点Sから点Gまでの最短経路の1つである青線の経路は

$$xyxxy$$

という順列に対応します．

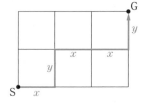

　他の最短経路も「3個のx，2個のyの順列」に対応します．

　よって，最短経路の総数は「3個のx，2個のyの順列」の総数に一致し，**同じものを含む順列の考え方で**

$$_5C_2 = \frac{5 \cdot 4}{2 \cdot 1} = 10 \text{（通り）}$$

となります．

◀ 5個のイスを用意して，y が座るイスを2つ選ぶ．

解答

　右方向に1区画進むことをx，上方向に1区画進むことをyで表す．

(1)　A地点からP地点までの最短経路は

$$x, \ x, \ y, \ y, \ y, \ y \text{ の順列}$$

に対応するから

$$_6C_2 = \frac{6 \cdot 5}{2 \cdot 1} = 15 \text{（通り）}$$

　P地点からB地点までの最短経路は

$$x, \ x, \ x, \ x, \ x, \ y, \ y, \ y \text{ の順列}$$

に対応するから

$$_8C_3 = \frac{8 \cdot 7 \cdot 6}{3 \cdot 2 \cdot 1} = 56 \text{（通り）}$$

　よって，求める経路の総数は

$$15 \cdot 56 = 840 \text{（通り）}$$

(2) 地点 X を通る最短経路の総数を $n(X)$, 地点 X と
Y の両方を通る最短経路の総数を $n(X, Y)$ とする.

(ア) 地点 P を通る経路は, (1)から
$$n(P) = 840 \text{ (通り)}$$

(イ) 地点 Q を通る経路は, (1)と同様に考えて
A→Q : 1 (通り)
$$Q \to B : {}_9C_2 = \frac{9 \cdot 8}{2 \cdot 1} = 36 \text{ (通り)}$$
$$\therefore \quad n(Q) = 1 \cdot 36 = 36 \text{ (通り)}$$

(ウ) 地点 R を通る経路は, (1)と同様に考えて
$$A \to R : {}_{10}C_5 = \frac{10 \cdot 9 \cdot 8 \cdot 7 \cdot 6}{5 \cdot 4 \cdot 3 \cdot 2 \cdot 1} = 252 \text{ (通り)}$$
$$R \to B : {}_4C_2 = \frac{4 \cdot 3}{2 \cdot 1} = 6 \text{ (通り)}$$
$$\therefore \quad n(R) = 252 \cdot 6 = 1512 \text{ (通り)}$$

(エ) 地点 P と地点 R の両方を通る経路は
A→P : 15 (通り)
$$P \to R : {}_4C_1 = 4 \text{ (通り)}$$
R→B : 6 (通り)
$$\therefore \quad n(P, R) = 15 \cdot 4 \cdot 6 = 360 \text{ (通り)}$$

(オ) 地点 Q と地点 R の両方を通る経路は
A→Q : 1 (通り)
Q→R : 1 (通り)
R→B : 6 (通り)
$$\therefore \quad n(Q, R) = 1 \cdot 1 \cdot 6 = 6 \text{ (通り)}$$

P 地点と Q 地点の両方を通る最短経路は存在
しないことに注意して, 求める最短経路の総数
は

地点 X を通る最短経路の集合を
X とすると, 下図のようになり
ます.

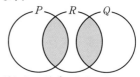

$$n(P) + n(Q) + n(R) - n(P, R) - n(Q, R)$$

だから, ダブルカウントしてい
る共通部分を引いています.

$$= 840 + 36 + 1512 - 360 - 6$$
$$= \mathbf{2022} \text{ (通り)}$$

◀この問題, 2022 年の問題な
のです!

メインポイント

最短経路の総数は, x と y の順列に対応する!

81 円順列・じゅず順列

円順列は**回転して重なるものを同一視**することになるので，**最初から1個を固定しておいて回転を防ぐ**のが基本です．

ex) a, b, c, dの円順列

aの位置を固定して，残りの3個を①~③に並べるから

$$3!=6 \text{(通り)}$$

固定！

さらに，じゅず順列（本問はネックレス）は**裏返して重なるものも同一視**するので，**鏡写しになるセット**があるかどうかが重要です．

ex) a, b, c, dのじゅず順列

上の例の6通りの中で，例えば右の2通りを同一視します．このように，必ず鏡写しになるものが存在するので

$$\frac{6}{2}=3 \text{(通り)}$$

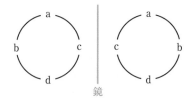

鏡

解答

(1) 3個の玉の選び方は $_7C_3=35$（通り）であり，選んだ3個によるネックレスの作り方は

$$\frac{2!}{2}=1 \text{(通り)}$$

残りの4個によるネックレスの作り方は

$$\frac{3!}{2}=3 \text{(通り)}$$

したがって，求める場合の数は

$$35 \cdot 1 \cdot 3 = 105 \text{(通り)}$$

(2) 3個の玉で作るネックレスに含まれるEの個数で場合を分ける．

i）0個の場合（□□□, EEE□）

A, B, C, D から 3 個選ぶと $_4C_3=4$（通り）.

選んだ 3 個によるネックレスの作り方は 1 通り.

残りの 4 個によるネックレスの作り方は 1 通り.

∴ $4\cdot1\cdot1=4$（通り）

4個のネックレスはこの形だけ.

ii）1個の場合（E□□, EE□□）

A, B, C, D から 2 個選ぶと $_4C_2=6$（通り）.

選んだ 2 個と E をあわせた 3 個によるネックレスの作り方は 1 通り.

残りの 4 個によるネックレスの作り方は 2 通り.

∴ $6\cdot1\cdot2=12$（通り）

4個のネックレスはこの2通りの形だけ.

iii）2個の場合（EE□, E□□□）

A, B, C, D から 1 個選ぶと 4 通り.

選んだ 1 個と EE をあわせた 3 個によるネックレスの作り方は 1 通り.

残りの 4 個によるネックレスの作り方は

$$\frac{3!}{2}=3（通り）$$

∴ $4\cdot1\cdot3=12$（通り）

iv）3個の場合（EEE, □□□□）

3 個の E によるネックレスの作り方は 1 通り.

残りの 4 個によるネックレスの作り方は

$$\frac{3!}{2}=3（通り）$$

∴ $1\cdot3=3$（通り）

したがって，求める場合の数は

$4+12+12+3=$**31**（**通り**）

━ **メインポイント** ━

円順列は1個固定！　じゅず順列は鏡写しに注意！

82 箱玉問題①

アプローチ

いくつかの箱に，何個かの玉を分ける問題は，箱と玉それぞれに区別があるかどうかが重要です．

まず，**玉の区別がある場合**は

① **箱に個数の指定がないとき，玉が箱を選ぶ**

② **箱に個数の指定があるとき，箱が玉を選ぶ**

と考えます．

◀本問は
　箱：部屋（区別あり）
　玉：人　（区別あり）

◀箱の区別がない場合でも，まず箱の区別をしておきます．（**補足** 参照.）

①のとき　　　　　②のとき

玉の区別がない場合は，次の **83** で解説します．

解答

(1)　Aに入る3人の選び方は $_8C_3＝56$（通り）である．
　　残りの5人がそれぞれBまたはCを選ぶ場合の数は 2^5 通りあるが，全員がBを選ぶ1通りは人数の条件に不適だから，5人の入れ方は $2^5－1＝31$（通り）．
　　　よって，求める場合の数は
　　　　　$56・31＝\mathbf{1736}$（**通り**）

◀Aは人数の指定があるから箱が玉を選び，BとCは指定がないから玉が箱を選びます．

(2)　Aに入る人数で場合を分ける．

ⅰ）Aに c, d の2人だけが入る場合
　　　残りの6人がそれぞれBまたはCを選ぶ場合の数は 2^6 通りあるが
　　　$(B, C)＝(6人, 0人), (5人, 1人), (0人, 6人)$
　　の3パターンは人数の条件に不適である．
　　これは，それぞれ1通り，6通り，1通りだから
　　　　$2^6－(1＋6＋1)＝64－8＝56$（通り）

◀Bに入る人の選び方がそれぞれ
　　$_6C_6,\ _6C_5,\ _6C_0$（通り）

ⅱ）Aに c, d ともう1人の3人が入る場合
　　　Aに入るもう1人の選び方が6通りで，残りの5人の入れ方は(1)と同様に31通りだから
　　　　$6・31＝186$（通り）

ⅰ），ⅱ）あわせて，求める場合の数は
　　　　$56＋186＝\mathbf{242}$（**通り**）

(3) Aに入る人数で場合を分ける.

 ⅰ) Aに3人入る場合

　　(1)により，1736通り.

 ⅱ) Aに2人入る場合

　　Aに入る2人の選び方が $_8C_2=\dfrac{8\cdot7}{2\cdot1}=28$（通り）.

　　このとき，残り6人の入り方は(2)のⅰ)と同様
　　に56通りだから

　　　$28\cdot56=1568$（通り）

 ⅲ) Aに1人入る場合

　　Aに入る1人の選び方が8通り.

　　残り7人のB，Cへの入れ方は

　　(B, C)=(4人，3人)，(3人，4人)，(2人，5人)

　　の3パターンだから

　　　$_7C_4+_7C_3+_7C_2=35+35+21=91$（通り）

　　　∴　$8\cdot91=728$（通り）

◀(2)のⅰ)と同様に，2^7通り
から
(7人，0人)，(6人，1人)
(5人，2人)，(1人，6人)
(0人，7人)
の場合を除外してもOK.

 ⅳ) Aが空き部屋の場合

　　8人のB，Cへの入れ方は

　　(B, C)=(4人，4人)，(3人，5人)

　　の2パターンだから

　　　$_8C_4+_8C_3=70+56=126$（通り）

 ⅰ)～ⅳ)あわせて，求める場合の数は

　　　$1736+1568+728+126=\textbf{4158}$（通り）

補足　例えば「9人を2人，2人，2人，3人の4組に分ける」のような，**箱の区別がない場合**は，A(2人)，B(2人)，C(2人)，D(3人)に分けてから，箱の区別をなくすという順番で考えます.この場合，人数が異なるDは区別できるので，A，B，Cの区別をなくして（A，B，Cの並べ替えの分を同一視して）あげればよく

　　　$\dfrac{_9C_2\cdot_7C_2\cdot_5C_2}{3!}$　通り

▪️■ **メインポイント** ▪️■

箱玉問題（玉の区別あり）は，

　　　　　箱に入る玉の個数の指定があるかどうか

に注意！

83 箱玉問題②

アプローチ

玉の区別がない場合，**玉の個数**だけが重要です．そこで，箱の区別がある場合には次のような考え方が有効です．

ex) 赤玉5個を A，B，C の3箱に分ける場合

$$
\begin{array}{c}
\quad\quad\text{A}\ \text{B}\ \text{C} \\
\text{R} \mid \text{RR} \mid \text{RR}\cdots\cdots(1,\ 2,\ 2) \\
\text{RR} \mid\ \mid \text{RRR}\cdots\cdots(2,\ 0,\ 3) \\
\text{RRRRR} \mid\ \mid\cdots\cdots(5,\ 0,\ 0)\quad\text{など}
\end{array}
$$

このように，5個のR(赤玉)と2個の | (仕切り)を1列に並べて，A，B，C に入る個数に対応させます．

したがって，この順列の総数が，分け方の総数になるのですが，これなら，**同じものを含む順列**の考え方で計算できます．（この場合，$_7C_2 = 21$（通り）です．）

◀ 79 参照.

解答

(1)　7個のRと2個の | (仕切り) の順列と対応するので
$$_9C_2 = \textbf{36 （通り）}$$

(2)　赤玉の入れ方は(1)より，36通り．

白玉の入れ方は，5個の W と2個の | (仕切り) の順列と対応するので
$$_7C_2 = 21\text{（通り）}$$

よって，求める場合の数は
$$36 \cdot 21 = \textbf{756（通り）}$$

(3)　(2)の756通りの中で空箱ができる場合を除外する．

　i ）空箱が2個できる場合

　　すべての玉が1箱に入るので，その1箱を選んで3通り

ⅱ）空箱がちょうど1個できる場合

2箱への赤玉の入れ方は8通り，白玉の入れ方
は6通りなので

$$8 \cdot 6 = 48 \text{（通り）}$$

この中で，一方の箱にすべての玉が入る場合の
2通りを除外して

$$48 - 2 = 46 \text{（通り）}$$

空になる箱の選び方は3通りであるから

$$46 \cdot 3 = 138 \text{（通り）}$$

ⅰ），ⅱ）より，求める場合の数は

$$756 - (3 + 138) = 615 \text{（通り）}$$

◀ 7個のRと1個の｜の順列
と，5個のWと1個の｜
の順列を考えています.

◀ ひとつの箱にすべての玉が
入る場合は，ⅰ）で数えて
います.

補足 例えば「赤玉7個だけを，3つの箱 A，
B，C に空箱ができないように分ける」だったら，
｜が隣り合わない，かつ端に並ばないようにすれ
ばいいので，スキマに入れます．

$$\therefore \quad {}_6C_2 = 15 \text{（通り）}$$

R ↑ R ↑ R ↑ R ↑ R ↑ R ↑ R
　｜　　　　　　　　　｜

参考

箱も玉も区別なしの場合は，数え上げが原則です.

例えば「白玉6個を区別できない3つの箱に分ける」だったら

$$(0, 0, 6), (0, 1, 5), (0, 2, 4), (0, 3, 3), (1, 1, 4), (1, 2, 3), (2, 2, 2)$$

の7通りです．

計算するなら次のように考えますが，少し難しいです．箱の区別をしておけ
ば，**解答** と同様に $_8C_2 = 28$（通り）であり，これを玉の個数の重複度で分けて

ⅰ）3箱の玉の個数がすべて等しいのは $(2, 2, 2)$ の1通り.

ⅱ）ちょうど2箱の玉の個数が等しいのは $(0, 0, 6), (0, 3, 3), (1, 1, 4)$ の
3パターンあり，それぞれ並べ方が3通りずつあるから，$3 \cdot 3 = 9$（通り）.

ⅲ）残りの $28 - (1 + 9) = 18$（通り）は，3! 通りずつある.

$$\therefore \quad 1 + 3 + \frac{28 - (1 + 3 \cdot 3)}{3!} = 7 \text{（通り）}$$

┿ **メインポイント** ┿

箱玉問題（箱の区別あり，玉の区別なし）は，〇と｜の順列に対応させる！

アプローチ

『場合の数』と『確率』は根本的な考え方が**異なりま**す．そのことを理解していないと大きく間違えてしまうので注意してください．

例えば，次の①，②の考え方の違いがわかりますか？

① 区別のできない 2 個のサイコロを投げたとき，目の和が 6 になるのは何通りか？

② 区別のできない 2 個のサイコロを投げたとき，目の和が 6 になる確率はいくらか？

①は『場合の数』だから「区別のできない 2 個のサイコロ」という条件が効いてしまい，右表（36 マス）の灰色の部分は数えないので，○の 3 通りです．

ただ，この結果をそのまま②に当てはめて，確率を

$$\frac{3}{21}=\frac{1}{7}$$

とするのは**間違い**です．

②は『確率』なので「区別のできない」という条件は**無視**して，表の灰色の部分も数えるから

$$\frac{5}{36}$$

となります．

以上のように，『確率』を考えるときは，問題文にどのように書いてあるかは関係なく，

すべて区別して考えるのが原則

です．

	1	2	3	4	5	6
1					○	
2				○		
3			○			
4		△				
5	△					
6						

◀ 2 個のサイコロの区別の有無は『確率』に影響しないはずですよね？
見た目では区別のできない 2 個のサイコロだろうが，大小 2 つのサイコロだろうが『確率』は同じはずです．だから誤解のないように考えるために「区別のできるサイコロ」と考えておくのです．

解答

(1) $f(x,\ y)=0$ となる条件は

$$\log_3(x+y)-\log_3 x-\log_3 y+1=0$$
$$\Longleftrightarrow \log_3(x+y)+1=\log_3 x+\log_3 y$$
$$\Longleftrightarrow \log_3(3x+3y)=\log_3(xy)$$
$$\Longleftrightarrow 3x+3y=xy$$
$$\Longleftrightarrow (x-3)(y-3)=9 \qquad \blacktriangleleft \boxed{17}\ 参照.$$

$$\therefore \quad \binom{x-3}{y-3}=\binom{1}{9},\ \binom{3}{3},\ \binom{9}{1}$$

$$\text{よって,}\quad \binom{x}{y}=\binom{4}{12},\ \binom{6}{6},\ \binom{12}{4}$$

(2) カードをすべて区別して考えると，$x,\ y$ の順列は 52・51 通りある．この中で

◀ 1〜13 が 4 枚ずつだから，トランプのイメージです．

$$\binom{x}{y}=\binom{4}{12}\quad \cdots\cdots\quad 4\cdot 4\ \text{通り}$$

$$\binom{x}{y}=\binom{6}{6}\quad \cdots\cdots\quad 4\cdot 3\ \text{通り}$$

$$\binom{x}{y}=\binom{12}{4}\quad \cdots\cdots\quad 4\cdot 4\ \text{通り}$$

◀ 4 と 12 はトランプのマークが重複してもいいけど，6 と 6 は必ず異なるマークです．

よって，求める確率は

$$\frac{4\cdot 4+4\cdot 3+4\cdot 4}{52\cdot 51}=\frac{4+3+4}{13\cdot 51}$$

$$=\frac{11}{663}$$

補足 原則には例外がつきものです．

例えば「赤玉 1 個と白玉 4 個を 1 列に並べるとき，赤玉が中央に並ぶ確率」は，原則通りにすべて区別しておくと，赤が中央に並ぶ場合も白の並べ方が 4! 通りあるから

$$\frac{4!}{5!}=\frac{1}{5}$$

となりますが，こんなことを考えなくても

赤玉の位置は全部で 5 通りあるから $\dfrac{1}{5}$

とできますよね．

大切なのは，**何が等確率で起こるのか**をきちんと考えることです．

━━ **メインポイント** ━━

確率は，すべて区別して考えるのが原則！

85 集合の利用

アプローチ

(1)　3つの数の積が偶数になるのは，**偶数を少なくとも1つ含む**ときです．これを直接考えるより，余事象「3つの数の積が奇数」を考えた方が，3つとも奇数の場合だけだから簡単です．

(2)　3つの数の積が6の倍数になるのは，**偶数を少なくとも1つ含み，かつ3の倍数を少なくとも1つ含む**ときです．

　このように条件が**2つ以上**（偶数を含む or 含まない，3の倍数を含む or 含まない）あるときは，集合を用いて考え，整理しましょう．

　なお，集合の図の描き方は，ベン図だけでなく**カルノー図**（右ページの図）というものもあります．

79 ですでに使っていますが，最初からXと$\overline{X}$の両方を図に表せるので，余事象を利用するときには便利です．

解答

　事象Xの起こる確率を$P(X)$と表す．

(1)　9枚から3枚を取り出す組合せは全部で
$$_9C_3 = 84 \,(通り)$$
であり

　　　　事象A：3つの数の積が奇数になる

とすると，1, 3, 5, 7, 9の5つから3つを取り出す組合せは $_5C_3 = 10\,(通り)$ なので
$$P(A) = \frac{10}{84} = \frac{5}{42}$$

　よって，3つの数の積が偶数になる確率は
$$1 - P(A) = 1 - \frac{5}{42} = \frac{37}{42}$$

(2)　次に

　　　事象 B：3つの数の積が3の倍数にならない
とすると，3の倍数以外の 1，2，4，5，7，8 の6つから
3つを取り出す組合せは $_6C_3=20$（通り）なので

　　　$P(B)=\dfrac{20}{84}$

　　さらに

　　　事象 $A\cap B$：3つの数の積が3の倍数でない奇数
が起こるのは3つの数が 1，5，7 のときだけだから

　　　$P(A\cap B)=\dfrac{1}{84}$

　　よって

　　　$P(A\cup B)=P(A)+P(B)-P(A\cap B)$

　　　　　　　　$=\dfrac{10}{84}+\dfrac{20}{84}-\dfrac{1}{84}$

　　　　　　　　$=\dfrac{29}{84}$

　　したがって，求める確率は

　　　$1-P(A\cup B)=1-\dfrac{29}{84}$

　　　　　　　　　$=\dfrac{55}{84}$

$A\cup B$

補足　「直接考えるのと，余事象を考えるのとどっちがラクなのか」の判断は**経験による**としかいえません．もちろん，原則としてはパターン数が少ない方を計算したいわけですが，その判断は経験に基づくわけです．だから，まずは正しい集合の図を描く練習をし，両方を計算してみてトレーニングすることが大切です．最初からラクな方法なんて手に入らないのです．

　　　　　　集合の図を描いて，情報の整理・重複の確認！

86 くじ引きの確率

アプローチ

袋から，玉を1個ずつ取り出し，もとに戻さずに次の玉を取り出す様子は「くじ引き」と似ていますね。 ◀非復元抽出といいます．

このくじ引きの確率は，順に確率をかけていく方法もありますが，くじの本数が多くなるとタイヘンです．

そこで，**神様が10個の玉すべての出る順番を先に決めている**と考えます．それは，3個のRと7個のB ◀同じものを含む順列です．
の順列で表されます．

```
  1 2 3 4 5 6 7 8 9 10
 ┌─┬─┬─┬─┬─┬─┬─┬─┬─┬─┐
 │R│B│B│R│R│B│B│B│B│B│
 └─┴─┴─┴─┴─┴─┴─┴─┴─┴─┘
 ┌─┬─┬─┬─┬─┬─┬─┬─┬─┬─┐
 │B│B│R│B│B│B│R│B│B│R│
 └─┴─┴─┴─┴─┴─┴─┴─┴─┴─┘
```
                      などなど

人間は神様が定めた運命の通りに，この順列の通りに玉を取り出していくと考えるのです．

したがって，確率は

$$\frac{（条件に適する運命の順列の総数）}{（神様にとっての運命の順列の総数）}$$

で求められることになります．

解答

3個のR，7個のBを1列に並べた順列は

$$_{10}C_3 = \frac{10 \cdot 9 \cdot 8}{3 \cdot 2 \cdot 1} = 10 \cdot 3 \cdot 4 \,（通り）$$

であり，これらは等確率である． ◀なぜ「等確率」なのかは
補足 を参照してください．

(1) ┌─┬─┬─┬─┬─┬─┬─┬─┐
    │B│B│B│R│ │ │ │ │ の形の順列は，
    └─┴─┴─┴─┴─┴─┴─┴─┘

残り2個のRの位置を選んで

$$_6C_2 = \frac{6 \cdot 5}{2 \cdot 1} = 3 \cdot 5 \,（通り）$$

あるので，求める確率は

$$\frac{3 \cdot 5}{10 \cdot 3 \cdot 4} = \frac{1}{8}$$

(2) ☐☐☐☐☐☐☐☐ B B の形の順列は，　◀このように「後ろの方の条件」のときこそ，この解法が有効です。

3個のRの位置を選んで

$$_8C_3 = \frac{8 \cdot 7 \cdot 6}{3 \cdot 2 \cdot 1} = 8 \cdot 7 \,(通り)$$

あるので，求める確率は

$$\frac{8 \cdot 7}{10 \cdot 3 \cdot 4} = \frac{7}{15}$$

(3) ☐☐☐☐☐☐☐ R B B の形の順列は，

残り2個のRの位置を選んで

$$_7C_2 = \frac{7 \cdot 6}{2 \cdot 1} = 7 \cdot 3 \,(通り)$$

あるので，求める確率は

$$\frac{7 \cdot 3}{10 \cdot 3 \cdot 4} = \frac{7}{40}$$

補足　確率の原則は「すべて区別する」でした．しかし，今回は区別せずに「同じものを含む順列」の考え方で計算しています．

　なぜなら，3個のRを R_1, R_2, R_3 と区別し，7個のBも B_1, B_2, …, B_7 と区別した場合，**解答**の全事象 $_{10}C_3 = 120 \,(通り)$ に対して，Rの中の並べ方とBの中の並べ方を考えることで $120 \cdot 3! \cdot 7!$ とできます（計算上も，これが $10!$ に等しくなります）が，このとき例えば(1)の**解答**の分子 $_6C_2 = 15$ もRの中の並べ方とBの中の並べ方を考えて $15 \cdot 3! \cdot 7!$ となるので，結局

$$\frac{15 \cdot 3! \cdot 7!}{120 \cdot 3! \cdot 7!} = \frac{15}{120} = \frac{1}{8}$$

となります．（どの順列も $3! \cdot 7!$ 通りずつ存在するということです．）

　つまり

　　**すべてを1列に並べる場合は，同じものを含む順列で考えても
　　等確率性が保たれる**

ということです．

■■ **メインポイント** ■■

　　くじ引きは，すべてを1列に並べた順列で考えよ！

87 状況が変化する確率

アプローチ

本問のように，1回の操作ごとに状況が変化していく設定の確率は，**その状況の推移を正確に把握し，その推移確率をかけていく**ことになります．

◀**解答**のような**樹形図**を描くとわかりやすいです．

本問はたかだか4回の操作なので，全部書いて調べてしまえばいいでしょう．

解答

袋の中の赤玉の個数 R と青玉の個数 B の組を $\begin{pmatrix} R \\ B \end{pmatrix}$ で表すと，その推移は下図のようになる．

◀同じ矢印は，同じ確率．

もらう硬貨の総数が1枚になるのは

ⅰ）②で $\begin{pmatrix} 0 \\ 3 \end{pmatrix}$ になり，④で $\begin{pmatrix} 2 \\ 1 \end{pmatrix}$ になる場合

ⅱ）②で $\begin{pmatrix} 2 \\ 1 \end{pmatrix}$ になり，④で $\begin{pmatrix} 0 \\ 3 \end{pmatrix}$ になる場合

の2パターンだから，確率は

$$\underbrace{\frac{2}{3} \cdot \frac{1}{3} \cdot 1 \cdot \frac{2}{3}}_{ⅰ）の確率} + \underbrace{\left(\frac{2}{3} \cdot \frac{2}{3} + \frac{1}{3} \cdot 1\right) \cdot \frac{2}{3} \cdot \frac{1}{3}}_{ⅱ）の確率} = \frac{\mathbf{26}}{\mathbf{81}}$$

◀②で $\begin{pmatrix} 2 \\ 1 \end{pmatrix}$ になる経路は2本あります．

また，もらう硬貨の総数が2枚になるのは

②で $\begin{pmatrix} 0 \\ 3 \end{pmatrix}$ になり，④で $\begin{pmatrix} 0 \\ 3 \end{pmatrix}$ になる場合

だから，確率は

$$\frac{2}{3} \cdot \frac{1}{3} \cdot 1 \cdot \frac{1}{3} = \frac{\mathbf{2}}{\mathbf{27}}$$

補足 左ページの樹形図を見れば，**くり返し**（**周期性**）にも気づけますね．

例えば「操作を 10 回くり返したとき，硬貨を 1 枚ももらえない確率」は

$$\begin{pmatrix} R \\ B \end{pmatrix} = \begin{pmatrix} 2 \\ 1 \end{pmatrix} \xrightarrow[\frac{1}{3}]{\frac{2}{3}} \begin{matrix} \begin{pmatrix} 1 \\ 2 \end{pmatrix} \\ \begin{pmatrix} 3 \\ 0 \end{pmatrix} \end{matrix} \xrightarrow{1} \begin{pmatrix} 2 \\ 1 \end{pmatrix} \rightarrow \begin{matrix} \begin{pmatrix} 1 \\ 2 \end{pmatrix} \\ \begin{pmatrix} 3 \\ 0 \end{pmatrix} \end{matrix} \rightarrow \begin{pmatrix} 2 \\ 1 \end{pmatrix} \cdots\cdots$$

という図から，$\begin{pmatrix} 2 \\ 1 \end{pmatrix} \rightsquigarrow \begin{pmatrix} 2 \\ 1 \end{pmatrix}$ を 5 回**くり返す**，つまり $\dfrac{2}{3}\cdot\dfrac{2}{3}+\dfrac{1}{3}\cdot 1=\dfrac{7}{9}$ を 5 回くり返すと考えて，$\left(\dfrac{7}{9}\right)^5$ となります．

　他の問題もそうですが，まず実験・数え上げをすることで様子を調べ，そこから**規則性を見抜く**ことが大切です．

■ **メインポイント** ■

状況の変化は樹形図を描いて整理！

88 反復試行の確率

アプローチ

完全に同じ試行をくり返す場合の確率を**反復試行の確率**といいます. これは

（順列の総数）×（1つの順列の確率）

で計算します.

例えば, (1)は $X=1$ となる確率なので, 0点が4回, かつ1点が1回となる場合です. これは

順列は
全部で
${}_5C_4$ 通り

	①	②	③	④	⑤	
	0点	0点	0点	0点	1点	……確率 $\left(\dfrac{1}{2}\right)^4\left(\dfrac{1}{4}\right)^1$
	0点	0点	1点	0点	0点	……確率 $\left(\dfrac{1}{2}\right)^4\left(\dfrac{1}{4}\right)^1$
			⋮			⋮

どの順列でも
確率は等しい

ですから

$$\,{}_5C_4\left(\frac{1}{2}\right)^4\left(\frac{1}{4}\right)^1$$

となります.

解答

1回の試行において

A：0点…確率 $\dfrac{1}{2}$

B：1点…確率 $\dfrac{1}{4}$

C：2点…確率 $\dfrac{1}{4}$

		銀　貨	
		表	裏
金	表	2点	1点
貨	裏	0点	0点

とする.

(1) $X=1$ となるのは, （A4回, B1回）の場合なので

$$\,{}_5C_4\left(\frac{1}{2}\right)^4\left(\frac{1}{4}\right)^1=\frac{5}{64}$$

◀A, A, A, A, B の順列は,
同じものを含む順列の考え
方で ${}_5C_4$ 通り.

188

(2) $X=3$ となるのは

① （A 2 回，B 3 回）

② （A 3 回，B 1 回，C 1 回）

の場合なので

$$_5C_2\left(\frac{1}{2}\right)^2\left(\frac{1}{4}\right)^3+_5C_3\cdot2!\left(\frac{1}{2}\right)^3\left(\frac{1}{4}\right)^2$$

$$=\frac{5}{128}+\frac{5}{32}$$

$$=\frac{25}{128}$$

◀ A，A，B，B，B の順列は $_5C_2$ 通り．

A，A，A，B，C の順列は $_5C_3\cdot2!$ 通り．

(3) X が偶数になるのは

B が偶数回（0 回，2 回，4 回）

のときなので

$$\left(\frac{3}{4}\right)^5+_5C_2\left(\frac{1}{4}\right)^2\left(\frac{3}{4}\right)^3+_5C_4\left(\frac{1}{4}\right)^4\left(\frac{3}{4}\right)^1$$

$$=\frac{243}{1024}+\frac{270}{1024}+\frac{15}{1024}$$

$$=\frac{528}{1024}$$

$$=\frac{33}{64}$$

◀ A と C が何回ずつであるかは，X が偶数であることに関係ありません．

だから，A と C をあわせて確率 $\frac{3}{4}$ としています．

━■■メインポイント■■━

反復試行の確率は （順列の総数）×（1 つの順列の確率）

89 条件付き確率

全事象 U に対して，事象 A の起こる確率 $P(A)$ は

$$P(A)=\frac{n(A)}{n(U)}$$

と書けますね．これは**全体 U に対する A の割合**を表したものです．

これに対し，事象 A が起きたときに事象 B が起こる確率を**条件付き確率**といい $P_A(B)$ と書きます．

これは**A を全体と見たときの $A \cap B$ の割合**によって表されます．つまり

$$P_A(B)=\frac{n(A \cap B)}{n(A)}$$

であり，さらに右辺の分母と分子をそれぞれ $n(U)$ で割ることで

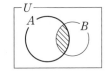

$$P_A(B)=\frac{P(A \cap B)}{P(A)}$$

$$\therefore \quad P(A)P_A(B)=P(A \cap B)$$

が成り立ちます．

筆者は，「条件」の付かない確率なんてないから，「条件付き確率」ではなく「制限付き確率」と呼んでいます．$P_A(B)$ は，**制限 A の中で，B である確率**です．

ex) 男子 30 人，女子 20 人のクラスで，1 人のリーダーをランダムに選べば，ある特定の女子が選ばれる確率はもちろん $\frac{1}{50}$ ですが，「1 人の女リーダーを選ぶ」であれば $\frac{1}{20}$ です．

◀ 「女」という制限が付いたので，制限を満たす 20 人の中から選びます．

解答

　集団Aの中で，病気Xにかかっている人の集合をX，検査により陽性と判定される人の集合をYとすれば右図のようになる．

	Y	$\overline{Y}$	
X	4% の中の 80%	4% の中の 20%	4%
$\overline{X}$	96% の中の 10%	96% の中の 90%	96%

(1)　右図から

$$P(Y)=\frac{4}{100}\cdot\frac{80}{100}+\frac{96}{100}\cdot\frac{10}{100}=\frac{1280}{10000}$$

$$P(X\cap Y)=\frac{4}{100}\cdot\frac{80}{100}=\frac{320}{10000}$$

$$\therefore \quad P_Y(X)=\frac{P(X\cap Y)}{P(Y)}=\frac{320}{1280}=\frac{1}{4}$$

◀制限Yの中でXである確率です．

(2)　右図から

$$P(\overline{Y})=\frac{4}{100}\cdot\frac{20}{100}+\frac{96}{100}\cdot\frac{90}{100}=\frac{8720}{10000}$$

$$P(X\cap\overline{Y})=\frac{4}{100}\cdot\frac{20}{100}=\frac{80}{10000}$$

$$\therefore \quad P_{\overline{Y}}(X)=\frac{P(X\cap\overline{Y})}{P(\overline{Y})}=\frac{80}{8720}=\frac{1}{109}$$

◀制限$\overline{Y}$の中でXである確率です．

■ **メインポイント** ■

$P_A(B)$ は，制限Aを満たす中で，Bである確率

90 Σ を利用する確率

アプローチ

箱の中のカードは

1

$2 \quad 2$

$3 \quad 3 \quad 3$

$\cdots\cdots\cdots$

$k \quad k \quad k \quad k \quad \cdots\cdots \quad k$

$\cdots\cdots\cdots\cdots\cdots\cdots$

$n \quad n \quad n \quad n \quad \cdots\cdots\cdots\cdots \quad n$

となっていて，確率の原則通り，これらを**すべて区別**
して考えます．

2枚のカードの数字が一致するのは，2枚が

　　2と2，3と3，4と4，$\cdots\cdots$，nとn

の $n-1$ パターンあるので，これらを全部調べて足せ
ばよいのですが，nという文字なので不可能です．

そこで，**代表として2枚がkとkの場合の確率 p_k**

を求めておいて $\displaystyle\sum_{k=2}^{n} p_k$ を計算します.

◀順に
${}_2C_2,\ {}_3C_2,\ {}_4C_2,\ \cdots\cdots,\ {}_nC_2$
通りです.

解答

(1) カードの総数は

$$\sum_{k=1}^{n} k = \frac{1}{2}n(n+1)$$

(2) 題意の確率を p_k とする.

$k=1$ のとき，番号 k のカードは1枚だけなので，引いたカード2枚の番号
が両方とも k になることはない．よって，$p_1=0$ である.

$k \geqq 2$ のとき

$$p_k = \frac{{}_kC_2}{{}_{\frac{1}{2}n(n+1)}C_2}$$

$$= \frac{\dfrac{k(k-1)}{2\cdot 1}}{\dfrac{\frac{1}{2}n(n+1)\cdot\left\{\frac{1}{2}n(n+1)-1\right\}}{2\cdot 1}}$$

$$= \frac{4k(k-1)}{n(n+1)\cdot(n-1)(n+2)}$$

これは $k=1$ のとき 0 になり，$p_1=0$ に適するので，求める確率は

$$p_k=\frac{4k(k-1)}{(n-1)n(n+1)(n+2)}\quad (k=1,\ 2,\ \cdots\cdots,\ n)$$

(3) (2)から，求める確率は

$$\sum_{k=2}^{n} p_k=\frac{4}{(n-1)n(n+1)(n+2)}\sum_{k=2}^{n}k(k-1)$$

である．ここで

$$\sum_{k=2}^{n}k(k-1)$$
$$=\frac{1}{3}\sum_{k=2}^{n}\{-(k-2)(k-1)k+(k-1)k(k+1)\}$$
$$=\frac{1}{3}(n-1)n(n+1)$$

◀青字の合計が3なので，$\sum$ の外に $\frac{1}{3}$ をかけてツジツマをあわせています．

であるから

$$\sum_{k=2}^{n}p_k=\frac{4}{(n-1)n(n+1)(n+2)}\cdot\frac{1}{3}(n-1)n(n+1)$$
$$=\frac{4}{3(n+2)}$$

補足 $\displaystyle\sum_{k=2}^{n}k(k-1)$ の計算に**差分解**を使いました．これは

$$\sum_{k=1}^{n}(k+1)k(k-1)=\frac{1}{4}\sum_{k=1}^{n}\{-(k-2)(k-1)k(k+1)+(k-1)k(k+1)(k+2)\}$$
$$=\frac{1}{4}(n-1)n(n+1)(n+2)$$

などと発展させられます．

■ **メインポイント** ■

場合分けの代表の確率 p_k を求めて $\sum$

確率の最大

確率 P_n を最大にする n を求めるときは

$$\cdots < P_{N-2} < P_{N-1} < P_N > P_{N+1} > P_{N+2} > \cdots$$

$\underbrace{\phantom{\cdots < P_{N-2} < P_{N-1} < P_N}}_{\text{増加}} \quad \underbrace{\phantom{> P_{N+1} > P_{N+2} > \cdots}}_{\text{減少}}$

◀この列が作れたら，求める n は $n = N$ です．

という列を作ることが目標です．

そのために，1 と $\dfrac{P_{n+1}}{P_n}$ を比較します．

◀$P_{n+1} - P_n$ の符号を調べるのも有効です．

$$1 < \frac{P_{n+1}}{P_n} \iff P_n < P_{n+1} \quad (\text{増加})$$

$$1 > \frac{P_{n+1}}{P_n} \iff P_n > P_{n+1} \quad (\text{減少})$$

解答

すべての球を区別して考える．

(1) 10 個の球から 6 個を取り出すと

$${}_{10}C_6 = \frac{10 \cdot 9 \cdot 8 \cdot 7}{4 \cdot 3 \cdot 2 \cdot 1} = 10 \cdot 3 \cdot 7 \,(\text{通り})$$

6 個の赤球から 3 個，4 個の白球から 3 個を取り出すと

$${}_6C_3 \cdot {}_4C_3 = \frac{6 \cdot 5 \cdot 4}{3 \cdot 2 \cdot 1} \cdot 4 = 5 \cdot 4 \cdot 4 \,(\text{通り})$$

$$\therefore \quad P_{10} = \frac{5 \cdot 4 \cdot 4}{10 \cdot 3 \cdot 7} = \frac{8}{21}$$

(2) (1)と同様にして

$$P_n = \frac{{}_6C_3 \cdot {}_{n-6}C_3}{{}_nC_6}$$

$$= 20 \cdot \underbrace{\frac{(n-6)!}{3!(n-9)!}}_{{}_{n-6}C_3} \cdot \underbrace{\frac{6!(n-6)!}{n!}}_{{}_nC_6 \text{ の逆数}}$$

◀${}_nC_k = \dfrac{n!}{k!(n-k)!}$

であるから

$$\frac{P_{n+1}}{P_n}=\underbrace{\frac{20\cdot6!(n-5)!(n-5)!}{3!(n-8)!(n+1)!}}_{P_{n+1}}\cdot\underbrace{\frac{3!(n-9)!n!}{20\cdot6!(n-6)!(n-6)!}}_{P_n \text{ の逆数}}$$

$$=\frac{(n-9)!}{(n-8)!}\cdot\frac{n!}{(n+1)!}\cdot\frac{(n-5)!}{(n-6)!}\cdot\frac{(n-5)!}{(n-6)!}$$

$$=\frac{(n-5)^2}{(n-8)(n+1)}$$

◀ 約分しやすいように並べ替えました.

(3) (2)から

$$1\gtreqqless\frac{P_{n+1}}{P_n}\quad(\Longleftrightarrow\ P_n\gtreqqless P_{n+1})$$

$$\Longleftrightarrow\ 1\gtreqqless\frac{(n-5)^2}{(n-8)(n+1)}$$

$$\Longleftrightarrow\ n^2-7n-8\gtreqqless n^2-10n+25$$

$$\Longleftrightarrow\ n\gtreqqless11$$

◀ $\gtreqqless$ は
$$>,\ =,\ <$$
の3つを同時に処理している記号です.

なので

$$P_9<P_{10}<P_{11}=P_{12}>P_{13}>P_{14}>\cdots\cdots$$

となる.

◀ この結果は
$n<11$ のとき $P_n<P_{n+1}$
$n=11$ のとき $P_n=P_{n+1}$
$n>11$ のとき $P_n>P_{n+1}$
の3つを表しています.

よって，P_n が最大となる n は

$$n=11,\ 12$$

補足 例えば n が2億のとき(つまり，袋の中はほとんど白球)，取り出した6個の球の半数が赤球になるのは奇跡です．つまり，確率が小さいことが起こると，人は「奇跡」と呼ぶのです.

逆に，確率の大きいことが起こっても「普通」と感じます.

本問において，取り出した6個の半数が赤球になることが「普通」だと感じるのは，もともと全体の半数が赤球であるときですね．だから，答え(の1つ)が $n=12$ であることが最初から予想できます.

▪◼ **メインポイント** ◼▪

確率の最大は，1 と $\dfrac{P_{n+1}}{P_n}$ の比較！

92 確率漸化式①

アプローチ

さいころを $1,\ 2,\ 3,\ \cdots\cdots,\ n,\ \cdots\cdots$ 回投げたときの，3の倍数の目 $(3 \text{ or } 6)$ の出る回数を，偶奇だけに注目して樹形図を描けば **解答** の図のようになります．

具体的な操作回数であれば，推移確率をかけていけ ◀ **87** 参照．
ばいいのですが，本問は n なので不可能です．

でも，樹形図を見れば，**同じ形のくり返し，つまり規則性**がわかりますね．

この**規則を漸化式**で表し，その漸化式を解くことで題意の確率を求められます．

解答

3の倍数の目の回数の推移は次の通り．

(1) 図から

$$P_2 = P_1 \cdot \frac{2}{3} + (1 - P_1) \cdot \frac{1}{3}$$

$$= \frac{1}{3} \cdot \frac{2}{3} + \frac{2}{3} \cdot \frac{1}{3}$$

$$= \frac{4}{9}$$

$$P_3 = P_2 \cdot \frac{2}{3} + (1 - P_2) \cdot \frac{1}{3}$$

$$= \frac{4}{9} \cdot \frac{2}{3} + \frac{5}{9} \cdot \frac{1}{3}$$

$$= \frac{13}{27}$$

(2) 図から

$$P_{n+1} = P_n \cdot \frac{2}{3} + (1 - P_n) \cdot \frac{1}{3} \quad (n = 1, \ 2, \ 3, \ \cdots)$$

$$\therefore \quad P_{n+1} = \frac{1}{3} P_n + \frac{1}{3} \quad \cdots\cdots ①$$

(3) ①を

$$②: P_{n+1} - \alpha = \frac{1}{3}(P_n - \alpha) \qquad \blacktriangleleft \boxed{75} \text{ 参照.}$$

に変形したい.

$$② \iff P_{n+1} = \frac{1}{3} P_n + \frac{2}{3}\alpha$$

であるから, ①と比べて $\alpha = \dfrac{1}{2}$ である.

よって, 数列 $\left\{ P_n - \dfrac{1}{2} \right\}$ が公比 $\dfrac{1}{3}$ の等比数列なの

で, $P_1 = \dfrac{1}{3}$ とあわせて

$$P_n - \frac{1}{2} = \left(P_1 - \frac{1}{2} \right) \cdot \left(\frac{1}{3} \right)^{n-1}$$

$$= -\frac{1}{2} \left(\frac{1}{3} \right)^{n}$$

$$\therefore \quad P_n = -\frac{1}{2} \left(\frac{1}{3} \right)^{n} + \frac{1}{2}$$

▚▚ メインポイント ▚▚

樹形図の規則性を漸化式で表す！

93 確率漸化式②

アプローチ

基本的には前問 **92** と同じタイプの問題ですが，今回は **n回目の確率の合計が1にならない点**に注意が必要です．というのは，「サイコロの6の目が出たら終了」というルールがあるので，そもそもn回目がないかもしれないのです．

だから，n回目にBが投げる確率を$1-a_n$とは書けません．

解答

サイコロを投げる人の推移は次の図の通り．

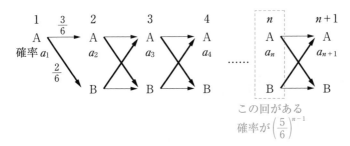

(1)　n回目に2人のどちらかがサイコロを投げるのは，$n-1$回目までに1度も6が出ないときで，その確率は$\left(\dfrac{5}{6}\right)^{n-1}$である．

よって，図から

$$a_{n+1}=a_n\cdot\frac{3}{6}+\left\{\left(\frac{5}{6}\right)^{n-1}-a_n\right\}\cdot\frac{2}{6}$$

◀ n回目にBが投げる確率は $\left(\dfrac{5}{6}\right)^{n-1}-a_n$ です．

$$\therefore\quad a_{n+1}=\frac{1}{6}a_n+\frac{1}{3}\left(\frac{5}{6}\right)^{n-1}\quad\cdots\cdots①$$

これを

$$②:a_{n+1}+\alpha\left(\frac{5}{6}\right)^{n+1}=\frac{1}{6}\left\{a_n+\alpha\left(\frac{5}{6}\right)^n\right\}$$

◀ **76** 参照．

に変形したい．

$$②\iff a_{n+1}=\frac{1}{6}a_n-\frac{2}{3}\alpha\left(\frac{5}{6}\right)^n$$

であるから，①と比べて

$$-\frac{2}{3}\alpha\cdot\frac{5}{6}=\frac{1}{3} \qquad \therefore \quad \alpha=-\frac{3}{5}$$

よって，数列 $\left\{a_n-\dfrac{3}{5}\left(\dfrac{5}{6}\right)^n\right\}$ が公比 $\dfrac{1}{6}$ の等比数

列なので，$a_1=1$ とあわせて

$$a_n-\frac{3}{5}\left(\frac{5}{6}\right)^n=\left(a_1-\frac{3}{5}\cdot\frac{5}{6}\right)\cdot\left(\frac{1}{6}\right)^{n-1}$$

$$\therefore \quad \boldsymbol{a_n}=\frac{1}{2}\left\{\left(\frac{1}{6}\right)^{n-1}+\left(\frac{5}{6}\right)^{n-1}\right\}$$

(2) n 回目にAが投げる確率が a_n で，かつ 6 の目が

出る確率が $\dfrac{1}{6}$ だから，求める確率 p_n は

$$p_n=a_n\cdot\frac{1}{6}=\frac{1}{12}\left\{\left(\frac{1}{6}\right)^{n-1}+\left(\frac{5}{6}\right)^{n-1}\right\}$$

(3) 求める確率は，p_1，p_2，$\cdots\cdots$，p_n の合計だから

$$q_n=\sum_{k=1}^{n}p_k$$

◀ **90** と同じ考え方です．

$$=\frac{1}{12}\sum_{k=1}^{n}\left\{\left(\frac{1}{6}\right)^{k-1}+\left(\frac{5}{6}\right)^{k-1}\right\}$$

$$=\frac{1}{12}\left\{\frac{1-\left(\frac{1}{6}\right)^n}{1-\frac{1}{6}}+\frac{1-\left(\frac{5}{6}\right)^n}{1-\frac{5}{6}}\right\}$$

$$=\frac{3}{5}-\frac{1}{10}\left(\frac{1}{6}\right)^n-\frac{1}{2}\left(\frac{5}{6}\right)^n$$

補足 n 回目にBが投げる確率を b_n とおいて，連立漸化式にしてもいいでしょう．その場合

$$a_{n+1}=\frac{3}{6}a_n+\frac{2}{6}b_n, \quad b_{n+1}=\frac{2}{6}a_n+\frac{3}{6}b_n$$

となり，$a_{n+1}+b_{n+1}=\dfrac{5}{6}(a_n+b_n)$ とでき，$a_n+b_n=\left(\dfrac{5}{6}\right)^{n-1}$ が得られます．

■ **メインポイント** ■

n 回目がないかもしれないから，確率の合計に注意！

94 期待値

アプローチ

ある試行の結果として変量 x_1, x_2, ……, x_n をとる確率がそれぞれ p_1, p_2, ……, p_n であるとき

$$E = x_1 p_1 + x_2 p_2 + \cdots\cdots + x_n p_n$$

で得られる値を**期待値**といいます.

サイコロを 1 回投げるときの目の数の期待値は

$$1 \cdot \frac{1}{6} + 2 \cdot \frac{1}{6} + \cdots + 6 \cdot \frac{1}{6}$$
$$= \frac{1 + 2 + \cdots + 6}{6} = \frac{7}{2}$$

◀ となります. これは, いわゆる「平均値」です.

解答

[A] すべての玉を区別して考えると, 2 個同時に取り出す場合の数は

$$_9 C_2 = \frac{9 \cdot 8}{2 \cdot 1} = 36 \,(通り)$$

◀ 確率の原則は「すべて区別する」

取り出された赤玉の個数が k 個となる確率を p_k とすると

$$p_0 = \frac{_5 C_2}{36} = \frac{10}{36}$$

$$p_1 = \frac{4 \cdot 5}{36} = \frac{20}{36}$$

$$p_2 = \frac{_4 C_2}{36} = \frac{6}{36}$$

なので, 求める期待値は

$$0 \cdot p_0 + 1 \cdot p_1 + 2 \cdot p_2$$
$$= 0 \cdot \frac{10}{36} + 1 \cdot \frac{20}{36} + 2 \cdot \frac{6}{36}$$
$$= \frac{32}{36}$$
$$= \frac{8}{9}$$

◀ 期待値を計算するとき
$$0 \cdot p_0 + \cdots$$
となるので, p_0 の値は必要ないのですが, 難しくないときには求めておくと
$$p_0 + p_1 + p_2 = \frac{36}{36} = 1$$
となって, 数え落としがないことが確認できます.

[B] すべての玉を区別して, 横 1 列に並べる順列の総数は

◀ 86 を参照.

$$8! \,(通り)$$

であり, これらは等確率である.

(1) 玉を 2 個取り出した時点で操作が終わるのは, 最初の 2 個が同じ番号のときである.

例) 8·1 通り

◀ 1 個目はどれでもよく, 2 個目は 1 個目と同じ番号の玉.

残りの 6 個の玉の並べ方も考慮して

$$P(2)=\frac{8\cdot1\cdot6!}{8!}=\frac{8\cdot1}{8\cdot7}=\frac{1}{7}$$

玉を 3 個取り出した時点で操作が終わるのは，3番目に取り出した玉の番号が最初の 2 個のいずれかと同じ番号のときである．

例）

8・6・2 通り

残りの 5 個の玉の並べ方も考慮して

$$P(3)=\frac{8\cdot6\cdot2\cdot5!}{8!}=\frac{8\cdot6\cdot2}{8\cdot7\cdot6}=\frac{2}{7}$$

◀1 個目はどれでもよく，2個目は 1 個目とは別番号の玉．3 個目は 1 個目または2 個目と同じ番号の玉．

(2)　4回目の操作で終了しない場合，番号 1 から 4 のすべての玉を取り出したことになる．よって，この場合には，5 回目の操作で必ず終了する．

　したがって，操作は 6 回以上続かないから，6 以上の k に対して $P(k)=0$ が成り立つ．

(3)　(1)と同様に考えて

$$P(4)=\frac{8\cdot6\cdot4\cdot3\cdot4!}{8!}=\frac{12}{35}$$

$$P(5)=\frac{8\cdot6\cdot4\cdot2\cdot4\cdot3!}{8!}=\frac{8}{35}$$

であるから，求める期待値は

$$2\cdot P(2)+3\cdot P(3)+4\cdot P(4)+5\cdot P(5)$$
$$=2\cdot\frac{1}{7}+3\cdot\frac{2}{7}+4\cdot\frac{12}{35}+5\cdot\frac{8}{35}$$
$$=\frac{10+30+48+40}{35}$$
$$=\frac{128}{35}$$

◀確率の合計が
$$\frac{1}{7}+\frac{2}{7}+\frac{12}{35}+\frac{8}{35}=1$$
となっていることを確認！

■▪ メインポイント ▪■

　期待値を求めるときには，
　全パターンの確率を求めて，それらの合計が 1 であることを確認！

95 平均値と中央値

アプローチ

n 個のデータ

$$x_1, \ x_2, \ x_3, \ \cdots\cdots, \ x_n$$

に対して，**平均値** $\overline{x}$ は

$$\overline{x} = \frac{x_1 + x_2 + x_3 + \cdots\cdots + x_n}{n} = \frac{1}{n}\sum_{k=1}^{n} x_k$$

で求められます.

また，これらのデータを小さい順に並べたとき，ちょうど中央の位置にある値を**中央値**といい，4等分する位置の値を小さい方から順に

$$
\begin{array}{c}
\overset{Q_1}{} \quad \overset{Q_2}{} \quad \overset{Q_3}{} \\
x_1 \ \textcircled{x_2} \ x_3 \ \textcircled{x_4} \ x_5 \ \textcircled{x_6} \ x_7
\end{array}
$$

$$Q_1 = \frac{x_2 + x_3}{2}$$
$$\downarrow$$

$$x_1 \ x_2 \ x_3 \ x_4 \ x_5 \ x_6 \ x_7 \ x_8$$

$$\frac{x_4 + x_5}{2} = Q_2 \qquad Q_3 = \frac{x_6 + x_7}{2}$$

Q_1：**第1四分位数**

Q_2：**第2四分位数** (＝中央値)

Q_3：**第3四分位数**

といいます.

この分野は，テクニカルな計算ではなく，それぞれの言葉や数値の**定義が問われる**ことが多いので，しっかりと整理して覚えておきましょう.

解答

データの個数を $2n$ とし，小さい順に並べたものを

$$\underset{m}{\textcircled{x_1}}, \ x_2, \ x_3, \ \cdots\cdots, \ \underset{\displaystyle A = \frac{x_n + x_{n+1}}{2}}{\overset{\uparrow}{x_n, \ x_{n+1},}} \ \cdots\cdots, \ x_{2n-1}, \ \underset{M}{\textcircled{x_{2n}}}$$

とすると

$$m \leqq x_1 \leqq m,$$
$$m \leqq x_2 \leqq A, \ m \leqq x_3 \leqq A, \ \cdots\cdots, \ m \leqq x_{n-1} \leqq A,$$
$$2A \leqq x_n + x_{n+1} \leqq 2A,$$
$$A \leqq x_{n+2} \leqq M, \ \cdots\cdots, \ A \leqq x_{2n-1} \leqq M,$$
$$M \leqq x_{2n} \leqq M$$

が成り立つので，これらの辺々を足して

$$m(n-1) + An + M \leqq x_1 + x_2 + \cdots + x_{2n} \leqq m + An + M(n-1)$$

$$\therefore \quad \frac{m+A}{2}+\frac{M-m}{2n}\leqq \bar{x}\leqq \frac{A+M}{2}+\frac{m-M}{2n} \quad \cdots\cdots(*)$$

$(*)$ に $m=140$, $M=180$, $A=150$ を代入すると

$$145+\frac{20}{n}\leqq \bar{x}\leqq 165-\frac{20}{n}$$

となる. $145+\dfrac{20}{n}\leqq 165-\dfrac{20}{n}$ となるのは $n\geqq 2$ のと

きであり, $0<\dfrac{20}{n}$ だから

$145<\bar{x}<165$

である.

◀ $\bar{x}$ がちょうど 145 や 165 に
なることはない.

また, $(*)$ に $m=140$, $M=180$, $\bar{x}=170$ を代入す

ると

$$\frac{140+A}{2}+\frac{20}{n}\leqq 170\leqq \frac{A+180}{2}-\frac{20}{n}$$

$$\Longleftrightarrow \ An+140n+40\leqq 340n\leqq An+180n-40$$

$$\Longleftrightarrow \ 160n+40\leqq An\leqq 200n-40$$

$$\Longleftrightarrow \ 160+\frac{40}{n}\leqq A\leqq 200-\frac{40}{n}$$

となる. $160+\dfrac{40}{n}\leqq 200-\dfrac{40}{n}$ となるのは $n\geqq 2$ のと

きであり, $0<\dfrac{40}{n}$ だから

$$160<A<200$$

$140=m\leqq A\leqq M=180$ との共通部分を考えて

$160<A\leqq 180$

である.

◥◣ **メインポイント** ◢◤

言葉や数値の定義をしっかりと整理して覚えよう！

96 分 散

n 個のデータ

$$x_1, \ x_2, \ x_3, \ \cdots\cdots, \ x_n$$

の平均値を $\bar{x}$ とするとき，各データの平均との差 $x_k-\bar{x}$ を**偏差**といいます．

そして，データの平均からの散らばり具合を調べる値として**分散** $s_x{}^2$ を

$$s_x{}^2=(\text{偏差})^2\text{の平均}=\frac{1}{n}\sum_{k=1}^{n}(x_k-\bar{x})^2$$

で定義します． 解答 では，この定義通りに計算して結果を求めました．

さらに，この分散は

$$s_x{}^2=\frac{1}{n}\sum_{k=1}^{n}\{x_k{}^2-2\bar{x}\cdot x_k+(\bar{x})^2\}$$

$$=\frac{1}{n}\sum_{k=1}^{n}x_k{}^2-2\bar{x}\cdot\frac{1}{n}\sum_{k=1}^{n}x_k+(\bar{x})^2\cdot\frac{1}{n}\sum_{k=1}^{n}1$$

$$=\frac{1}{n}\sum_{k=1}^{n}x_k{}^2-2\bar{x}\cdot\bar{x}+(\bar{x})^2$$

$$=\frac{1}{n}\sum_{k=1}^{n}x_k{}^2-(\bar{x})^2$$

とできるので， 別解 ではこの結果を使いました．

◀ この偏差は負の値をとることもあり，偏差の合計はかならず0になります．

◀ 偏差の平均はかならず0になり意味がないことと，関数 $f(x)=\sum_{k=1}^{n}(x_k-x)^2$ が $x=\bar{x}$ のときに最小値をとることが，分散の概念に都合がいいのでこの定義が採用されているのです．

◀（2乗の平均）
－（平均の2乗）

解答

等差数列 $\{a_n\}$ の一般項は

$$a_n=3+4(n-1)=4n-1$$

であるから，データ $a_1, \ a_2, \ \cdots, \ a_n$ の平均値 m は

$$m=\frac{1}{n}\sum_{k=1}^{n}a_k$$

$$=\frac{1}{n}\cdot\frac{1}{2}n\{3+(4n-1)\}$$

$$=2n+1$$

となる．

また，分散 s^2 は定義から

$$s^2=\frac{1}{n}\sum_{k=1}^{n}(a_k-m)^2$$

$$=\frac{1}{n}\sum_{k=1}^{n}(4k-2n-2)^2$$

$$= \frac{4}{n} \sum_{k=1}^{n} \{4k^2 - 4(n+1)k + (n+1)^2\}$$

$$= \frac{4}{n} \left\{ 4 \cdot \frac{1}{6} n(n+1)(2n+1) - 4(n+1) \cdot \frac{1}{2} n(n+1) + n(n+1)^2 \right\}$$

$$= \frac{4}{3} \{2(n+1)(2n+1) - 3(n+1)^2\}$$

$$= \frac{4}{3}(n-1)(n+1)$$

別解

$$s^2 = \frac{1}{n} \sum_{k=1}^{n} a_k{}^2 - m^2$$

$$= \frac{1}{n} \sum_{k=1}^{n} (16k^2 - 8k + 1) - (4n^2 + 4n + 1)$$

$$= \frac{1}{n} \left\{ 16 \cdot \frac{1}{6} n(n+1)(2n+1) - \frac{1}{2} n(7 + (8n-1)) \right\} - (4n^2 + 4n + 1)$$

$$= \frac{8}{3}(n+1)(2n+1) - (4n+3) - (4n^2 + 4n + 1)$$

$$= \frac{4}{3} \{2(n+1)(2n+1) - (3n^2 + 6n + 3)\}$$

$$= \frac{4}{3}(n-1)(n+1)$$

補足 例えば「テストの点数」の分散は，単位が(点)^2 となり意味のわかりにくい数値になります．(100 点満点のテストで，分散が 1500 (点)^2 といわれても……．)

そこで，単位を見やすくするために**分散の値の正の平方根をとったもの**を**標準偏差**といいます．

標準偏差 $s_x = \sqrt{\text{分散}}$

メインポイント

平均値や分散は，数列の和として計算できる！

97 共分散・相関係数

アプローチ

2つの変量 x, y で作られる n 組のデータ

$$(x_1,\ y_1),\ (x_2,\ y_2),\ \cdots\cdots,\ (x_n,\ y_n)$$

に対して

$$\text{共分散}：s_{xy}=\frac{1}{n}\sum_{k=1}^{n}(x_k-\overline{x})(y_k-\overline{y})$$ ◀ (偏差の積) の平均.

$$\text{相関係数}：r=\frac{s_{xy}}{s_x s_y}$$

と定義します.

この相関係数 r は, $-1\leqq r\leqq 1$ であり, $|r|$ が 1 に近いほど x と y の相関が強く, r が 0 に近いほど弱いという特徴をもちます.

◀ $-1\leqq r\leqq 1$ であることは, コーシー・シュワルツの不等式を利用して証明できます. (**参考** 参照.)

解答

(1) 共分散の定義から

$$s_{xy}=\frac{1}{n}\sum_{k=1}^{n}(x_k-\overline{x})(y_k-\overline{y})$$

$$=\frac{1}{n}\sum_{k=1}^{n}x_k y_k-\overline{y}\cdot\frac{1}{n}\sum_{k=1}^{n}x_k-\overline{x}\cdot\frac{1}{n}\sum_{k=1}^{n}y_k+\overline{x}\cdot\overline{y}\cdot\frac{1}{n}\sum_{k=1}^{n}1$$

$$=\frac{1}{n}\sum_{k=1}^{n}x_k y_k-\overline{y}\cdot\overline{x}-\overline{x}\cdot\overline{y}+\overline{x}\cdot\overline{y}$$

$$=\frac{1}{n}\sum_{k=1}^{n}x_k y_k-\overline{x}\cdot\overline{y}$$

(2) $y_k=ax_k+b$ から

◀ 変量 x に対して, 変量 y を
$$y=ax+b$$
とする変量の変換です.

$$y\text{ の平均}：\overline{y}=\frac{1}{n}\sum_{k=1}^{n}(ax_k+b)$$

$$=a\cdot\frac{1}{n}\sum_{k=1}^{n}x_k+b\cdot\frac{1}{n}\sum_{k=1}^{n}1$$

$$=a\overline{x}+b$$

$$y\text{ の分散}：s_y{}^2=\frac{1}{n}\sum_{k=1}^{n}(y_k-\overline{y})^2$$

$$=\frac{1}{n}\sum_{k=1}^{n}\{(ax_k+b)-(a\overline{x}+b)\}^2$$

$$=a^2\cdot\frac{1}{n}\sum_{k=1}^{n}(x_k-\overline{x})^2$$

$$=a^2 s_x{}^2$$

y の標準偏差：$s_y = \sqrt{a^2 s_x{}^2} = |a| s_x$

x と y の共分散：$s_{xy} = \dfrac{1}{n} \displaystyle\sum_{k=1}^{n} (x_k - \overline{x})(y_k - \overline{y})$

$$= a \cdot \dfrac{1}{n} \sum_{k=1}^{n} (x_k - \overline{x})^2$$

$$= a s_x{}^2$$

◀ a の符号はわからないので
$\sqrt{a^2} = |a|$
です.

◀ (1)で示した等式を使うこと
もできますが, この方が自
然です.

となるので, x と y の相関係数 r は

$$r = \dfrac{s_{xy}}{s_x s_y} = \dfrac{a s_x{}^2}{s_x \cdot |a| s_x} = \dfrac{a}{|a|}$$

$$= \begin{cases} 1 & (a > 0 \text{ のとき}) \\ -1 & (a < 0 \text{ のとき}) \end{cases}$$

参考

実数 $a_1, a_2, \cdots, a_n, b_1, b_2, \cdots, b_n, t$ に対して, 不等式

$$(a_1 t - b_1)^2 + (a_2 t - b_2)^2 + \cdots + (a_n t - b_n)^2 \geqq 0$$

がかならず成り立ちます. この左辺を展開し, t について整理すれば

$$(a_1{}^2 + a_2{}^2 + \cdots + a_n{}^2) t^2 - 2(a_1 b_1 + a_2 b_2 + \cdots + a_n b_n) t + (b_1{}^2 + b_2{}^2 + \cdots + b_n{}^2) \geqq 0$$

となります. したがって, この左辺の判別式に注目すれば

$$(a_1 b_1 + a_2 b_2 + \cdots + a_n b_n)^2 - (a_1{}^2 + a_2{}^2 + \cdots + a_n{}^2)(b_1{}^2 + b_2{}^2 + \cdots + b_n{}^2) \leqq 0$$

$$\therefore \quad (a_1 b_1 + a_2 b_2 + \cdots + a_n b_n)^2 \leqq (a_1{}^2 + a_2{}^2 + \cdots + a_n{}^2)(b_1{}^2 + b_2{}^2 + \cdots + b_n{}^2)$$

(これは, ┃ 8 ┃ で証明したコーシー・シュワルツの不等式の拡張です.)

ここに, $a_k = x_k - \overline{x}$, $b_k = y_k - \overline{y}$ を代入すると

$$\left\{ \sum_{k=1}^{n} (x_k - \overline{x})(y_k - \overline{y}) \right\}^2 \leqq \left\{ \sum_{k=1}^{n} (x_k - \overline{x})^2 \right\} \left\{ \sum_{k=1}^{n} (y_k - \overline{y})^2 \right\}$$

となり, 両辺を n^2 で割って

$s_{xy}{}^2 \leqq s_x{}^2 \cdot s_y{}^2$ すなわち $r^2 \leqq 1$

$\therefore \quad -1 \leqq r \leqq 1$

■ メインポイント ■

変量の変換も, $\sum$ 計算で確認できる！

第9章

98 確率分布と期待値・分散

アプローチ

「値 X に対する確率 $P(X)$」を考えるとき，この変数 X を**確率変数**といい，右の表のような X と $P(X)$ の対応を**確率分布**といいます．

X	x_1	x_2	$\cdots$	x_n
$P(X)$	p_1	p_2	$\cdots$	p_n

94 で学んだように，**期待値（平均値）** $E(X)$ は
$$E(X) = x_1 p_1 + x_2 p_2 + \cdots + x_n p_n$$
で得られ，また，96 と同様に，**分散** $V(X)$ は
$$V(X) = (偏差)^2 の平均 = \sum_{k=1}^{n} (x_k - E(X))^2 p_k$$
で得られます．なお，本問では問われていませんが，**標準偏差** $\sigma(X)$ は
$$\sigma(X) = \sqrt{V(X)}$$
となります．

解答

(1)　4枚のカードの並べ方の総数は
$$4! = 24 （通り）$$

(i)　$X = 4$ の場合
　　「SUAC」と4枚が一致する並べ方は
　　　SUAC の 1（通り）　　$\therefore \ P = \dfrac{1}{24}$

(ii)　$X = 3$ の場合
　　「SUAC」と3枚が一致して，残り1枚が一致しないということは有り得ないので
$$P = 0$$

◀3枚が一致したら，自動的に残りの1枚も一致します．

(iii)　$X = 2$ の場合
　　「SUAC」と一致する2枚の選び方は
$$_4 C_2 = 6 （通り）$$
　　であり，残り2枚がともに「SUAC」と一致しない並べ方は1（通り）だから
$$6 \cdot 1 = 6 （通り）\quad \therefore \ P = \frac{6}{24} = \frac{1}{4}$$

◀SとCが一致するなら
　　SAUC
　の1通り．

(iv) $X=1$ の場合

「SUAC」と一致する 1 枚の選び方は

$$4\,(通り)$$

である．例えば，S が一致する場合を考えると，残り 3 枚がすべて一致しない並べ方は

$$\text{SACU, SCUA の 2 (通り)}$$

だから

$$4\cdot2=8\,(通り)\qquad\therefore\quad P=\frac{8}{24}=\frac{1}{3}$$

(v) $X=0$ の場合

以上から，「SUAC」と一致するカードが 1 枚もない確率は　◀(i)〜(iv)の余事象となります．

$$P=1-\left(\frac{1}{24}+0+\frac{1}{4}+\frac{1}{3}\right)=\frac{3}{8}$$

よって，確率変数 X の確率分布表は次のようになる．

X	0	1	2	3	4
P	$\dfrac{3}{8}$	$\dfrac{1}{3}$	$\dfrac{1}{4}$	0	$\dfrac{1}{24}$

(2) (1)の結果から，X の期待値 $E(X)$ は

$$E(X)=0\cdot\frac{3}{8}+1\cdot\frac{1}{3}+2\cdot\frac{1}{4}+3\cdot0+4\cdot\frac{1}{24}$$
$$=1$$

である．

したがって，$X=0,\ 1,\ 2,\ 3,\ 4$ に対して，順に

$$X-E(X)=-1,\ 0,\ 1,\ 2,\ 3$$

◀$X-E(X)$ が「偏差」です．

となるから，X の分散 $V(X)$ は　◀分散は「(偏差)^2 の平均」です．

$$V(X)=(-1)^2\cdot\frac{3}{8}+0^2\cdot\frac{1}{3}+1^2\cdot\frac{1}{4}+2^2\cdot0+3^2\cdot\frac{1}{24}$$
$$=1$$

▐▌ メインポイント ▐▌

期待値は平均，分散は (偏差)^2 の平均

99 同時確率分布

アプローチ

確率変数 X のとり得る値 a，確率変数 Y のとり得る値 b に対して

$$P(X=a, \ Y=b)=P(X=a)P(Y=b)$$

がつねに成り立つとき，X と Y は（互いに）**独立である**といいます．

したがって，(2)は組 $(X, \ Y)$ をすべて調べて上の等式が成り立てば「独立」だし，1組でも不成立なものがあれば「独立でない」ということになります．

(2)の結果が「独立」であれば，期待値についての等式

$$E(XY)=E(X)E(Y)$$

が使えるのでラクに求められます．

逆に「独立でない」ならば，**地道に積 XY の確率分布を考えて期待値を求める**ことになります．

◀ $X=x$ となる確率を
$$P(X=x)$$
$(X, \ Y)=(x, \ y)$ となる確率を
$$P(X=x, \ Y=y)$$
と表します．

◀和 $X+Y$ については，X と Y が独立であろうがなかろうが
$$E(X+Y)=E(X)+E(Y)$$
が成り立ちます．

解答

(1) 2枚のカードの取り出し方の総数は
$$_6C_2=15 \,(通り)$$

$X=k \ (k=2, \ 3, \ 4, \ 5, \ 6)$ となるのは，もう1枚を，1から $k-1$ の中から選ぶ $k-1$（通り）なので

$$P(X=k)=\frac{k-1}{15}$$

よって，期待値 $E(X)$ は

$$E(X)=\sum_{k=2}^{6} k \cdot \frac{k-1}{15}$$
$$=\frac{2 \cdot 1+3 \cdot 2+4 \cdot 3+5 \cdot 4+6 \cdot 5}{15}$$
$$=\frac{70}{15}=\frac{14}{3}$$

◀シグマの公式や差分解を使ってもイイけど，5項の和ぐらいなら並べて足しても大したことはありません．

(2) $X=2$ かつ $Y=1$ となるのは1と2の2枚を取り出す1（通り）だから

$$P(X=2, \ Y=1)=\frac{1}{15}$$

一方で，$X=2$ となる確率は(1)より

$$P(X=2)=\frac{1}{15}$$

$Y=1$ となるのは，もう 1 枚が 2 から 6 までの
5 (通り) の場合だから

$$P(Y=1)=\frac{5}{15}=\frac{1}{3}$$

以上から

$$P(X=2,\ Y=1)=P(X=2)P(Y=1)$$

◀ $\dfrac{1}{15}\neq\dfrac{1}{15}\cdot\dfrac{1}{3}$

が成り立たないので，X と Y は**独立でない**.

(3) 積 XY の値は次表の通り.

X＼Y	1	2	3	4	5
2	2				
3	3	6			
4	4	8	12		
5	5	10	15	20	
6	6	12	18	24	30

これらの 15 (通り) はすべて等確率で起こるから，
積 XY の期待値は

$$E(XY)=\frac{1}{15}(2+3+6+4+8+12+5+10$$
$$+15+20+6+12+18+24+30)$$
$$=\frac{175}{15}=\frac{35}{3}$$

補足 期待値 $E(X)$ と分散 $V(X)$ について，以下の等式が成り立ちます.

① X と Y が独立であろうがなかろうが

$$E(X+Y)=E(X)+E(Y)$$

② X と Y が独立のとき

$$E(XY)=E(X)E(Y)$$
$$V(X+Y)=V(X)+V(Y)$$

■ **メインポイント** ■

積の期待値 (と和の分散) を求めるときは，確率変数が独立か調べよ！

第10章

100 二項分布 (binomial distribution)

1回の試行で事象 A の起こる確率が p のとき, n 回の反復試行で事象 A の起こる回数を X とすると

$$P(X=r)={}_nC_r p^r(1-p)^{n-r}$$

となります. このとき

確率変数 X は**二項分布** $B(n,\ p)$ に従う

$\blacktriangleleft$ $(p+q)^n$ の二項展開における第 r 項が
$\qquad {}_nC_r p^r q^{n-r}$
で, $q=1-p$ としたものです.

といい

期待値 (平均) : $E(X)=np$
分散 : $V(X)=np(1-p)$
標準偏差 : $\sigma(X)=\sqrt{V(X)}=\sqrt{np(1-p)}$

$\blacktriangleleft$ 参考

となります.

解答

1回の試行で1または2の目が出る確率 p は

$$p=\frac{2}{6}=\frac{1}{3}$$

であり, 10回の試行において $X=r$ となる確率 $P(X=r)$ は

$$P(X=r)={}_{10}C_r p^r(1-p)^{10-r}$$

$\blacktriangleleft$ 88 反復試行の確率 を参照

と表せるので, 確率変数 X は二項分布 $B(10,\ p)$ に従う. よって, 期待値 $E(X)$, 標準偏差 $\sigma(X)$ は

$$E(X)=10p$$
$$=10\cdot\frac{1}{3}$$
$$=\frac{10}{3}$$
$$\sigma(X)=\sqrt{10p(1-p)}$$
$$=\sqrt{10\cdot\frac{1}{3}\cdot\frac{2}{3}}$$
$$=\frac{2\sqrt{5}}{3}$$

$\blacktriangleleft$ $E(X)=np$

$\blacktriangleleft$ $\sigma(X)=\sqrt{np(1-p)}$

k 回目の試行で A が起これば 1, 起こらなければ 0 の値をとる確率変数 X_k を考えると, n 回の反復試行における事象 A の起こる回数 X は

$$X = X_1 + X_2 + \cdots + X_n$$

と表せます. このとき

◀ X を 1 回ごとの変数に分割しています.

$$E(X_k) = 1 \cdot p + 0 \cdot (1-p) = p$$

なので

$$
\begin{aligned}
E(X) &= E(X_1 + X_2 + \cdots + X_n) \\
&= E(X_1) + E(X_2) + \cdots + E(X_n) \\
&= p + p + \cdots + p \quad (n \text{ 個の } p) \\
&= np
\end{aligned}
$$

◀ 一般に
$E(X+Y) = E(X) + E(Y)$
が成り立ちます.

となります.

また

$$E(X_k{}^2) = 1^2 \cdot p + 0^2 \cdot (1-p) = p$$

なので

$$
\begin{aligned}
V(X_k) &= E(X_k{}^2) - \{E(X_k)\}^2 \\
&= p - p^2 \\
&= p(1-p)
\end{aligned}
$$

◀ 分散は
（ 2 乗の平均）
　　　　　−（平均の 2 乗）
（ **96** 分散 を参照）

であり, X_1, X_2, $\cdots$, X_n はそれぞれ互いに独立だから

$$
\begin{aligned}
V(X) &= V(X_1 + X_2 + \cdots + X_n) \\
&= V(X_1) + V(X_2) + \cdots + V(X_n) \\
&= p(1-p) + p(1-p) + \cdots + p(1-p) \\
&= np(1-p)
\end{aligned}
$$

◀ X と Y が独立のとき
$V(X+Y) = V(X) + V(Y)$
が成り立ちます.

となります.

第10章

━━ **メインポイント** ━━

二項分布 $B(n, p)$ では
$$E(X) = np, \quad V(X) = np(1-p), \quad \sigma(X) = \sqrt{np(1-p)}$$

101 確率密度関数

サイコロの目のようなトビトビの値をとる確率変数を**離散型確率変数**といい，数直線上の x 座標のように切れ目のない値をとる確率変数を**連続型確率変数**といいます．

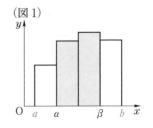

(図1)

連続型確率変数 X に対して，データの大きさを大きくしていき，階級の幅を小さくしていけば，ヒストグラムは次第に1つの曲線に近づいていくと考えられます．この曲線を $y=g(x)$（定義域：$a \le x \le b$）として，X が $\alpha \le x \le \beta$ の区間に入る確率 $P(\alpha \le X \le \beta)$ は，（図3）において

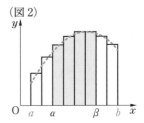

(図2)

$$P(\alpha \le X \le \beta) = \frac{色部分の面積}{全体の面積}$$

という**面積の割合**で表されます．

ここで，**全体の面積が1となる**ように $y=g(x)$ の y 座標を定数倍した関数 $f(x)$ を考えれば

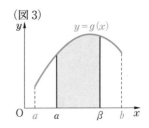

(図3)

$$P(\alpha \le X \le \beta) = \int_{\alpha}^{\beta} f(x)\,dx$$

とできます．（図4）

この関数 $f(x)$ を**確率密度関数**といい

$$f(x) \ge 0, \quad \int_{a}^{b} f(x)\,dx = 1$$

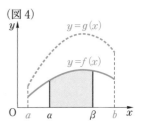

(図4)

が成り立ちます．よって，(1)では「三角形 ABC の面積は1である」とすれば，a と b の関係式が得られます．

また，上記のような確率密度関数 $f(x)$ に対して，期待値（平均値）$E(X)$ と分散 $V(X)$ は

$$E(X) = \int_{a}^{b} x f(x)\,dx$$

$$V(X) = \int_{a}^{b} \{x - E(X)\}^2 f(x)\,dx$$

と定義されます．本問では与えられていましたが，覚えておきましょう！

◀

	離散	連続
和	Σ	$\int$
確率	P	$f(x)\,dx$

という対応をしています．

折れ線 ACB は右図のようになるから

$$f(x)=\begin{cases} -\dfrac{x}{a}+1 & (a\leqq x\leqq 0) \\[2mm] -\dfrac{x}{b}+1 & (0\leqq x\leqq b) \end{cases}$$

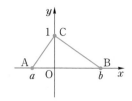

(1) グラフから

$$\int_a^b f(x)\,dx=(\triangle\text{ABC の面積})=\frac{b-a}{2}$$

となり，また，確率密度関数の性質により

$$\int_a^b f(x)\,dx=1$$

であるから

$$\frac{b-a}{2}=1 \quad \therefore \quad b-a=2$$

が成り立つ．$a<0$，$b>0$ とあわせて

$$a<0 \quad \text{かつ} \quad a+2>0 \quad \therefore \quad -2<a<0$$

したがって

$$\boldsymbol{b-a=2 \quad \text{かつ} \quad -2<a<0}$$

(2) $E(X)=\displaystyle\int_a^b xf(x)\,dx$

$$=\int_a^0\left(-\frac{x^2}{a}+x\right)dx+\int_0^b\left(-\frac{x^2}{b}+x\right)dx$$

$$=\left[-\frac{x^3}{3a}+\frac{x^2}{2}\right]_a^0+\left[-\frac{x^3}{3b}+\frac{x^2}{2}\right]_0^b$$

$$=-\frac{a^2}{6}+\frac{b^2}{6}$$

$$=\frac{-a^2+(a+2)^2}{6}$$

$$=\boldsymbol{\frac{2(a+1)}{3}}$$

(3) $V(X)=\displaystyle\int_a^b \{x-E(X)\}^2 f(x)\,dx$

$$=\int_a^b \{x^2-2xE(X)+\{E(X)\}^2\}f(x)\,dx$$

$$=\int_a^b x^2 f(x)\,dx-2E(X)\int_a^b xf(x)\,dx+\{E(X)\}^2\int_a^b f(x)\,dx$$

$$=\int_a^b x^2 f(x)\,dx-2E(X)\cdot E(X)+\{E(X)\}^2\cdot 1$$

◀ 底辺 $b-a$，高さ 1 の三角形です．

◀ 総面積は必ず 1 です．

第10章

$$=\int_a^b x^2 f(x)\,dx - \{E(X)\}^2$$

◀（2乗の平均）
$\qquad$ −（平均の2乗）
を証明できました.

ここで

$$\int_a^b x^2 f(x)\,dx = \int_a^0 \left(-\frac{x^3}{a}+x^2\right)dx + \int_0^b \left(-\frac{x^3}{b}+x^2\right)dx$$

$$= \left[-\frac{x^4}{4a}+\frac{x^3}{3}\right]_a^0 + \left[-\frac{x^4}{4b}+\frac{x^3}{3}\right]_0^b$$

$$= -\frac{a^3}{12}+\frac{b^3}{12}$$

$$= \frac{-a^3+(a+2)^3}{12}$$

$$= \frac{3a^2+6a+4}{6}$$

であるから

$$V(X) = \frac{3a^2+6a+4}{6} - \left\{\frac{2(a+1)}{3}\right\}^2$$

$$= \frac{3a^2+6a+4}{6} - \frac{4(a^2+2a+1)}{9}$$

$$= \boldsymbol{\frac{a^2+2a+4}{18}}$$

(4) (2), (3)の結果から

$$\{E(X)-a\}^2 = 4V(X)$$

$$\Longleftrightarrow \left\{\frac{2(a+1)}{3}-a\right\}^2 = 4\cdot\frac{a^2+2a+4}{18}$$

$$\Longleftrightarrow \left(\frac{-a+2}{3}\right)^2 = \frac{2(a^2+2a+4)}{9}$$

$$\Longleftrightarrow a^2-4a+4 = 2a^2+4a+8$$

$$\Longleftrightarrow a^2+8a+4 = 0$$

$$\Longleftrightarrow a = -4\pm 2\sqrt{3}$$

(1)から, $-2<a<0$ なので

$$\boldsymbol{a = -4+2\sqrt{3}}$$

■ メインポイント ■

確率密度関数 $f(x)$ を考えると

$$P(\alpha \leqq X \leqq \beta) = \int_\alpha^\beta f(x)\,dx \quad （確率＝面積）$$

102 正規分布 (normal distribution)

アプローチ

連続型確率変数 X において，期待値 (平均値) を m，標準偏差を σ として，確率密度関数 $f(x)$ が

$$f(x)=\frac{1}{\sqrt{2\pi}\,\sigma}e^{-\frac{(x-m)^2}{2\sigma^2}}$$

であるとき

確率変数 X は**正規分布** $N(m,\ \sigma^2)$ に従う

といいます．(ただし，e は**自然対数の底**とよばれる定数で，$e=2.71828\cdots$ という値をとります．)

自然現象や社会現象の中には，この正規分布に近いものが多く存在します．

なお，この分布は $x=m$ に関して**対称**になります．

さらに

$$Z=\frac{X-m}{\sigma}$$

で変換 (これを**標準化**といいます．) すれば，Z の分布は $N(0,\ 1^2)$ となります．これを**標準正規分布**といいます．この分布は $z=0$ に関して**対称**になります．

このZの確率密度関数は

$$f(z)=\frac{1}{\sqrt{2\pi}}e^{-\frac{z^2}{2}}$$

となり，確率 $P(0\leqq Z\leqq u)$ を $p(u)$ で表すとき，いろいろな u の値に対する $p(u)$ の値，つまり右図の灰色部分の面積を一覧表にまとめたものが**正規分布表**です．

また，**二項分布** $B(n,\ p)$ は，n が十分に大きいとき，**正規分布** $N(np,\ np(1-p))$ に近似できるということが知られています．

二項分布の確率を計算する場合，n が大きいととても大変です．そこで，正規分布に近似し，さらに標準化してから確率を求めることになります．

◀ X が平均値 m からどれだけ離れているかを「標準偏差 σ の何倍か」という指標で表していることになります．

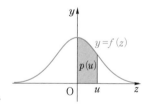

解答

[A] 得点 X の正規分布 $N(450,\ 75^2)$ を標準化するために

$$Z=\frac{X-450}{75}$$

という変換をして，標準正規分布 $N(0,\ 1^2)$ にする．合格最低点を x 点として，z_0 を

$$z_0=\frac{x-450}{75}\quad\cdots\cdots\text{①}$$

とおく．全志願者 2000 名に対して，入学定員の 320 名が占める割合は

$$\frac{320}{2000}=\frac{160}{1000}=0.160$$

であるから

$$P(0\leqq Z\leqq z_0)=0.5-0.160=0.340$$

したがって，正規分布表から $z_0\fallingdotseq1.00$ であるので，①より

$$\frac{x-450}{75}\fallingdotseq1.00 \quad \therefore\quad x\fallingdotseq525$$

よって，合格最低点は**約 525 点**であると考えられる．

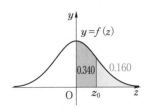

z_0	0.00	$\cdots\cdots$	0.09
$\vdots$	$\vdots$		$\vdots$
0.9	0.3159	$\cdots\cdots$	0.3389
1.0	0.3413	$\cdots\cdots$	

[B] (1) さいころを 1 回振った後の点 P の座標を X とすると

$$X=+1 \text{ となる確率は } \frac{4}{6}=\frac{2}{3}$$

$$X=-2 \text{ となる確率は } \frac{2}{6}=\frac{1}{3}$$

であるから，期待値 $E(X)$ は

$$E(X)=(+1)\cdot\frac{2}{3}+(-2)\cdot\frac{1}{3}$$
$$=\mathbf{0}$$

(2) (1)の結果を踏まえて，分散 $V(X)$ は

$$V(X)=(+1-0)^2\cdot\frac{2}{3}+(-2-0)^2\cdot\frac{1}{3}$$
$$=\mathbf{2}$$

(3) さいころを 162 回振って，3 以上の目が出る回数を Y とすると，$Y=k\ (k=0,\ 1,\ 2,\ \cdots,\ 162)$ となる確率は

$$P(Y=k) = {}_{162}C_k\left(\frac{2}{3}\right)^k\left(\frac{1}{3}\right)^{162-k}$$

◀反復試行の確率

と表せるから，Y は二項分布 $B\left(162,\ \dfrac{2}{3}\right)$ に従う.

このとき，Y の期待値を m，標準偏差を σ とする
と

$$m = 162\cdot\frac{2}{3} = 108$$

$$\sigma = \sqrt{162\cdot\frac{2}{3}\cdot\frac{1}{3}} = \sqrt{36} = 6$$

◀$B(n,\ p)$ に対して
期待値：np
分散：$np(1-p)$
標準偏差：$\sqrt{np(1-p)}$

なので，正規分布 $N(108,\ 6^2)$ に近似できると考
えられる．さらに

$$Z = \frac{Y-108}{6}$$

と変換して標準化すれば，Z は標準正規分布
$N(0,\ 1^2)$ に従う.

　$Y = k$ のとき，点 P の座標は

$$(+1)\cdot k + (-2)\cdot(162-k) = 3k - 324$$

だから

◀$+1$ が k 回，-2 が $162-k$
回です.

$$3k - 324 \geqq \frac{7\cdot162}{45}$$

とすると

$$k \geqq 108 + \frac{42}{5} = 116.4$$

　よって，求める確率 $p(162)$ は $Y \geqq 116.4$ とな
る確率と等しく，それは

$$\frac{Y-108}{6} \geqq \frac{116.4-108}{6} \qquad \therefore\quad Z \geqq 1.4$$

となる確率に等しいから，正規分布表を用いて

$$\begin{aligned}
p(162) &= P(Z \geqq 1.4)\\
&= 0.5 - P(0 \leqq Z \leqq 1.4)\\
&= 0.5 - 0.4192\\
&= 0.0808
\end{aligned}$$

小数第 4 位を四捨五入して

$$p(162) = \mathbf{0.081}$$

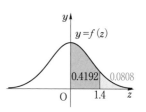

z_0	0.00	………
⋮	⋮	
1.3	0.4032	………
1.4	0.4192	………

■ メインポイント ■

二項分布は正規分布へ，正規分布は標準正規分布へ！

母集団から無作為標本 X_1, X_2, $\cdots$, X_n を抽出する
とき

$$\overline{X} = \frac{X_1 + X_2 + \cdots + X_n}{n}$$

を**標本平均**といいます.

標本を抽出するたびに $\overline{X}$ は変化するので,この $\overline{X}$
も**確率変数である**と考えられて,母平均を m,母標準
偏差を σ とするとき

$$\begin{aligned}
E(\overline{X}) &= E\left(\frac{X_1 + X_2 + \cdots + X_n}{n}\right) \\
&= \frac{E(X_1) + E(X_2) + \cdots + E(X_n)}{n} \\
&= \frac{m + m + \cdots + m}{n} = \frac{mn}{n} \\
&= m
\end{aligned}$$

◀ $E(aX) = aE(X)$
$E(X+Y) = E(X) + E(Y)$

$$\begin{aligned}
V(\overline{X}) &= V\left(\frac{X_1 + X_2 + \cdots + X_n}{n}\right) \\
&= \frac{V(X_1) + V(X_2) + \cdots + V(X_n)}{n^2} \\
&= \frac{\sigma^2 + \sigma^2 + \cdots + \sigma^2}{n^2} = \frac{\sigma^2 n}{n^2} \\
&= \frac{\sigma^2}{n}
\end{aligned}$$

◀ $V(aX) = a^2 V(X)$
$V(X+Y) = V(X) + V(Y)$
母集団が十分に大きいとき
には,各 X_k は独立である
と考えられます.

$$\sigma(\overline{X}) = \sqrt{V(\overline{X})} = \frac{\sigma}{\sqrt{n}}$$

となります.

n が十分に大きいとき,この $\overline{X}$ を**標準化**した

$$Z = \frac{\overline{X} - m}{\dfrac{\sigma}{\sqrt{n}}}$$

は近似的に標準正規分布 $N(0,\ 1^2)$ に従うことが知
られています.(**中心極限定理**)

このとき,正規分布表より

$$P(|Z| \leqq 1.96) = 0.4750 \times 2 = 0.95$$

であるから

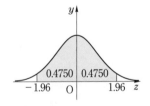

220

$$|Z| \leqq 1.96 \iff \frac{|\overline{X}-m|}{\dfrac{\sigma}{\sqrt{n}}} \leqq 1.96$$

$$\iff |m-\overline{X}| \leqq 1.96 \times \frac{\sigma}{\sqrt{n}}$$

z_0	$\cdots\cdots$	0.06
$\vdots$		$\vdots$
1.9	$\cdots\cdots$	0.4750

すなわち，母平均 m が

$$\overline{X}-1.96 \times \frac{\sigma}{\sqrt{n}} \leqq m \leqq \overline{X}+1.96 \times \frac{\sigma}{\sqrt{n}}$$

を満たす確率が 0.95 であるといえます．なお

$$\left[\overline{X}-1.96 \times \frac{\sigma}{\sqrt{n}},\ \overline{X}+1.96 \times \frac{\sigma}{\sqrt{n}}\right]$$

と表記する場合もあります．

◀母集団がとても大きいときには，全数調査をするのがタイヘンなので，標本調査をした結果から「母平均 m がこの区間に含まれる確率が 95% である」と考えます．

これを，母平均 m に対する**信頼度 95％ の信頼区間**といいます．

母標準偏差 σ がわからない場合には，標本の標準偏差 S で置き換えて

$$\overline{X}-1.96 \times \frac{S}{\sqrt{n}} \leqq m \leqq \overline{X}+1.96 \times \frac{S}{\sqrt{n}}$$

とします．

◀この S は
$$S=\sqrt{\frac{1}{n}\sum_{k=1}^{n}(X_k-\overline{X})^2}$$
で得られます．

解答

(1) $f(x)=ax(1-x)$ から

$$\int_0^1 f(x)\,dx = -a\int_0^1 x(x-1)\,dx$$

$$= a \cdot \frac{1}{6}(1-0)^3 = \frac{a}{6}$$

であり，$\displaystyle\int_0^1 f(x)\,dx=1$ なので

$$\frac{a}{6}=1 \qquad \therefore\quad a=6$$

◀$\displaystyle\int_\alpha^\beta (x-\alpha)(x-\beta)\,dx$
$$= -\frac{1}{6}(\beta-\alpha)^3$$

◀確率密度関数を定義域全体で積分すると 1 です．

(2) X の期待値 $E(X)$ は

$$E(X)=\int_0^1 xf(x)\,dx = 6\int_0^1 (x^2-x^3)\,dx$$

$$= 6\left[\frac{x^3}{3}-\frac{x^4}{4}\right]_0^1 = \frac{1}{2}$$

なので，Y の期待値 $E(Y)$ は

$$E(Y)=E(10X-25)=10E(X)-25$$

$$= 10 \cdot \frac{1}{2}-25 = -20$$

◀$f(x)$ の定義域を
$a \leqq x \leqq b$ とするとき
$$E(X)=\int_a^b xf(x)\,dx$$

◀$E(aX+b)=aE(X)+b$

また，X^2 の期待値 $E(X^2)$ は

$$E(X^2)=\int_0^1 x^2 f(x)\,dx=6\int_0^1 (x^3-x^4)\,dx$$

$$=6\left[\frac{x^4}{4}-\frac{x^5}{5}\right]_0^1=\frac{3}{10}$$

なので，X の分散 $V(X)$ は

$$V(X)=E(X^2)-\{E(X)\}^2$$

◀（2乗の平均）
　　−（平均の2乗）

$$=\frac{3}{10}-\left(\frac{1}{2}\right)^2=\frac{1}{20}$$

よって

$$V(Y)=V(10X-25)=10^2 V(X)$$

◀$V(aX+b)=a^2 V(X)$

$$=10^2\cdot\frac{1}{20}=5$$

(3) Y と同じ分散 5 をもつ母集団から大きさ 25 の標本を抽出するとき，$\overline{Y}$ の正規分布は

$$N\left(m,\ \frac{5}{25}\right)=N\left(m,\ \left(\frac{1}{\sqrt{5}}\right)^2\right)$$

◀大きさ n の標本について
　　期待値は不変
　　標準偏差は $\dfrac{1}{\sqrt{n}}$ 倍

であり，$\overline{Y}$ を標準化した確率変数

$$Z=\frac{\overline{Y}-m}{\dfrac{1}{\sqrt{5}}}=\sqrt{5}\,(\overline{Y}-m)$$

の分布は標準正規分布 $N(0,\ 1^2)$ となる．

正規分布表より，$P(|Z|\leqq 1.96)=0.95$ であるから，この区間は

$$|Z|\leqq 1.96$$

$$\Longleftrightarrow \sqrt{5}\,|\overline{Y}-m|\leqq 1.96$$

$$\Longleftrightarrow |m-\overline{Y}|\leqq \frac{1.96}{\sqrt{5}}$$

$$\Longleftrightarrow \overline{Y}-\frac{1.96}{\sqrt{5}}\leqq m\leqq \overline{Y}+\frac{1.96}{\sqrt{5}}$$

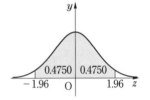

z_0	$\cdots\cdots$	0.06
$\vdots$		$\vdots$
1.9	$\cdots\cdots$	0.4750

となり，$\overline{Y}=E(Y)=-20$ なので，求める信頼区間は

$$-20-\frac{1.96}{\sqrt{5}}\leqq m\leqq -20+\frac{1.96}{\sqrt{5}}$$

■ メインポイント ■

信頼度 95% の信頼区間は $|Z|\leqq 1.96$

アプローチ

　　母集団の中である性質 A をもつ割合（**母比率**）を p とし，この母集団から大きさ n の標本を無作為抽出するとき，性質 A が現れる回数 X は二項分布 $B(n,\ p)$ に従います．

◀性質 A が $X=r$ 回現れる確率は
$${}_n\mathrm{C}_r p^r (1-p)^{n-r}$$

　　よって，この X を標準化した

$$Z = \frac{X-E(X)}{\sigma(X)} = \frac{X-np}{\sqrt{np(1-p)}}$$

◀$B(n,\ p)$ において
$$E(X)=np$$
$$\sigma(X)=\sqrt{np(1-p)}$$

は近似的に標準正規分布 $N(0,\ 1^2)$ に従うことになります．すると，**103** のときと同様に

$$P(|Z| \leqq 1.96) = 0.95$$

が成り立ち，この区間は

$$|Z| \leqq 1.96$$
$$\iff \left|\frac{X-np}{\sqrt{np(1-p)}}\right| \leqq 1.96$$
$$\iff |np-X| \leqq 1.96 \times \sqrt{np(1-p)}$$
$$\iff \left|p-\frac{X}{n}\right| \leqq 1.96 \times \sqrt{\frac{p(1-p)}{n}}$$

となります．

　　ここで，標本の中で性質 A をもつ割合（**標本比率**）

$\dfrac{X}{n}$ を R とおけば，n が十分に大きいとき $p \fallingdotseq R$ と考えられるので，上の区間は

◀大数の法則：事象 A が起こる割合は，n が大きくなるほど母比率 p に近づく

$$|p-R| \leqq 1.96 \times \sqrt{\frac{R(1-R)}{n}}$$

すなわち

$$R-1.96 \times \sqrt{\frac{R(1-R)}{n}} \leqq p \leqq R+1.96 \times \sqrt{\frac{R(1-R)}{n}}$$

とできます．これが，母比率 p に対する**信頼度 95%** の**信頼区間**ということになります．

　　本問では「信頼区間の幅」に注目しているので

$$\left\{R+1.96 \times \sqrt{\frac{R(1-R)}{n}}\right\} - \left\{R-1.96 \times \sqrt{\frac{R(1-R)}{n}}\right\}$$
$$= 2 \times 1.96 \times \sqrt{\frac{R(1-R)}{n}}$$

を利用します．

政党の支持率を p, 標本の抽出人数を n とする.

題意から, 標本比率 R が $R=0.6$ であると考えられるから, p に対する信頼度 95% の信頼区間は

$$|p-0.6| \leqq 1.96 \times \sqrt{\frac{0.6 \times 0.4}{n}}$$

◀ $|p-R|$
$\leqq 1.96 \times \sqrt{\frac{R(1-R)}{n}}$

と表せて, この区間の幅は

$$2 \times 1.96 \times \sqrt{\frac{0.6 \times 0.4}{n}}$$

◀ $2 \times 1.96 \times \sqrt{\frac{R(1-R)}{n}}$

である.

よって, 信頼区間の幅が 4% 以下となるための条件は

$$2 \times 1.96 \times \sqrt{\frac{0.6 \times 0.4}{n}} \leqq 0.04$$

が成り立つことである. したがって

$$\sqrt{n} \geqq \frac{2 \times 1.96 \times \sqrt{0.6 \times 0.4}}{0.04}$$

$$= \frac{2 \times 19.6 \times 2\sqrt{6}}{4}$$

$$= 19.6 \times \sqrt{6}$$

$$\therefore \quad n \geqq 19.6^2 \times 6 = 2304.96$$

ゆえに, **2305 人以上**を抽出して調べればよい.

参考 母平均と母比率のどちらのときでも, 正規分布表より
$$P(|Z| \leqq 2.58) = 2 \times 0.4951 = \mathbf{0.9902}$$
なので, $|Z| \leqq 2.58$ を考えれば信頼度を 99% に上げることができます.

■■ **メインポイント** ■■

母平均のときと同様に, 信頼度 95% の信頼区間は $|Z| \leqq 1.96$

105 仮説検定

アプローチ

[A] 問題文には書かれていませんが，右のようなストーリーがあると思えばわかりやすいでしょう．

主張『白球が入っていない』(これが**対立仮説**) を証明するために

帰無仮説：白球が入っている

を立てて，実際に起こった現象「2回連続で全部赤球」はどれくらい珍しいことなのかを調べます．

これが**きわめて珍しいこと**と判断されれば，起こり得ないことが起こったと考えられ，**帰無仮説は正しくないとして棄却される**ことになります．

逆に，大して珍しいことではないと判断されたら，**帰無仮説は棄却されない**ことになります．この場合，主張(対立仮説)の正当性が証明されなかったことになりますが，だからといって，**帰無仮説の方が正しいと判断できるわけではない**のでご注意を！

ところで，「きわめて珍しいこと」の基準をどうするかというと，これは「確率がある値 α より小さいこと」と考えます．この値 α を**有意水準 (危険率)** といい，通常は 0.05 (5%) もしくは 0.01 (1%) とします．

[B] (1)の結果を p として，960個中の X 個が完全な商品となる確率は

$$_{960}C_X p^X (1-p)^{960-X}$$

と表されるので，X は二項分布 $B(960, p)$ に従います．よって，近似的に正規分布 $N(960p, 960p(1-p))$ に従い，さらに

$$Z = \frac{X - E(X)}{\sigma(X)} = \frac{X - 960p}{\sqrt{960p(1-p)}}$$

で標準化してあげれば，標準正規分布 $N(0, 1^2)$ に近似できます．

有意水準が5%の**両側検定**なので，実際に起こった現象 ($X=640$) が右図の青色部分(上位2.5%と下位2.5%の領域)に含まれるような現象かどうかを調べます．つまり

◀ 太郎：袋の中に赤と白の球が少なくとも1個ずつ，合計4個入っているよ．3個取り出してごらん．

花子：3個とも赤になったわ．

太郎：球を戻してから，もう1回どうぞ．

花子：また全部赤球だわ．**白球が入ってるなんて嘘でしょ！**

◀ つまり，花子の主張が正しいとなります．

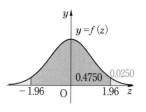

$|Z|$ が 1.96 より大きいかどうか

を調べます！

[解答]

[A]　仮説『4個の球のなかに赤と異なる色の球が含まれる』を立てると，2回の実験の結果から，袋の中には赤球3個，他の色の球1個が入っていることになる．

　2回連続で3個の赤球を取り出す確率は

$$\left(\frac{{}_3C_3}{{}_4C_3}\right)^2 = \frac{1}{16}$$

であり

$$\frac{1}{16} > \frac{1}{20} = 0.05$$

なので，仮説は**棄却されない**．

◀ 球を袋に戻すので，1回目の試行と2回目の試行は「独立」です．

◀ 大して珍しい現象ではなかったということ．

[B]　(1)　仮説のもと，求める確率 p は不良品が含まれない確率だから

$$p = \left(\frac{15}{16}\right)^3 \cdot \left(\frac{8}{9}\right)^2 \cdot \frac{24}{25} = \frac{5}{8}$$

◀ 品物 A，B，C は十分に大量にあると考えられます．だから，3個のAがそれぞれ良品になるか不良品になるかは「独立」であると考えてよいでしょう．

(2)　(1)の仮説が正しいとして，960個の商品のうち X 個が完全な商品であるとすれば，X は二項分布 $B(960,\ p)$ に従う．よって，この X を標準化した

$$Z = \frac{X - 960p}{\sqrt{960p(1-p)}} = \frac{X - 600}{15}$$

は，近似的に正規分布 $N(0,\ 1^2)$ に従う．

　$X = 640$ のとき

$$Z = \frac{640 - 600}{15} = \frac{8}{3} > 2 > 1.96$$

なので，(1)の仮説は**棄却される**．

◀ $B(n,\ p)$ に対して
　　期待値：np
　　分散：$np(1-p)$
　　標準偏差：$\sqrt{np(1-p)}$

◀ つまり，(1)の仮説は正しくない！

■■ **メインポイント** ■■

とても小さい確率である「珍しいこと」が起こったら，帰無仮説は棄却される

ベクトル

106 ベクトルの読み方

アプローチ

ベクトルの式変形は**始点のコントロール**が大切です.

原則としては

　　始点を変えたくないときは**和**で表す

　　始点を変えたいときは**差**で表す

となります.

$$\overrightarrow{\text{OP}}=\overrightarrow{\text{OA}}+\overrightarrow{\text{OB}}$$
$$\overrightarrow{\text{AB}}=\overrightarrow{\text{OB}}-\overrightarrow{\text{OA}}$$

そして, 分点公式

---分点公式---

線分 AB を $m:n$ に分ける点を P とするとき

$$\overrightarrow{\text{OP}}=\frac{n\overrightarrow{\text{OA}}+m\overrightarrow{\text{OB}}}{m+n}$$

(外分のときは m と n の小さい方を負にする)

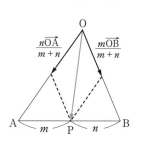

をうまく利用できると, ベクトルの式の意味を読み取れるようになります.

また, 直線上にある点をベクトルで表現するときは

---直線上の点の表現---

直線 AB 上に点 P があるとき

$$\overrightarrow{\text{AP}}=k\overrightarrow{\text{AB}}\quad(k:\text{実数})$$

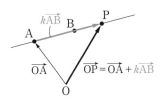

と実数倍で表すのが基本です.

解答

(1)　$t=0$ のとき

$$\overrightarrow{\text{PA}}+2\overrightarrow{\text{PB}}+3\overrightarrow{\text{PC}}=\vec{0}$$

$$\iff(-\overrightarrow{\text{AP}})+2(\overrightarrow{\text{AB}}-\overrightarrow{\text{AP}})+3(\overrightarrow{\text{AC}}-\overrightarrow{\text{AP}})=\vec{0}$$

$$\iff\overrightarrow{\text{AP}}=\frac{2\overrightarrow{\text{AB}}+3\overrightarrow{\text{AC}}}{6}$$

$$\iff\overrightarrow{\text{AP}}=\frac{5}{6}\cdot\boxed{\frac{2\overrightarrow{\text{AB}}+3\overrightarrow{\text{AC}}}{5}}=\overrightarrow{\text{AQ}}$$

◀始点を A に統一.

分子の係数が 2 と 3 で, 分母が 6 は似合いません.

◀5 が似合います!
(分点公式にピッタリ!)

　よって, **BC を 3:2 に内分する点を Q とするとき, AQ を 5:1 に内分する点が P である.**

また，$\triangle PQC = 2S$ とおくと，$BQ : QC = 3 : 2$ から

$$\triangle PQB = \frac{3}{2}\triangle PQC = 3S$$

$AP : PQ = 5 : 1$ から

$$\triangle PAB = 5\triangle PQB = 15S$$
$$\triangle PCA = 5\triangle PQC = 10S$$

したがって

$$\triangle PBC : \triangle PCA : \triangle PAB$$
$$= (2S + 3S) : 10S : 15S$$
$$= 1 : 2 : 3$$

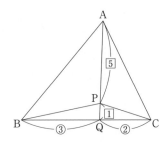

(2) $\overrightarrow{PA} + 2\overrightarrow{PB} + 3\overrightarrow{PC} = t\overrightarrow{AB}$ から

$$\overrightarrow{AP} = \frac{2-t}{6}\overrightarrow{AB} + \frac{1}{2}\overrightarrow{AC}$$

とできるので，t が実数全体を動くとき，点Pは **AC の中点を通り $\overrightarrow{AB}$ に平行な直線**を表す.

その直線と辺 BC の交点Dは，辺 BC の中点であるから，点Pが $\triangle ABC$ の内部にある条件は

$$0 < \frac{2-t}{6} < \frac{1}{2}$$
$$\therefore \quad -1 < t < 2$$

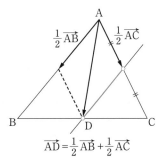

$$\overrightarrow{AD} = \frac{1}{2}\overrightarrow{AB} + \frac{1}{2}\overrightarrow{AC}$$

■**メインポイント**■

ベクトルは

① 始点のコントロール

② 分点公式にあうように分母を変える

③ 直線上の点は実数倍で表す

2直線の交点をさすベクトル

前問 106 でも書いた通り，直線上にある点をベクトルで表現するときは

------ 直線上の点の表現 ------
直線 AB 上に点Pがあるとき
$$\overrightarrow{AP} = k\overrightarrow{AB} \quad (k：実数)$$

と実数倍で表すのが基本です．

本問(2)は，点Fが2直線 OE，BC 上にあることを表現すればいいのです．

また，$\overrightarrow{AP} = k\overrightarrow{AB}$ は，始点をコントロールして
$$\overrightarrow{OP} = \overrightarrow{OA} + k\overrightarrow{AB}$$
$$= \overrightarrow{OA} + k(\overrightarrow{OB} - \overrightarrow{OA})$$
$$= (1-k)\overrightarrow{OA} + k\overrightarrow{OB}$$
$$= \alpha\overrightarrow{OA} + \beta\overrightarrow{OB} \quad (\alpha + \beta = 1)$$
とできます．**別解** ではこれを利用しました．

つまり
直線上にある
◀ ⟺ **係数の和が1**
ということです．

解答

(1) $\overrightarrow{AE} = \dfrac{5}{3}\overrightarrow{AD}$ から

$$\overrightarrow{OE} - \overrightarrow{OA} = \frac{5}{3}(\overrightarrow{OD} - \overrightarrow{OA})$$ ◀始点をOに統一．

$$\Longleftrightarrow \overrightarrow{OE} = \left(1 - \frac{5}{3}\right)\overrightarrow{OA} + \frac{5}{3}\overrightarrow{OD}$$

$$\Longleftrightarrow \overrightarrow{OE} = -\frac{2}{3}\overrightarrow{OA} + \frac{5}{3}\cdot\frac{3}{5}\overrightarrow{OB}$$

$$\therefore \quad \overrightarrow{OE} = -\frac{2}{3}\vec{a} + \vec{b}$$

(2) Fは直線 OE 上にあるので，実数 s を用いて
$$\overrightarrow{OF} = s\overrightarrow{OE}$$
$$= -\frac{2}{3}s\overrightarrow{OA} + s\overrightarrow{OB} \quad \cdots\cdots①$$

と表せる．

Fは直線BC上にあるので，実数 t を用いて

$$\overrightarrow{OF}=\overrightarrow{OB}+t\overrightarrow{BC}$$
$$=\overrightarrow{OB}+t(\overrightarrow{OC}-\overrightarrow{OB})$$
$$=t\overrightarrow{OC}+(1-t)\overrightarrow{OB}$$
$$=\frac{1}{3}t\overrightarrow{OA}+(1-t)\overrightarrow{OB} \quad\cdots\cdots②$$

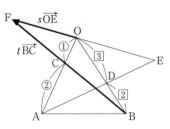

と表せる．

①，②を比べて

$$-\frac{2}{3}s=\frac{1}{3}t \quad かつ \quad s=1-t$$
$$\therefore \quad s=-1, \ t=2$$

したがって

$$\overrightarrow{OF}=\frac{2}{3}\vec{a}-\vec{b}$$

◀ 2つのベクトル $\overrightarrow{OA}$ と $\overrightarrow{OB}$ は，$\vec{0}$ でなく，平行でもない（**1次独立**）ので，①，②の係数を比べることができます．

(3) (2)の計算から $t=2$ なので

$$\overrightarrow{BF}=2\overrightarrow{BC}$$

よって

$$FC:CB=1:1$$

別解

(2) (①式までは 解答 と同様)

$\overrightarrow{OA}=3\overrightarrow{OC}$ なので，①から

$$\overrightarrow{OF}=-2s\overrightarrow{OC}+s\overrightarrow{OB} \quad\cdots\cdots①'$$

とでき，点Fは直線BC上にあるから

$$(-2s)+s=1 \quad \therefore \quad s=-1$$

したがって，①に代入して

$$\overrightarrow{OF}=\frac{2}{3}\vec{a}-\vec{b}$$

$$\left(\begin{array}{l} この場合，①'から \\ \overrightarrow{OF}=2\overrightarrow{OC}-\overrightarrow{OB} \Longleftrightarrow \overrightarrow{OC}=\dfrac{\overrightarrow{OF}+\overrightarrow{OB}}{2} \\ とすることで(3)の結果が得られる． \end{array}\right)$$

■ メインポイント ■

直線 AB 上の点Pは，$\overrightarrow{AP}=k\overrightarrow{AB}$ と表す！

108 外心をさすベクトル

アプローチ

内積 $\vec{a}\cdot\vec{b}$ の定義は,$\vec{a}$ と $\vec{b}$ のなす角を θ として

$$\vec{a}\cdot\vec{b}=|\vec{a}||\vec{b}|\cos\theta$$

◀ なす角 θ の範囲は
$0\leqq\theta\leqq\pi$
です.

です.これは下図のように考えて

$$\vec{a}\cdot\vec{b}=(\text{地面})\times(\text{影})$$

◀ 影には「符号」があると考
えます.

と見ることもできます.

影の長さが $|\vec{b}|\cos\theta$

θ が鈍角のときは
影:$|\vec{b}|\cos\theta<0$

(2)では,点 O が △ACD の**外心**なので,**各辺の垂直** ◀ 外心の作図方法ですね.
2等分線の交点です.よって,垂直が存在するので,
上記の『影』が使えます.

解答

(1) ∠ABC$=\theta$ とおいて,△ABC における余弦
定理から

$$AC^2=1^2+(\sqrt{6})^2-2\cdot1\cdot\sqrt{6}\cos\theta$$
$$=7-2\sqrt{6}\cos\theta$$

△ACD における余弦定理から

$$AC^2=2^2+(\sqrt{6})^2-2\cdot2\cdot\sqrt{6}\cos(\pi-\theta)$$
$$=10+4\sqrt{6}\cos\theta$$

2式から $\cos\theta$ を消去すれば

$$2AC^2+AC^2=2\cdot7+10$$
$$\therefore\quad AC^2=8$$
$$\therefore\quad \mathbf{AC=2\sqrt{2}}$$

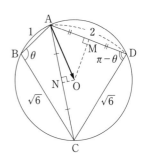

(2) AD，AC の中点をそれぞれ M，N とおくと
$$\overrightarrow{\mathrm{AO}}\cdot\overrightarrow{\mathrm{AD}}=|\overrightarrow{\mathrm{AD}}||\overrightarrow{\mathrm{AM}}|=2\cdot1=2$$
$$\overrightarrow{\mathrm{AO}}\cdot\overrightarrow{\mathrm{AC}}=|\overrightarrow{\mathrm{AC}}||\overrightarrow{\mathrm{AN}}|=2\sqrt{2}\cdot\sqrt{2}=4$$

◀なす角がわからなくても，影の長さはわかります。

(3) △ACD における余弦定理から
$$(\sqrt{6})^2=(2\sqrt{2})^2+2^2-2\underbrace{|\overrightarrow{\mathrm{AC}}||\overrightarrow{\mathrm{AD}}|\cos\angle\mathrm{CAD}}_{この部分が\ \overrightarrow{\mathrm{AC}}\cdot\overrightarrow{\mathrm{AD}}}$$
が成り立つので
$$6=8+4-2\overrightarrow{\mathrm{AC}}\cdot\overrightarrow{\mathrm{AD}}$$
$$\therefore\quad \overrightarrow{\mathrm{AC}}\cdot\overrightarrow{\mathrm{AD}}=3$$
よって，(2)の結果と $\overrightarrow{\mathrm{AO}}=x\overrightarrow{\mathrm{AC}}+y\overrightarrow{\mathrm{AD}}$ から
$$\overrightarrow{\mathrm{AO}}\cdot\overrightarrow{\mathrm{AD}}=x\overrightarrow{\mathrm{AC}}\cdot\overrightarrow{\mathrm{AD}}+y|\overrightarrow{\mathrm{AD}}|^2$$
$$=3x+4y=2$$
$$\overrightarrow{\mathrm{AO}}\cdot\overrightarrow{\mathrm{AC}}=x|\overrightarrow{\mathrm{AC}}|^2+y\overrightarrow{\mathrm{AC}}\cdot\overrightarrow{\mathrm{AD}}$$
$$=8x+3y=4$$
$$\therefore\quad x=\frac{10}{23},\ y=\frac{4}{23}$$

◀3辺の長さがわかっているとき，このようにして内積の値を求められます。

◆**別解** （$\overrightarrow{\mathrm{AC}}\cdot\overrightarrow{\mathrm{AD}}=3$ までは **解答** と同様）

$\overrightarrow{\mathrm{AO}}=x\overrightarrow{\mathrm{AC}}+y\overrightarrow{\mathrm{AD}}$ から
$$|\overrightarrow{\mathrm{AO}}|^2=x^2|\overrightarrow{\mathrm{AC}}|^2+2xy\overrightarrow{\mathrm{AC}}\cdot\overrightarrow{\mathrm{AD}}+y^2|\overrightarrow{\mathrm{AD}}|^2$$
$$=8x^2+6xy+4y^2$$
$$|\overrightarrow{\mathrm{CO}}|^2=|\overrightarrow{\mathrm{AO}}-\overrightarrow{\mathrm{AC}}|^2$$
$$=|(x-1)\overrightarrow{\mathrm{AC}}+y\overrightarrow{\mathrm{AD}}|^2$$
$$=8(x-1)^2+6(x-1)y+4y^2$$
$$|\overrightarrow{\mathrm{DO}}|^2=|\overrightarrow{\mathrm{AO}}-\overrightarrow{\mathrm{AD}}|^2$$
$$=|x\overrightarrow{\mathrm{AC}}+(y-1)\overrightarrow{\mathrm{AD}}|^2$$
$$=8x^2+6x(y-1)+4(y-1)^2$$
であり，AO＝CO＝DO だから
$$\begin{cases}8x^2+6xy+4y^2=8(x-1)^2+6(x-1)y+4y^2\\8x^2+6xy+4y^2=8x^2+6x(y-1)+4(y-1)^2\end{cases}$$
これを解いて $x=\dfrac{10}{23},\ y=\dfrac{4}{23}$

◀AO，CO，DO はすべて円の半径に等しい。

■**メインポイント**■

内積は，（地面）×（影）

109 平面と直線の交点

アプローチ

平面上にある点をベクトルで表現するときは

――――――― 平面上の点の表現 ―――――――

平面 ABC 上に点 P があるとき

$$\overrightarrow{AP}=s\overrightarrow{AB}+t\overrightarrow{AC} \quad (s,\ t：実数)$$

とするのが基本です.

　本問においては，平面 PQR 上の点 S を

$$\overrightarrow{PS}=s\overrightarrow{PQ}+t\overrightarrow{PR}$$

とおいて，あとは点 S が辺 AC 上にあることを使うだけです. ◀直線上の点の表現はすでに
学習しましたね.

解答

(1)　条件から

$$\overrightarrow{PQ}=\overrightarrow{OQ}-\overrightarrow{OP}=-\frac{1}{2}\vec{a}+\frac{2}{3}\vec{b}$$

$$\overrightarrow{PR}=\overrightarrow{OR}-\overrightarrow{OP}=-\frac{1}{2}\vec{a}+\frac{1}{2}\vec{b}+\frac{1}{2}\vec{c}$$

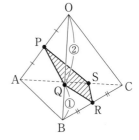

(2)　点 S は平面 PQR 上にあるので，実数 $s,\ t$ を用いて

$$\overrightarrow{OS}=\overrightarrow{OP}+s\overrightarrow{PQ}+t\overrightarrow{PR}$$
$$=\left(\frac{1}{2}-\frac{1}{2}s-\frac{1}{2}t\right)\overrightarrow{OA}+\left(\frac{2}{3}s+\frac{1}{2}t\right)\overrightarrow{OB}+\frac{1}{2}t\overrightarrow{OC}$$

と表せる. さらに，点 S は辺 AC 上にあるので

$$\frac{2}{3}s+\frac{1}{2}t=0 \ \ かつ \ \ \left(\frac{1}{2}-\frac{1}{2}s-\frac{1}{2}t\right)+\frac{1}{2}t=1$$

$$\therefore \ \ s=-1,\ t=\frac{4}{3}$$

◀ $\overrightarrow{OB}$ はいらないので $\overrightarrow{OB}$ の
係数が 0 であり，点 S が辺
AC 上にあることから $\overrightarrow{OA}$,
$\overrightarrow{OC}$ の係数の和が 1 です.

　したがって，$\overrightarrow{OS}=\dfrac{1}{3}\overrightarrow{OA}+\dfrac{2}{3}\overrightarrow{OC}$ となるので

$$|\overrightarrow{AS}|：|\overrightarrow{SC}|=\mathbf{2：1}$$

第11章

(3) 四面体 OABC が，1辺の長さが1の正四面体で
あるとき

$$|\vec{a}|=|\vec{b}|=|\vec{c}|=1$$

$$\vec{a}\cdot\vec{b}=\vec{b}\cdot\vec{c}=\vec{c}\cdot\vec{a}=\frac{1}{2}$$

である．

◀ 正四面体だから，なす角は
すべて 60° です．

$$\overrightarrow{QS}=\overrightarrow{OS}-\overrightarrow{OQ}=\frac{1}{3}(\vec{a}-2\vec{b}+2\vec{c})$$

なので

$$|\overrightarrow{QS}|^2=\frac{1}{3^2}|\vec{a}-2\vec{b}+2\vec{c}|^2$$

$$=\frac{1}{3^2}(|\vec{a}|^2+4|\vec{b}|^2+4|\vec{c}|^2-4\vec{a}\cdot\vec{b}-8\vec{b}\cdot\vec{c}+4\vec{c}\cdot\vec{a})$$

$$=\frac{5}{3^2}$$

$$\therefore \quad |\overrightarrow{QS}|=\frac{\sqrt{5}}{3}$$

参考

$\overrightarrow{AP}=s\overrightarrow{AB}+t\overrightarrow{AC}$ から，始点をコントロールして

$$\overrightarrow{OP}-\overrightarrow{OA}=s(\overrightarrow{OB}-\overrightarrow{OA})+t(\overrightarrow{OC}-\overrightarrow{OA})$$

$$\Longleftrightarrow \overrightarrow{OP}=(1-s-t)\overrightarrow{OA}+s\overrightarrow{OB}+t\overrightarrow{OC}$$

$$\Longleftrightarrow \overrightarrow{OP}=\alpha\overrightarrow{OA}+\beta\overrightarrow{OB}+\gamma\overrightarrow{OC} \quad (\alpha+\beta+\gamma=1)$$

とできます．つまり

平面上にある $\Longleftrightarrow$ 係数の和が 1

ということです．

■ **メインポイント** ■

平面 ABC 上の点 P は，$\overrightarrow{AP}=s\overrightarrow{AB}+t\overrightarrow{AC}$ と表す！

110 四面体の体積

アプローチ

本書では

$$座標 (x, \ y, \ z), \quad ベクトル \begin{pmatrix} x \\ y \\ z \end{pmatrix}$$

と表記して，区別を明確にします．

三角形の面積は，次の公式で求められます．

--- 三角形の面積 ---

$$\triangle \mathrm{ABC} = \frac{1}{2}\sqrt{|\overrightarrow{\mathbf{AB}}|^2|\overrightarrow{\mathbf{AC}}|^2 - (\overrightarrow{\mathbf{AB}} \cdot \overrightarrow{\mathbf{AC}})^2}$$

◀ $\overrightarrow{\mathrm{AB}} = \begin{pmatrix} x_1 \\ y_1 \end{pmatrix}$, $\overrightarrow{\mathrm{AC}} = \begin{pmatrix} x_2 \\ y_2 \end{pmatrix}$ の
場合，代入して計算すれば
$\triangle \mathrm{ABC} = \frac{1}{2}|x_1 y_2 - x_2 y_1|$
となります．

証明

$$\triangle \mathrm{ABC} = \frac{1}{2}|\overrightarrow{\mathrm{AB}}||\overrightarrow{\mathrm{AC}}|\sin \angle \mathrm{CAB}$$

$$= \frac{1}{2}|\overrightarrow{\mathrm{AB}}||\overrightarrow{\mathrm{AC}}|\sqrt{1 - \cos^2 \angle \mathrm{CAB}}$$

$$= \frac{1}{2}\sqrt{|\overrightarrow{\mathrm{AB}}|^2|\overrightarrow{\mathrm{AC}}|^2 - |\overrightarrow{\mathrm{AB}}|^2|\overrightarrow{\mathrm{AC}}|^2 \cos^2 \angle \mathrm{CAB}}$$

$$= \frac{1}{2}\sqrt{|\overrightarrow{\mathrm{AB}}|^2|\overrightarrow{\mathrm{AC}}|^2 - (\overrightarrow{\mathrm{AB}} \cdot \overrightarrow{\mathrm{AC}})^2}$$

（証明終了）

(2)では

① 点Hが平面 ABC 上にあること
② $\overrightarrow{\mathrm{OH}} \perp$ 平面 ABC

の2つの条件を立式することで，点Hの座標が得られ
るはずです．

①は 109 と同様に，実数 s, t を用いて

$$\overrightarrow{\mathrm{AH}} = s\overrightarrow{\mathrm{AB}} + t\overrightarrow{\mathrm{AC}}$$

◀ このとき
$\overrightarrow{\mathrm{OH}} = \overrightarrow{\mathrm{OA}} + s\overrightarrow{\mathrm{AB}} + t\overrightarrow{\mathrm{AC}}$
とできます．

とすれば満たされます．

②は $\overrightarrow{\mathrm{OH}}$ と，平面 ABC 上の異なる2つのベクトル
の両方に垂直，つまり内積が0になるとします．

(3)は，平面 ABC からもっとも遠い点Pを探します．

解答

(1) 条件から

$$\overrightarrow{AB} = \begin{pmatrix} -1 \\ 1 \\ 2 \end{pmatrix}, \quad \overrightarrow{AC} = \begin{pmatrix} -2 \\ -2 \\ 2 \end{pmatrix}$$

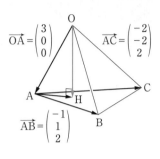

なので

$$|\overrightarrow{AB}|^2 = 6, \quad |\overrightarrow{AC}|^2 = 12, \quad \overrightarrow{AB} \cdot \overrightarrow{AC} = 4$$

$$\therefore \quad \triangle ABC = \frac{1}{2}\sqrt{|\overrightarrow{AB}|^2|\overrightarrow{AC}|^2 - (\overrightarrow{AB}\cdot\overrightarrow{AC})^2}$$

$$= \frac{1}{2}\sqrt{6\cdot12 - 4^2} = \sqrt{14}$$

(2) 点Hは平面 ABC 上にあるので，実数 s, t を用いて

$$\overrightarrow{OH} = \overrightarrow{OA} + s\overrightarrow{AB} + t\overrightarrow{AC}$$

とおけて，$\overrightarrow{OH} \perp \overrightarrow{AB}$ かつ $\overrightarrow{OH} \perp \overrightarrow{AC}$ から

$$\overrightarrow{OH}\cdot\overrightarrow{AB} = 0 \ \text{かつ} \ \overrightarrow{OH}\cdot\overrightarrow{AC} = 0$$

なので

$$\begin{cases} \overrightarrow{OA}\cdot\overrightarrow{AB} + s|\overrightarrow{AB}|^2 + t\overrightarrow{AB}\cdot\overrightarrow{AC} = 0 \\ \overrightarrow{OA}\cdot\overrightarrow{AC} + s\overrightarrow{AB}\cdot\overrightarrow{AC} + t|\overrightarrow{AC}|^2 = 0 \end{cases}$$

$$\therefore \quad \begin{cases} -3 + 6s + 4t = 0 \\ -6 + 4s + 12t = 0 \end{cases}$$

$$\therefore \quad s = \frac{3}{14}, \quad t = \frac{3}{7}$$

◀ $|\overrightarrow{AB}|^2$, $|\overrightarrow{AC}|^2$, $\overrightarrow{AB}\cdot\overrightarrow{AC}$ の値はすでにわかっているので，ここで計算すべきものは $\overrightarrow{OA}\cdot\overrightarrow{AB}$ と $\overrightarrow{OA}\cdot\overrightarrow{AC}$ だけです。

したがって

$$\overrightarrow{OH} = \begin{pmatrix} 3 \\ 0 \\ 0 \end{pmatrix} + \frac{3}{14}\begin{pmatrix} -1 \\ 1 \\ 2 \end{pmatrix} + \frac{3}{7}\begin{pmatrix} -2 \\ -2 \\ 2 \end{pmatrix}$$

$$= \frac{9}{14}\begin{pmatrix} 3 \\ -1 \\ 2 \end{pmatrix}$$

$$\therefore \quad H\left(\frac{27}{14}, \ -\frac{9}{14}, \ \frac{9}{7}\right)$$

(3)　直線 OH と球面の交点のうち，平面 ABC に関して O と同じ側にある点に P が一致するとき体積 V は最大となる．(2)より

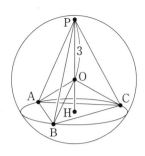

$$|\overrightarrow{\text{OH}}|=\frac{9}{14}\sqrt{9+1+4}=\frac{9}{\sqrt{14}}$$

なので，V の最大値は

$$\frac{1}{3}\triangle\text{ABC}(\text{OH}+\text{OP})=\frac{1}{3}\cdot\sqrt{14}\cdot\left(\frac{9}{\sqrt{14}}+3\right)$$
$$=3+\sqrt{14}$$

このとき

$$\overrightarrow{\text{OP}}=-3\cdot\frac{\overrightarrow{\text{OH}}}{|\overrightarrow{\text{OH}}|}=-3\cdot\frac{\sqrt{14}}{9}\cdot\frac{9}{14}\begin{pmatrix}3\\-1\\2\end{pmatrix}$$

◀ $\dfrac{\overrightarrow{\text{OH}}}{|\overrightarrow{\text{OH}}|}$ は長さが1です．

$$=-\frac{3}{\sqrt{14}}\begin{pmatrix}3\\-1\\2\end{pmatrix}$$

$$\therefore\quad\text{P}\left(-\frac{9}{\sqrt{14}},\ \frac{3}{\sqrt{14}},\ -\frac{6}{\sqrt{14}}\right)$$

別解

直線 OH のベクトル方程式は，実数 k を用いて

$$\begin{pmatrix}x\\y\\z\end{pmatrix}=k\begin{pmatrix}3\\-1\\2\end{pmatrix}$$

と表せるので，これを球面の方程式 $x^2+y^2+z^2=9$ に代入して

◀求める点Pを，直線 OH と球面の交点と考えて，連立方程式を解くのは自然な発想ですよね．

$$(3k)^2+(-k)^2+(2k)^2=9\qquad\therefore\quad k^2=\frac{9}{14}$$

$$\therefore\quad k=\pm\frac{3}{\sqrt{14}}$$

求める点Pは，Oに関して点Hと反対側にあることから $k<0$ なので

$$\text{P}\left(-\frac{9}{\sqrt{14}},\ \frac{3}{\sqrt{14}},\ -\frac{6}{\sqrt{14}}\right)$$

$\overrightarrow{AB}=\begin{pmatrix} -1 \\ 1 \\ 2 \end{pmatrix}$, $\overrightarrow{AC}=\begin{pmatrix} -2 \\ -2 \\ 2 \end{pmatrix}$ の両方に垂直なベクトルのひとつを $\vec{n}=\begin{pmatrix} a \\ b \\ c \end{pmatrix}$ とおき,

$\overrightarrow{AB}\cdot\vec{n}=0$ かつ $\overrightarrow{AC}\cdot\vec{n}=0$ から

$$-a+b+2c=0 \text{ かつ } -2a-2b+2c=0$$

これを b, c についての連立方程式と見て解けば

$$b=-\frac{1}{3}a, \ c=\frac{2}{3}a$$

となるので

$$\vec{n}=\frac{a}{3}\begin{pmatrix} 3 \\ -1 \\ 2 \end{pmatrix} \quad (\text{これを平面 ABC の}\textbf{法線ベクトル}\text{といいます.})$$

です.

よって,平面 ABC の方程式は(詳しくは**レベル⑤**で解説します.)

$$3(x-3)-1\cdot y+2\cdot z=0 \quad \therefore \quad 3x-y+2z-9=0$$

と表せて,なおかつ直線 OH は $\vec{n}$ と平行だから,直線 OH のベクトル方程式は

$$\begin{pmatrix} x \\ y \\ z \end{pmatrix}=k\begin{pmatrix} 3 \\ -1 \\ 2 \end{pmatrix} \quad (k:\text{実数})$$

とできます.

これらを連立することで,点Hの座標を求めることもできます.

■ メインポイント ■

垂線の足は,平面上にあることと,垂直であることを立式して求める!

111 球面の方程式

点Cを中心とする，半径 r の球面上の任意の点Pに対して

$$|\overrightarrow{CP}|=r \quad \text{すなわち} \quad |\overrightarrow{OP}-\overrightarrow{OC}|=r$$

が成り立ちます．これを**球面の方程式**といいます．さらに，C$(a,\ b,\ c)$，P$(x,\ y,\ z)$ とすると

$$\overrightarrow{CP}=\begin{pmatrix}x-a\\y-b\\z-c\end{pmatrix}$$

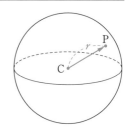

なので，$|\overrightarrow{CP}|=r$ から

$$(x-a)^2+(y-b)^2+(z-c)^2=r^2$$

とできます．

解答

(1) 2点 A，B の座標から

$$\overrightarrow{AB}=\overrightarrow{OB}-\overrightarrow{OA}=\begin{pmatrix}7\\9\\0\end{pmatrix}-\begin{pmatrix}1\\0\\3\end{pmatrix}=\begin{pmatrix}\mathbf{6}\\\mathbf{9}\\\mathbf{-3}\end{pmatrix}$$

であり

$$|\overrightarrow{AB}|=3\left|\begin{pmatrix}2\\3\\-1\end{pmatrix}\right|$$
$$=3\sqrt{2^2+3^2+(-1)^2}=3\sqrt{14}$$

(2) 点Pは直線 AB 上にあるから

$$\overrightarrow{AP}=k\overrightarrow{AB} \quad (k：実数)$$

とおける．よって

$$\overrightarrow{CP}=\overrightarrow{AP}-\overrightarrow{AC}=k\overrightarrow{AB}-\overrightarrow{AC}$$

と表せて，$\overrightarrow{CP}\perp\overrightarrow{AB}$ から $\overrightarrow{CP}\cdot\overrightarrow{AB}=0$ なので

$$(k\overrightarrow{AB}-\overrightarrow{AC})\cdot\overrightarrow{AB}=0$$
$$\Longleftrightarrow k|\overrightarrow{AB}|^2-\overrightarrow{AB}\cdot\overrightarrow{AC}=0$$
$$\Longleftrightarrow k=\frac{\overrightarrow{AB}\cdot\overrightarrow{AC}}{|\overrightarrow{AB}|^2} \quad \cdots\cdots(*)$$

◀内積は (地面)×(影) なので，この k は

$$\frac{(地面)\times(影)}{(地面)^2}=\frac{(影)}{(地面)}$$

となっています．

2点 A，C の座標から

$$\overrightarrow{AC}=\overrightarrow{OC}-\overrightarrow{OA}=\begin{pmatrix}0\\12\\9\end{pmatrix}-\begin{pmatrix}1\\0\\3\end{pmatrix}=\begin{pmatrix}-1\\12\\6\end{pmatrix}$$

なので

$$\overrightarrow{AB} \cdot \overrightarrow{AC} = 3\begin{pmatrix} 2 \\ 3 \\ -1 \end{pmatrix} \cdot \begin{pmatrix} -1 \\ 12 \\ 6 \end{pmatrix} = 3 \cdot 28$$

よって，（＊）から

$$k = \frac{3 \cdot 28}{(3\sqrt{14})^2} = \frac{2}{3}$$

したがって

$$\overrightarrow{CP} = \frac{2}{3}\overrightarrow{AB} - \overrightarrow{AC}$$

$$= \frac{2}{3} \cdot 3\begin{pmatrix} 2 \\ 3 \\ -1 \end{pmatrix} - \begin{pmatrix} -1 \\ 12 \\ 6 \end{pmatrix} = \begin{pmatrix} 5 \\ -6 \\ -8 \end{pmatrix}$$

(3) (2)の結果から

$$\overrightarrow{OP} = \overrightarrow{OC} + \overrightarrow{CP} = \begin{pmatrix} 0 \\ 12 \\ 9 \end{pmatrix} + \begin{pmatrix} 5 \\ -6 \\ -8 \end{pmatrix} = \begin{pmatrix} 5 \\ 6 \\ 1 \end{pmatrix}$$

なので，点 P と xz 平面の距離は $|\text{P の } y \text{ 座標}| = 6$
である．
よって，求める球面の方程式は

$$(\boldsymbol{x-5})^2 + (\boldsymbol{y-6})^2 + (\boldsymbol{z-1})^2 = \boldsymbol{36}$$